S7-200 PLC 编程设计与应用

朱文杰 编著

机械工业出版社

本书以西门子 S7-200 PLC 为叙述对象，介绍了可编程序控制器的原理与应用。主要内容包括 PLC 的基本结构、工作原理，S7-200 PLC 硬件各单元的特性，STEP 7-Micro/WIN 编程软件的使用，S7-200 PLC 的系统配置，S7-200 PLC 的编程基础，S7-200 PLC 的基本指令、功能及特殊功能指令详解，构建了进行 PLC 控制系统设计的基础以及通信网络，最后根据作者长期积累掌握的水轮发电机组生产控制的要求，进行了 PLC 在实际控制系统中的研究设计。

本书遵循学习规律，循序渐进、深入本质、切中要点，不拖泥带水，结构合理严谨，概念准确，便于消化吸收，应用于工程实践。

本书可作为电气类相关专业高专、本科学生的课程教材、毕业设计教材，也可作为相关工程技术人员、电气工程师的参考用书。

图书在版编目（CIP）数据

S7-200 PLC 编程设计与应用/朱文杰编著. —2 版.
—北京：机械工业出版社，2017.1
ISBN 978-7-111-55423-3

Ⅰ. ①S… Ⅱ. ①朱… Ⅲ. ①PLC 技术 Ⅳ. ①TB4

中国版本图书馆 CIP 数据核字（2016）第 279203 号

机械工业出版社（北京市百万庄大街 22 号 邮政编码 100037）
策划编辑：任 鑫　　　　　责任编辑：任 鑫
责任校对：张 力 闫玥红 封面设计：路恩中
责任印制：常天培
中教科（保定）印刷股份有限公司印刷
2017 年 3 月第 2 版第 1 次印刷
184mm×260mm·16 印张·387 千字
0001—3000 册
标准书号：ISBN 978-7-111-55423-3
定价：49.00 元

　　随着科学技术的进步和微电子技术的迅猛发展，可编程序控制器（PLC）广泛应用于自动化控制领域，在现代新型工业的生产、加工与制造过程中起到了十分重要的作用。其具有的功能强大、抗干扰能力强、可靠性高、操作简便等特点，尤其是和现场总线技术的完美结合，使可编程序控制器和计算机辅助设计/辅助制造（CAD/CAM）、机器人（Robot）、数控（NC）一起成了现代新型工业化的支柱。因此熟悉和掌握这一先进控制手段与方法，是从事自动化控制人员的一项急切任务。

　　我国电力、水利、热网、汽车制造、矿产、钢铁、化工、饮料加工等行业，都有西门子 PLC 的身影。本书以西门子 S7-200 PLC 为叙述对象，并在作者长期教学科研工作的基础上撰写成稿，知识点以够用为原则，深入浅出，使读者不仅知其然，也知其所以然。

　　全书共分 6 章。第 1 章综述了可编程序控制器的基本结构、工作原理、性能指标与设计规则；第 2 章细述了 S7-200 PLC 各组成单元（模块）的特性，STEP 7-Micro/WIN 编程软件的使用方法，S7-200 PLC 的系统配置；第 3 章介绍了编程语言、数据类型、存储器分区、寻址方式和程序结构等编程基础；第 4 章详解了 S7-200 PLC 的基本指令、功能指令及特殊功能指令，把握了机器的内在命脉；第 5 章构建了 PLC 通信网络；第 6 章设计了运料小车 PLC 控制系统与程序，结合水轮机发电组生产控制实际要求与作者多年的研究成果，设计了水轮发电机组的 PLC 控制系统与控制程序，以帮助读者举一反三，践行新型工业。最后，感谢机械工业出版社的鼎力出版。

　　由于作者水平有限，书中错误和不妥之处在所难免，请广大读者批评指正。

朱文杰　于长沙

2016 年 10 月

目　录

第 1 章

PLC的基本常识

可编程序控制器（Programmable Logic Controller，PLC）是以传统的顺序控制器为基础，综合了计算机技术、微电子技术、自动控制技术、数字技术和通信技术而形成的一代新型通用工业自动控制装置，最基本的目的是用来取代继电器，完成顺序逻辑与定时/计数等控制功能，建立柔性的程控系统。PLC具有适应工业环境、操作编程简单、可靠性高、配置灵活、面向过程、面向用户等优点，是现代工业控制的重要支柱。

1.1 概述

1.1.1 PLC 的功能与特点

现代工业生产是复杂多样的，它们对控制的要求也各不相同，PLC 由于其自身的功能和特点而深受工厂工程技术人员的欢迎。

1. PLC 的主要功能

1）顺序逻辑控制功能。包括"与""或""非"等，逻辑位状态无限次使用，替代继电器进行开关控制，完成触点串联、并联，是 PLC 最基本的功能。

2）定时/计数控制功能。定时器替代继电器线路中的时间继电器，设定值（定时时间）可编程设定、修改。计数器计数到设定值时产生状态变化，完成对某个过程的计数控制。

3）步进控制功能。输出角位移或直线位移与输入脉冲数成正比，转速或线速度与脉冲频率成正比，作为定位控制和定速控制，广泛应用于数控机床、打印机等控制系统中。

4）运动控制功能。指对直线或圆周运动的控制，也称为位置控制，包括脉冲输出功能、模拟量输出等，广泛用于机床、机器人、电梯等场合。

5）过程控制功能。指工业生产过程中采用相应 A-D 和 D-A 转换模块及编制各种控制算法程序，对温度、压力、流量、液位等连续变化的模拟量进行的闭环控制。PID 模块、PID 子程序，在冶金、化工、热处理、锅炉等过程控制场合应用非常广泛。

6）数据处理功能。数学运算（含矩阵、函数、逻辑运算）、数据传送、移位、数制转换、排序、查表、位操作、编码和译码等功能，能完成数据采集、分析及处理。数据处理一般用于大型过程控制系统，如无人柔性制造系统。

7）通信联网功能。使 PLC 间、PLC 与计算机及其他智能设备间能够交换信息，形成一个统一的整体，实现分散集中控制。随着计算机控制的发展，工厂自动化网络飞速发展。

8）其他功能。如较强的监控功能，为调试、维护带来方便。此外，还有一个停电记忆功能。

2. PLC 的特点

可靠、安全、灵活、方便、经济的 PLC 迅速发展、广泛应用，取决于以下突出特点：

（1）可靠性高、抗干扰能力强

PLC 采取一系列软件和硬件的抗干扰措施，可承受幅值为 1000V、上升时间为 1ns、脉冲宽度为 1μs 的干扰脉冲，具有很强的抗干扰能力，平均无故障工作时间可达数十万小时。

（2）控制功能强

现代 PLC 不仅有逻辑运算、计时、计数、顺序控制等功能，还具有数字和模拟量的输入输出、功率驱动、通信、人机对话、自检、记录显示等功能。既可控制一台生产机械、一条生产线，又可控制一个生产过程，还可通过通信联网实现分散控制与集中管理。

（3）用户维护工作量少

PLC 产品已经标准化、系列化、模块化，配备有品种齐全的各种硬件装置供用户灵活方便地配置，组成不同功能、不同规模的系统，安装接线也很方便。硬件配置确定后，只需通过修改用户程序，就能适应工艺条件的变化。

（4）编程简单、使用方便

熟悉继电器电路图的电气技术人员只要花几天时间就可以熟悉梯形图语言，并编制用户程序。编程人员在熟悉工艺流程、熟练掌握 PLC 指令的情况下，语句编程也十分简单。

（5）设计、安装、调试周期短

软件功能替代继电器控制系统中大量中间、时间继电器等，使控制柜的设计、安装、接线工作量大大减少，缩短了施工周期。用户程序可先在实验室模拟调试，再在生产现场进行安装和接线，统调过程中发现的问题一般通过修改程序就可以解决。

（6）易于实现机电一体化

PLC 体积小、重量轻、功耗低、抗振防潮和耐热能力强，使之易于安装在机器设备内部，制造出机电一体化产品。目前，以 PLC 来控制 CNC 设备和机器人已成为典型应用方式。

1.1.2 PLC 的基本结构和各部分的作用

PLC 是微机技术和继电器常规控制概念相结合的产物。广义上，PLC 也是一种计算机，有更强的与工业过程相连接的 I/O 接口，更适用于控制要求的编程语言，更适应于工业环境的抗干扰性能。其由硬件系统和软件系统两大部分组成。硬件系统主要由 CPU、存储器、电源、I/O 单元、接口单元及外部设备组成，与微型计算机基本相同，如图 1-1 所示。

1. 中央处理单元

与通用微机一样，中央处理单元（Central Processing Unit，CPU）又称为微处理机，是 PLC 的核心部分、控制中枢，由微处理器和控制接口电路组成。CPU 包括三个部分：时序控制电路、算术逻辑运算器和记忆体。但 CPU 中的记忆体指的是暂存器（Register），而不是 RAM 或 ROM。CPU 接至外部的线路有控制、地址、数据三种，CPU 处理来自输入单元的数据，完毕后再交由输出单元。CPU 风扇用来散热，增加 CPU 的执行效率。

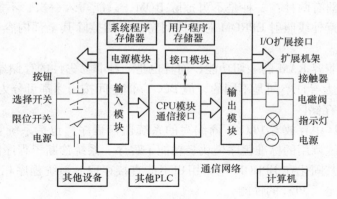

图 1-1　PLC 的组成

PLC 常用的微处理器主要有通用 (Z80、8086、80286)、单片 (8031、8096)、位片式 (AMD29W) 三类, 一般小型 PLC 多采用 8 位微处理器或单片微机 (Z80A、8085、8031); 中型 PLC 多采用 16 位微处理器或单片微机 (Intel8086、Intel96); 大型 PLC 多采用高速位片式微处理器或 32 位字长的单片微机。PLC 可由双 CPU 构成冗余系统、三 CPU 构成表决系统, 甚至用 8 个 CPU, 进一步提高系统的可靠性, 即使某个 CPU 出现故障, 整个系统仍能正常运行。

控制接口电路是微处理器与主机内部其他单元进行联系的部件, 主要有数据缓冲、单元选择、信号匹配、中断管理等功能。微处理器通过它来实现与各个内部单元之间的可靠的信息交换和最佳的时序配合。

暂存器 (Register): 是设于 CPU 内部的记忆体, 用来暂存资料的; 累加器: 用来存放运算的结果; 程序计数器: 用来存放下一个要执行指令的位置; 指令暂存器: 用来暂存由记忆体提取的运算码; 旗标暂存器: 用来显示 CPU 的状态或运算结果; 记忆体位址暂存器: 用以存储要存取的指令或数据的位地址; 记忆体数据暂存器: 用以存储刚由主记忆体存入或取出的数据。

在 PLC 中 CPU 按系统程序赋予的功能, 指挥 PLC 有条不紊地进行工作。

2. 存储器单元

内存一般采用半导体存储器单元 (Memory Unit), 存储容量和存取时间是它的参数, 按照物理性能分为随机存储器 RAM (Random Assess Memory) 和只读存储器 ROM (Read Only Memory)。存储器主要用于存放系统程序、用户程序及工作数据。

随机存储器 (读/写存储) (RAM) 存取速度最快, 由一系列寄存器阵组成, 每位寄存器可以代表一个二进制数, 在刚开始工作时, 它的状态是随机的, 只有经过置 "1" 或清 "0" 的操作后, 它的状态才确定。若关断电源, 状态丢失。这种存储器可以进行读、写操作, 主要用来存储 I/O 状态和计数器、定时器以及系统组态的参数。为防止断电后数据丢失, 可由锂电池支持进行数据保护, 一般可保存 5 年, 电池电压降低时欠电压指示灯发光, 提醒用户更换电池。

只读存储器 (ROM) 是一种只能读取而不能写入的存储器, 一般存放基本程序和数据, 在制造 ROM 时, 信息 (数据或程序) 就被存入并永久保存, 即使机器掉电, 这些数据也不会丢失。只读存储器有两种：一种是不可擦除 ROM，只能写入一次、不能改写；另一种是可擦除并可重写，紫外线照射 EPROM 芯片透明窗口，能擦除其全部内容，E^2PROM 可实现系统电擦除和写入。

铁电存储器能兼容 RAM 的一切功能，而且也是一种非易失性的存储器。

各种 PLC 的最大寻址空间是不同的，但 PLC 存储空间按用途都可分为三个区域：

（1）系统程序存储区

系统程序存储区中存放着 PLC 厂商编写的系统监控程序，包括系统管理程序、用户指令解释程序、供系统调用的标准程序模块、功能子程序、系统诊断子程序以及各种系统参数等，由制造厂商将其固化在 EPROM 中，用户不能直接存取。系统程序相当于 PC 的操作系统，和硬件一起决定了 PLC 的性能。

（2）系统 RAM 存储区

系统 RAM 存储区包括 I/O 映像区、参数区以及系统各类软设备，如逻辑线圈、数据寄存器、定时器、计数器、变址寄存器、累加器等的存储区。

1）I/O 映像区：存储单元（RAM）中存放 I/O 状态和数据的区域称作 I/O 映像区，一个开关量 I/O 占用存储单元中的一位（bit），一个模拟量 I/O 占用存储单元中的一个字（16bit）。整个 I/O 映像区包括开关量 I/O 映像区和模拟量 I/O 映像区。

2）参数区：存放 CPU 的组态数据，如果在编程软件或其他编程工具上未进行 CPU 的组态，则系统以默认值进行自动配置。

3）系统软设备存储区：PLC 内部各类软设备如逻辑线圈、数据寄存器、定时器、计数器、变址寄存器、累加器等的存储区，分为具有失电保持存储区和无失电保持存储区。

逻辑线圈与开关输出一样，每个逻辑线圈占用系统 RAM 存储区中的一位，但不能直接驱动外围设备，只供用户在编程时使用。数据寄存器与模拟量 I/O 一样，每个数据寄存器占用系统 RAM 存储区中的一个字（即 16bit）。

（3）用户程序存储区

用户程序存储区存放用户编写的控制被控对象的应用程序，为调试、修改方便，先存放在随机存储器（RAM）中，经运行考核、修改完善，达到设计要求后，再固化到 EPROM 中。

3. 电源单元

电源单元（Supply Unit）是 PLC 的电源供给部分，把外部供应的电源变换成系统内部各单元所需的电源。一般交流电压波动在 ±10%（±15%）范围内，可以不采取其他措施（如 UPS）而将 PLC 直接连接到交流电网上。电源的交流输入端一般都设有脉冲 RC 吸收电路或二极管吸收电路，交流输入电压范围一般比较宽，抗干扰能力比较强。

PLC 还需要直流电源。一般直流 5V 供 PLC 内部使用，直流 24V 供输入输出端和各种传感器使用。有的 PLC 还向开关量输入单元连接的现场无源开关提供直流电源，设计选择时应注意保证直流不过载。

电源单元还包括掉电保护电路（配有大容量电容）和后备电池电源，以保持 RAM 在外部电源断电后存储的内容还可保持 50h。

4. 输入/输出单元

输入/输出单元（Input/Output Unit）由输入模块、输出模块和功能模块构成，是 PLC

的 CPU 与现场输入、输出装置或其他外部设备之间的连接接口部件。PLC 通过输入模块把工业设备或生产过程的状态或信息读入中央处理单元，通过用户程序的运算与操作，把结果通过输出模块输出给执行单元。PLC 提供了各种操作电平与驱动能力的 I/O 模块，以及各种用途的 I/O 组件：I/O 电平转换、电气隔离、串/并行转换、数据传送、A-D 转换、D-A 转换、误码校验等。I/O 模块可与 CPU 放在一起，也可远程放置，通常 I/O 模块还具有状态显示和 I/O 接线端子排。I/O 模块及其接口的主要类型有数字量（开关量）输入、数字量（开关量）输出、模拟量输入、模拟量输出等。

输入模块将现场的输入信号，经滤波、光耦合隔离、电平转换等，变换为中央处理器能接收和识别的低电压信号并进行锁存，交送 CPU 进行运算。输出模块则将 CPU 输出的低电压信号变换、光耦合、放大为能为控制器件接收的电压、电流信号，以驱动信号灯、电磁阀、电磁开关等。I/O 电压一般为 1.6～5V，低电压能解决耗电过大和发热过高的问题。

PLC 输入电路按外接电源的类型，可分为直流输入电路、交流输入电路和交直流输入电路，如图 1-2 所示；按输入模块公共端（COM 端）电流的流向，可分为源输入电路和漏输入电路；按光耦合器发光二极管公共端的连接方式，可分为共阳极和共阴极输入电路。

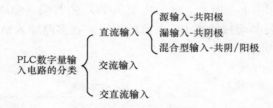

图 1-2 PLC 输入电路的分类

图 1-3 所示为直流输入电路的一种形式（只画出一路输入电路），当外部线路开关闭合时，PLC 内部光耦合器的发光二极管点亮，光敏晶体管饱和导通，该导通信号再传送给处理器，从而 CPU 认为该路有信号输入；外界开关断开时，光耦合器中的发光二极管熄灭，光敏晶体管截止，CPU 认为该路没有信号。

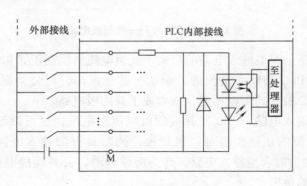

图 1-3 直流输入电路

交流输入电路如图 1-4 所示。从图中可以看出，与直流输入电路的区别主要是增加了一个整流的环节。交流输入的输入电压一般为 AC 120V 或 230V。交流电经过电阻的限流和电容的隔离（去除电源中的直流成分），再经过桥式整流为直流电。

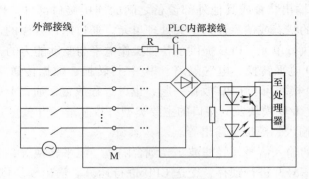

图1-4 交流输入电路

由于交流输入电路中增加了限流、隔离和整流三个环节，因此输入信号的延迟时间比直流输入电路的要长，这是其不足之处。但由于其输入端是高电压，因此输入信号的可靠性比直流输入电路的要高。一般交流输入方式用于有油雾、粉尘等恶劣环境中，对响应性要求不高的场合，而直流输入方式用于环境较好，电磁干扰不严重，对响应性要求高的场合。

所谓源型输入电路如图1-5所示。此时电流从 PLC 公共端（COM 端或 M 端）流进，而从输入端流出，即 PLC 公共端接外接 DC 电源的正极。在多路输入情况下，所有输入的二极管阳极相连，就构成了共阳极电路。

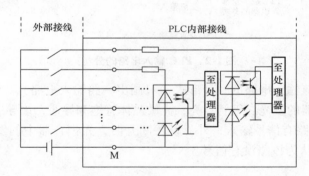

图1-5 源型输入——共阳极电路

图1-6 所示的电路是漏型输入电路的形式，此时电流的流向正好和源型电路相反。漏型输入电路的电流是从 PLC 的输入端流进，而从公共端流出，即公共端接外接电源的负极。如果所有输入回路的二极管的阴极相连，就构成了共阴极电路。

还有一种混合型输入电路，PLC 公共端既可以流出电流，也可以流入电流（即 PLC 公共端既可以接外接电源的正极、也可以接负极，同时具有源输入电路和漏输入电路的特点），这种输入电路称为混合型输入电路。作为源输入时，公共端接电源的正极；作为漏输入时，公共端接电源的负极。

需要说明的是，西门子公司和三菱公司关于"源输入"和"漏输入"电路的划分正好相反，以上介绍的是西门子公司的划分方法，在应用过程中要特别注意。西门子 S7-300/400 系列 PLC 的直流输入模块大多为漏型输入（公共端接外部电源的负极），在 S7-300 系列 PLC 中，只有 SM321-IBH50-0AA0 输入模块为源输入（公共端接正），S7-400 系列 PLC 中则没

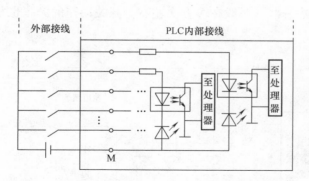

图1-6　漏型输入——共阴极电路

有源输入模块。小型 PLC S7-200 的输入模块则全部为混合型输入形式，大项目中不建议使用，因其输入形式虽然接线方便，但容易造成电源的混乱。

　　PLC 输出模块类型有继电器、晶体管、双向晶闸管三种方式。继电器输出的价格便宜，既可用于驱动交流负载，又可用于直流负载，适用的电压大小范围较宽、导通电压降小，同时承受瞬时过电压和过电流的能力较强，但属于有触点元件，动作速度较慢（驱动感性负载时触点动作频率不得超过 1kHz）、寿命较短、可靠性较差，只能适用于不频繁通断的场合。对于频繁通断的负载，应选用晶闸管输出或晶体管输出，它们属于无触点元件，晶闸管输出只能用于交流负载，而晶体管输出只能用于直流负载。

　　直流输出模块的电路原理图如图 1-7 所示。其输出电路采用晶体管驱动，所以也叫晶体管输出模块。其输出方式一般为集电极输出，外加直流负载电源。其带负载的能力一般每一个输出点为 0.75A 左右。因为晶体管输出模块为无触点输出模块，所以使用寿命比较长。

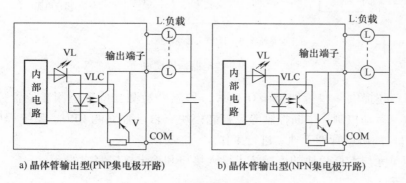

　　　　a) 晶体管输出型(PNP集电极开路)　　　　　b) 晶体管输出型(NPN集电极开路)

图1-7　直流输出模块

　　交流输出模块的电路原理图如图 1-8 所示，其输出电路采用光耦合器驱动，所以又叫双向二极晶闸管输出模块。该模块需要外加交流电源，带负载能力一般为 1A 左右，不同型号的交流输出模块的外加电压和带负载的能力有所不同。晶闸管输出模块为无触点输出模块，使用寿命较长。

　　继电器输出模块的电路原理图如图 1-9 所示。其输出驱动电路是继电器，通过控制继电器的常开触点的接通或断开可使负载可以得电或失电。外接的负载电源可以是直流，也可以是交流。继电器是有触点的器件，它的带负载能力比较强，一般为 2A 左右。开关的寿命相对于无触点器件要短一些,一般在 5 万次左右。开关动作的频率也相对低一些,一般为 10Hz 以下。

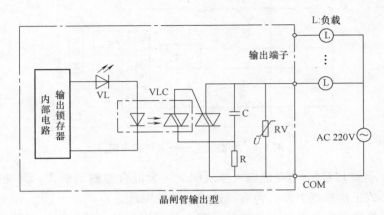

晶闸管输出型

图 1-8 交流输出模块

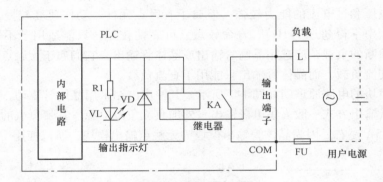

交直流输出接口(继电器输出型)

图 1-9 继电器输出模块

此外,PLC 还提供一些智能型 I/O 模块,如温度检测、位置检测、位置控制、PID 控制、高速计数、运动控制、中断控制等,智能模块有自己独立的 CPU、系统程序、存储器,通过总线在 PLC 的协调管理下独立进行工作。

中央处理单元与 I/O 模块的连接是由输入接口和输出接口完成的。

5. 接口单元

接口单元包括扩展接口、存储器接口、编程与通信接口。

扩展接口用于扩展输入输出模块,它使 PLC 的控制规模配置得更加灵活,这种扩展接口实际上为总线形式,可以配置开关量的 I/O 模块,也可配置模拟量、高速计数等特殊 I/O 模块及通信适配器等。

存储器接口是为了扩展存储区而设置的,用于扩展用户程序存储区和用户数据参数存储区,可以根据使用的需要扩展存储器,其内部也是接到总线上的。

编程接口是连接编程器或 PC 的,PLC 本体不带编程装置或软件。为了能对 PLC 编程及监控,在 PLC 上专门设有编程接口,通过这个接口可以接各种形式的编程装置或 PC,还可以利用此接口进行通信与监控。PLC通信包括PLC间的通信及PLC与其他智能设备间的通信，通信接口是为了在PLC与PLC、PLC与微机之间建立通信网络而设立的接口，新近生产的PLC都具有通信接口，通信非常方便。

外设I/O接口是PLC主机实现人机对话、机机对话的通道。通过它，PLC可以和编程器、彩色图形显示器、打印机等外部设备相连，也可以与其他PLC或计算机连接。外设I/O接口一般是RS-232C或RS-422A串行通信接口，该接口的功能是进行串行/并行数据的转换、通信格式的识别、数据传输的出错检验、信号电平的转换等。对于一些小型PLC，外设I/O接口中还有与专用编程器连接的并行数据接口。

6. 外部设备

除了以上所述部件和设备外，PLC还有许多外部设备。

（1）编程设备

简易编程器，多为助记符编程，个别的也可图形编程；复杂一点的图形编程器，可用梯形图编程；目前多采用编程软件（如S7-200 PLC的STEP 7- Micro/Win）在PC上操作。除用于编程，编程设备还可用于系统设定，监控PLC以及PLC所控系统的工作状况，利于用户程序的调试。

（2）监控设备

小的有数据监视器，可监视数据；大的有图形监视器，可通过画面监视数据。除了不能改变PLC的用户程序，编程器能做的监控设备都能做。

（3）存储设备

用于永久性存储用户数据，使用户程序不丢失，如存储卡、存储磁带、软磁盘或只读存储器。而为实现这些存储，相应的就有存卡器、磁带机、软驱或ROM写入器，以及相应的接口部件。

（4）输入输出设备

用于接收信号或输出信号，便于与PLC进行人机对话，如条码读入器、模拟量电位器、打印机、文本显示器等。

7. PLC的软件系统

PLC软件和硬件相辅相成、缺一不可。PLC的软件系统由系统程序（又称系统软件）和用户程序（又称应用软件）两大部分组成。

（1）系统监控程序

系统监控程序是每一台PLC必须包括的部分，由PLC厂家编制，固化于PROM或EPROM中，安装在PLC上，随产品提供给用户。系统监控程序由系统管理程序、系统诊断程序、输入处理程序、用户指令解释与编译程序、信息传送程序、标准子程序模块和系统调用等组成。

（2）用户程序

用户程序是根据生产过程控制的要求由用户使用厂家提供的编程语言自行编制的应用程序，下载到CPU中，处理特定自动化任务所需的所有功能，用户程序线性地存储在系统监控程序指定的存储区间内，其最大容量也由系统监控程序限制。

在PLC的应用中，最重要的是用PLC的某种编程语言来编写用户程序，以实现控制目的。PLC的编程和微机程序的编程一样，需要一个编程环境、一个程序结构、一个编程方法。

1）用户环境。用户环境是由系统监控程序生成的，包括用户数据结构、用户元件区、用户程序区、用户存储区、用户参数、文件存储区等。

① 用户数据结构。

a）位数据是一类逻辑量（1位二进制），其值为"0"或"1"，表示触点的通、断。触点接通状态为ON，触点断开状态为OFF。

b）字节数据位长为8位，其数制形式有多种形式。一个字节可以表示8位二进制数、2位十六进制数、2位十进制数。

c）字数据，其数制、位长、形式都有很多形式。一个字可以表示16位二进制数、4位十六进制数、4位十进制数。十进制数据通常都用BCD码表示，书写时冠以B字符，例如B0111_1000_1111。实际处理时还可以用八进制、ASCII码的形式。由于对控制精度的要求越来越高，不少PLC开始采用浮点数，极大地提高了数据运算的精度。

d）混合型数据，即同一个元件有位数据又有字数据。例如T（定时器）和C（计数器），它们的触点只有ON和OFF两种状态是位数据，而它们的设定值和当前值又为字数据。

② 用户数据存储区。用户使用的每个输入输出端，以及内部的每一个存储单元都称为元件。各种元件都有其固定的存储区（例如输入输出映像区），即存储地址。给PLC中的输入输出元件赋予地址的过程叫编址，不同的PLC输入、输出的编址方法不完全相同。

PLC的内部资源，如内部继电器、定时器、计数器和数据区，各个不同的PLC之间也有一些差异。这些内部资源都按一定的数据结构存放在用户数据存储区，正确使用用户数据存储区的资源才能编好用户程序。

2）用户程序结构。用户程序结构大致可分为三种。其一是线性程序，这种结构是把一个工程分成多个小的程序块，这些程序块被依次排放在一个主程序中。其二是分块程序，这种结构是把一个工程中的各个程序块独立于主程序之外，工作时要由主程序一个个有序地去调用。其三是结构化程序，这种结构是把一个工程中的具有相同功能的程序写成通用功能程序块，工程中的各个程序块都可以随时调用这些通用功能程序块。

用户程序结构化，易于程序的修改、查错和调试；块结构显著地增加了PLC程序的组织透明性、可理解性和易维护性。

（3）编程软件 STEP 7-Micro/WIN

STEP 7-Micro/WIN编程软件是西门子公司为用户开发，用于编辑和监控应用程序。

1）基本功能。STEP 7-Micro/WIN是在Windows平台上运行的S7-200 PLC编程软件，既简单又能够解决复杂的自动化任务，创建、修改和编辑用户程序；设置PLC的工作方式和参数；上装和下装用户程序；监控程序的运行；简单语法检查；文档管理等。适用于所有S7-200 PLC机型，支持STL、LAD、FBD三种编程语言，可以在三者之间随时切换，且具有密码保护功能。

STEP 7-Micro/WIN提供软件工具帮助用户调试和测试程序，包括监视S7-200 PLC正在执行的用户程序状态；为S7-200 PLC指定运行程序的扫描次数；强制变量值等。

指令向导功能：PID自整定界面；PLC内置脉冲串输出（PTO）和脉宽调制（PWM）指令向导；数据记录向导；配方向导。

支持 TD 200 和 TD 200C 文本显示界面（TD 200 向导）。

2）其他功能。①系统组态；②运动控制；③创建调制解调模块程序；④USS 协议库与 Modbus 从站协议指令；⑤使用配方和数据归档；⑥PID 自整定和 PID 整定控制面板。

1.2 PLC 的工作原理

PLC 是一种专用工控机，工作原理与计算机控制系统基本相同，采用周期循环扫描工作方式。

1.2.1 PLC 对继电器控制系统的仿真

1. 模拟继电器控制的编程方法

一个电气电路控制整体方案中，根据任务与功能的不同可明显分出主电路（完成主攻任务的那部分电路，表象是大电流）和辅助电路（完成控制、保护、信号等任务的那些电路，表象是小电流），辅助电路又可分为控制电路、保护电路、信号电路等。请务必注意，PLC 用内部的"软继电器"或称"虚拟继电器"替代辅助电路中起控制、保护、信号作用的那些继电器。

控制、保护、信号等辅助电路构成的电气控制系统可以分解为输入、逻辑控制、输出三个组成部分，如图 1-10 所示。

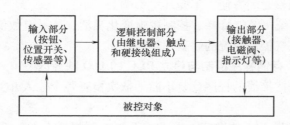

图 1-10 电气控制系统的组成

输入部分由电路中各种输入设备（如控制按钮、操作开关、位置开关、传感器）和全部输入信号构成，这些输入信号来自被控对象上的各种开关量信息及人工指令。

逻辑控制部分是按照控制要求设计的，由主令开关、继电器、接触器等电器及其触点用导线连成具有一定逻辑功能的控制电路，各电器触点之间以固定的方式接线，其控制逻辑就编制在硬接线中，这种固化的程序不能灵活变更，运用 PLC 将予以克服。

输出部分由各种输出设备，如接触器、电磁阀、指示灯等执行元件组成。

PLC 控制系统的基本组成与继电器控制系统极为相似，也大致分为输入、逻辑控制、输出三部分，如图 1-11 所示。输入和输出部分与继电器控制系统的大致相同，所不同的是 PLC 中输入、输出部分多了输入、输出模块，增加了光耦合、电平转换、功率放大等功能；PLC 的逻辑部分由微处理器、存储器组成，以软件替代继电器构成的控制、保护与信号电路，实现"软接线"或"虚拟接线"，可以灵活编程，这是 PLC 节能降耗之外又一闪光点。

下面从控制方式、控制速度、延时控制等三个方面对可编程序控制系统与电气控制系统之间进行比较。

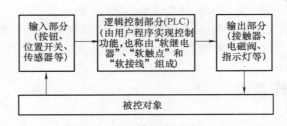

图 1-11　PLC 控制系统的组成

（1）控制方式

继电器控制系统采用硬件接线实现，是利用继电器触点的串并联及延时继电器的滞后动作等组合形成控制逻辑，只能完成既定逻辑控制；PLC 采用存储逻辑，控制逻辑是以程序方式存储在内存中，要改变控制逻辑，只需改变程序即可，称"软接线"或"虚拟接线"。

（2）控制速度

继电器控制系统逻辑依靠触点的机械动作实现控制，工作频率低、毫秒级、机械触头有抖动；PLC 由程序指令控制半导体电路来实现控制，速度快、微秒级、严格同步、无抖动。

（3）延时控制

继电器控制系统是靠时间继电器的滞后动作实现延时控制，而时间继电器定时精度不高，受环境影响大，调整时间困难；PLC 用半导体集成电路作为定时器，时钟脉冲由晶体振荡器产生，精度高、调整时间方便，不受环境影响。

总之，PLC 控制系统可节能降耗、控制逻辑变化灵活，还具有数值运算及过程控制等复杂的控制功能，是对电气控制系统的崭新超越。

2. 接线程序控制、存储程序控制与建立 PLC 的 I/O 映像区

接线程序控制就是按接线的程序反复不断地依次检查各个输入开关的状态，根据接线的程序把结果赋值给输出。

在 PLC 存储器内开辟 I/O 映像区，大小与系统控制规模有关。系统每一个 I/O 点总有 I/O 映像区的某一位与之对应；系统 I/O 点的编址号与 I/O 映像区的映像寄存器地址号相对应。

PLC 工作时，将采集的输入信号状态存放在输入映像区对应位上；将执行用户程序的运算结果存放到输出映像区对应位上。PLC 在执行用户程序时所需"输入继电器""输出继电器"的数据取自于 I/O 映像区，而不直接与外部设备发生关系。I/O 映像区的建立，使 PLC 工作时只和内存有关地址单元内所存的信息状态发生关系，而系统输出也是只给内存某一地址单元设定一个状态。这样不仅加速了程序的执行，而且还使 PLC 控制系统与外界隔离开来，提高了抗干扰能力。同时控制系统远离实际被控对象，为 PLC 硬件标准化生产创造了条件。

1.2.2　PLC 循环扫描的工作方式

PLC 循环扫描工作方式有周期扫描、定时中断、输入中断、通信传输等，最主要的工作方式是周期扫描方式。在每次扫描过程中，还要完成对输入信号的采样和对输出状态的刷新等工作。

1. PLC 的工作过程

PLC 上电后，在系统程序的监控下，周而复始地按一定的顺序对系统内部的各种任务进行查询、判断和执行，这个过程实质上是按顺序循环扫描的过程。PLC 的工作完全是在 CPU 的系统监控程序的指挥下进行的。执行一个循环扫描过程所需的时间称为扫描周期，一般为 0.1~100ms。PLC 的工作过程如图 1-12 所示。

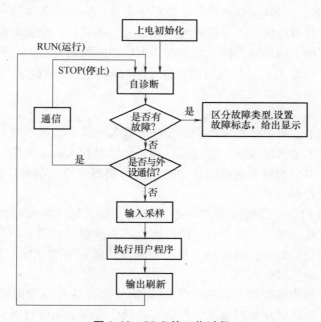

图 1-12　PLC 的工作过程

（1）上电初始化

PLC 上电后首先进行系统初始化处理，CPU 进行的初始化工作包括清除内部继电器区，复位定时器等并进行自诊断，对电源、PLC 内部电路、用户程序的语法进行检查。设该过程占用时间为 T_0。

（2）CPU 自诊断

PLC 在每个扫描周期都要进入 CPU 自诊断阶段，以确保系统可靠运行。自诊断程序定期检查用户程序存储器是否正常、扫描周期是否过长、I/O 单元的连接是否可靠、I/O 总线是否正常，定期复位监控定时器（Watch Dog Timer，WDT）等，发现异常情况时根据错误类别发出报警输出或者停止 PLC 运行。设该过程占用时间为 T_1。

（3）通信信息处理

在每个通信信息处理扫描阶段，进行 PLC 与计算机间的以及 PLC 与 PLC 间的信息交换；也进行 PLC 与所属智能 I/O 模块间的通信；在多处理器系统中，CPU 还要与数字处理器 DPU 交换信息。设该过程占用时间为 T_2。

（4）与外部设备交换信息

PLC 接有外部设备时，在每个扫描周期内要与外部设备交换信息。编程器或 PC 是人机交互的设备，通过它用户可以进行程序的编制、编辑、调试和监视等，用户把应用程序输入到 PLC 中，PLC 与编程器或 PC 要进行信息交换，当在线编程、在线修改、在线运行监控时，也要求 PLC 与编程器或 PC 进行信息交换。每个扫描周期内都要执行此项任务，设该过程占用时间为 T_3。

（5）用户程序执行

PLC 在运行状态下，每一个扫描周期都要执行用户程序。执行用户程序时，以扫描的方式执行用户存储器所存的一系列指令。从输入映像寄存器和其他软元件的映像寄存器中读出有关元件的通/断状态，从程序 0000 步开始按顺序运算，扫描一条执行一条，并把运算结果写进输出映像区寄存器对应位中。除输入元件外，输出各元件的映像寄存器的内容随着程序的执行在不断变化，输出继电器内部触点的动作由输出映像寄存器的内容决定。

设该过程占用时间为 T_4，显然执行用户程序的时间 T_4 主要取决于 PLC 的运行速度、用户程序所用指令多少和指令种类。

（6）I/O 刷新过程

PLC 在运行状态下，每一个扫描周期都要进行输入、输出信息处理。以扫描的方式把外部输入信息的状态存入输入映像区；将运算处理后的结果存入输出映像区，直至传送到外部被控设备。这个过程可分为输入信号刷新和输出信号刷新，输入信号刷新为输入处理过程，输出信号刷新为输出处理过程。

输入处理过程将 PLC 全部输入端子的通/断状态，读入输入映像寄存器。在程序执行过程中即使输入状态变化，输入映像寄存器的内容也不会改变，直到下一扫描周期的输入处理阶段才会读入这一变化。此外，输入触点从通到断或从断到通变化直至处于确定状态为止，输入滤波器还有一个响应延迟时间。

输出处理过程将输出映像寄存器的通/断状态向输出锁存寄存器传送，成为 PLC 的实际输出。PLC 内的对外输出触点相对输出元件的实际动作有一个响应时间，需要一定的延迟才能动作。

设输入信号刷新和输出信号刷新过程占用时间为 T_5，其主要取决于 PLC 所带的输入输出模块的种类和点数多少。

PLC 周而复始地巡回扫描，执行上述整个过程，直至停机。可以看出，PLC 的扫描周期 $T = T_1 + T_2 + T_3 + T_4 + T_5$。扫描周期 T 在 PLC 控制过程中是一个比较重要的技术指标，一般为 0.1 ~ 100ms，扫描一次所需的时间 T 越长，要求输入信号的宽度也越大，同时控制的速度要降低。

2. 用户程序的循环扫描过程

PLC 对用户程序的执行是以循环扫描方式进行的。PLC 这种运行程序的方式与微型计算机相比有较大的不同，微型计算机运行程序时，一旦执行到 END 指令，程序运行结束。而 PLC 从存储地址 0000 所存放的第一条用户程序开始，在无中断或跳转的情况下，按存储地址递增的方向顺序逐条执行用户程序，直到 END 指令结束。然后再从头开始执行，并周而复始地重复，直到停机或从运行（RUN）切换到停止（STOP）工作状态。PLC 每扫描完一次程序就构成一个扫描周期。

CPU 不同时执行多个操作，只按分时操作（串行工作）方式，每一次执行一个操作，按顺序逐个执行。由于 CPU 的运算处理速度很快，所以从宏观上来看，PLC 外部出现的结果似乎是同时（并行）完成的。这种串行工作过程即为 PLC 的扫描工作方式，它与传统的继电器控制系统也有明显的不同，继电器控制装置采用硬逻辑并行运行的方式：在执行过程中，如果一个继电器的线圈通电，则该继电器的所有常开和常闭触点，无论处在控制线路的什么位置都会立即动作，即常开触点闭合，常闭触点断开。PLC采用循环扫描控制程序的工作方式（串行工作方式）：在PLC的工作过程中，如果某一个软继电器的线圈接通，该线圈的所有常开和常闭触点并不一定会立即动作，只有CPU扫描到该触点时才会动作。

　　PLC对用户程序进行循环扫描分为也必须分为三个阶段，即输入采样阶段、程序执行阶段和输出刷新阶段，如图1-13所示。

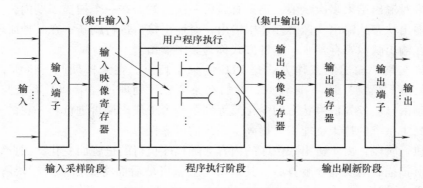

图1-13　PLC用户程序的工作过程

（1）输入采样阶段

　　这是第一个集中批处理过程，在这个阶段中，PLC按顺序逐个采集所有输入端子上的信号，不论输入端子上是否接线，CPU顺序读取全部输入端，将所有采集到的一批输入信号写到输入映像寄存器中。此时，输入映像寄存器被刷新，随即关闭输入端口，进入程序执行阶段。在当前的扫描周期内，用户程序用到的输入信号状态（ON或OFF）均从输入映像寄存器中读取，不管此时外部输入信号的状态是否变化。即使此时外部输入信号的状态发生了变化，也只能在下一个扫描周期的输入采样扫描阶段去读取，对于这种采集输入信号的批处理，虽然严格上说每个信号被采集的时间有先有后，但由于PLC的扫描周期很短，这个差异对一般工程应用可忽略，所以可以认为这些采集到的输入信息是同时的。

（2）程序执行阶段

　　这是第二个集中批处理过程，在执行用户程序阶段，CPU对用户程序按顺序进行扫描。如程序用梯形图表示，则总是按先上后下、从左至右的顺序进行。当遇到跳转指令时，则根据跳转条件是否满足来决定程序是否跳转。每扫描到一条指令，若其涉及输入信息的状态均从输入映像寄存器中读取，而不是直接使用现场的立即输入信号，对其他信息，则是从PLC的元件映像寄存器中读取。根据用户程序进行运算后，每一次运算的中间结果都立即写入元件映像寄存器中，对输出继电器的扫描结果，也不是马上去驱动外部负载，而是将其结果写入到输出映像寄存器中。在此阶段，允许对数字量I/O指令和不设置数字滤波的模拟量I/O指令进行处理，在扫描周期的各个部分，均可对中断事件进行响应。

　　在这个阶段，除了输入映像寄存器外，各个元件映像寄存器的内容是随着程序的执行而不断变化的。

（3）输出刷新阶段

　　这是第三个集中批处理过程，当CPU对全部用户程序扫描结束后，将元件映像寄存器中各输出继电器的状态同时送到输出锁存器中，再由输出锁存器通过一定的方式（继电器、晶体管或晶闸管）经输出端子驱动外部负载。

在输出刷新阶段结束后，CPU 进入下一个扫描周期，重新执行输入采样，周而复始。

在一个扫描周期内，PLC 对输入状态的采样只在输入采样阶段进行。当 PLC 进入程序执行阶段后输入端将被封锁，直到下一个扫描周期的输入采样阶段才对输入状态进行重新采样。这方式称为集中采样，即在一个扫描周期内，集中一段时间对输入状态进行采样。在用户程序中如果对输出结果多次赋值，则只有最后一次有效。在一个扫描周期内，只在输出刷新阶段才将输出状态从输出映像寄存器中输出，对输出接口进行刷新；在其他阶段，输出状态一直保存在输出映像寄存器中，这种方式称为集中输出。

集中采样与集中输出的工作方式是 PLC 的一个特点。在采样期间，将所有输入信号（不论该信号当时是否要用）一起读入，此后在整个程序处理过程中 PLC 系统与外界隔离，直至输出控制信号。外界信号状态的变化要等到下一个工作周期再进行新一轮的采集，这样从根本上提高了系统的抗干扰能力，提高了系统的可靠性。

在程序执行阶段，由于输出映像区的内容会随程序执行的进程而变化，因此，在程序执行过程中，所扫描到的功能经解算后，其结果马上就可被后面将要扫描到逻辑解算所利用，因而简化了程序设计。

3. PLC 输入、输出延迟响应

（1）输入、输出延迟响应

由于 PLC 采用循环扫描的工作方式，即对信息串行的处理方式，导致输入、输出延迟响应。当 PLC 的输入端有一个输入信号发生变化到 PLC 输出端对该输入变化做出反应，需要一段时间，这段时间就称为响应时间或滞后时间（通常为几十毫秒）。这种现象称为输入、输出延迟响应或滞后现象。

从 PLC 的工作原理可以看出，输入信号的变化是否能改变其对应输入映像区的状态，主要取决于两点。第一，输入信号的变化要经过输入模块的转换才能进入 PLC 内部，这个转换需要时间，就是说要经过一定的延时才能进到 PLC 内部，这一延时称为输入延时。第二，进入 PLC 的信号只有在 PLC 处在输入刷新阶段时才能把输入的状态读到 PLC 的 CPU 输入映像区，此延时最长可达一个扫描周期、最短接近于零。只有经过了以上两个延时，CPU 才有可能读入输入信号的状态。输入延时是 CPU 可能读到输入端子信号状态发生变化的最短时间，而输入端子信号的状态变化被 CPU 读到的最长时间可达"扫描周期+信号转化输入延时"，故输入信号的脉冲宽度至少要比一个扫描周期稍大。

当 PLC 根据用户程序的运算操作，把运算结果赋予输出端时也需要延时，由两部分组成。第一个延时是发生在运算结果在输出刷新时，才能送入输出映像区的输出信号锁存器中，此延时最长可达一个扫描周期、最短接近于零。第二个延时是输出信号锁存器的状态要通过输出模块的转换才能成为输出端所需信号，这个输出转换需要的时间叫输出延时。只有经过上述两个延时，CPU 才可能把输出信号的状态传送到输出端子。注意，在一个用户程序中，如果给一个输出端对应的输出映像区多次赋值，中间状态的变化会引起所连输出映像区的状态，但只有最后一次赋值才能送到输出端子，这里是所谓执行指令的后者优先。

PLC 循环扫描工作方式等因素而产生输入、输出延迟响应，在编程中，语句的安排也会影响响应时间。对一般的工业控制，这种 PLC 输入/输出响应滞后是完全允许的。但是对那

些要求响应时间小于扫描周期的控制系统则不能满足，这时可以使用智能输入输出单元（如快速响应I/O模块）或专门的指令（如立即I/O指令），通过与扫描周期脱离的方式来解决。应该注意的是，这种响应滞后不仅是由于PLC扫描工作方式造成的，更主要是PLC输入接口的滤波环节带来的，以及输出接口中驱动器件的动作时间带来的，同时还与程序设计有关。滞后时间是设计PLC应用系统时应注意的一个参数。

（2）响应时间

响应时间是设计PLC控制系统时应了解的一个重要参数，它与以下因素有关：①输入电路滤波时间，它由RC滤波电路的时间常数决定，改变时间常数可调整输入延迟时间；②输出电路的滞后时间，它与输出电路的输出方式有关，继电器输出方式的滞后时间为10ms左右，双向晶闸管输出方式在接通负载时滞后时间约为1ms、切断负载时滞后时间小于10ms，晶体管输出方式的滞后时间小于1ms；③PLC循环扫描的工作方式；④PLC对输入采样、输出刷新的集中处理方式；⑤用户程序中语句的安排。

这些因素中有的目前不能改变，有的可以通过恰当选择、合理编程得到改善。例如，选用晶闸管输出方式或晶体管输出方式可以加快响应速度等。

如果PLC在一个扫描周期刚结束之前收到一个输入信号，在下一个扫描周期进入输入采样阶段，这个输入信号就被采样，使输入更新，这时响应时间最短。

最短响应时间 = 输入延迟时间 + 一个扫描周期 + 输出延迟时间。

如果收到一个输入信号经输入延迟后，刚好错过I/O刷新时间，在该扫描周期内这个输入信号无效，要等到下一个扫描周期输入采样阶段才被读入，使输入更新，这时响应时间最长。

最长响应时间 = 输入延迟时间 + 两个扫描周期 + 输出延迟时间。

输入信号如刚好错过I/O刷新时间，至少应持续一个扫描周期的时间，才能保证被系统捕捉到。对于持续时间小于一个扫描周期的窄脉冲，可以通过设置脉冲捕捉功能使系统捕捉到。设置脉冲捕捉功能后，输入端信号的状态变化被锁存并一直保持到下一个扫描周期输入刷新阶段。这样，可使一个持续时间很短的窄脉冲信号保持到CPU读到为止。

语句安排影响响应时间是显然的，把如图1-14所示的梯形图改成如图1-15所示后，从外部输入触点I0.0接通到Q0.0驱动的负载接通所经历的响应延迟缩短了一个扫描周期。

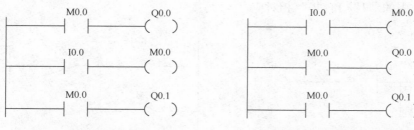

图1-14　未优化的梯形图　　　图1-15　重排优化后的梯形图

PLC总的响应延迟时间一般只有几十毫秒，这对于一般的系统是无关紧要的。对要求输入与输出信号之间的滞后时间尽量短的系统，可以选用扫描速度快的PLC或采取其他措施。

（3）PLC对输入、输出的处理规则

PLC是以扫描的方式处理信息，是顺序地、连续地、循环地逐条执行程序，在任何时刻它只能执行一条指令，即以"串行"处理方式工作。因而在考虑 PLC 的输入、输出之间的关系时，应充分注意它的周期扫描工作方式。在用户程序执行阶段 PLC 对输入、输出的处理遵守以下规则：输入映像寄存器的内容在整个工作周期是不变的，保存值决定于刷新阶段输入端子的状态；输出映像寄存器的内容是随程序的执行而变化的；输出锁存器的状态，由上一次输出刷新期间输出映像寄存器的状态决定；输出端子板上各输出端的状态，由输出锁存器来确定；执行程序时所用的输入、输出状态值，取用于输入、输出映像寄存器的状态。

尽管 PLC 采用周期性循环扫描的工作方式，产生了输入、输出响应滞后的现象，但只要使其一个扫描周期足够短，采样频率足够高，足以保证输入变量条件不变，即如果在第一个扫描周期内对某一输入变量的状态没有捕捉到，也可保证在第二个扫描周期执行程序时使其存在。这样，完全可以认为 PLC 恢复了系统对被控制变量控制的并行性。

借助一些辅助继电器，把输入映像寄存器的状态暂时记忆下来，待新的循环周期中使用，则有利于鉴别输入映像寄存器状态的变化，这就是映像寄存器状态的掩藏。扫描周期的长短与程序的长短和每条指令执行时间长短有关，而后者又和指令的类型和 PLC 的主频（CPU 内核工作的时钟频率）有关。

1.2.3　PLC 的编程语言

1. 梯形图编程（LAD）

梯形图（Ladder Diagram，LAD）是在原电气控制系统中常用的接触器、继电器梯形图基础上演变而来的，它与电气操作原理图相呼应，形象、直观和实用，为广大继电器控制的电气人员所熟知，特别适合于数字量逻辑控制，是使用最多的 PLC 编程语言，但不适合于编写大型控制程序。

图 1-16 所示是一个电动机起、停控制的梯形图，它与继电器控制电路（见图 1-17）相对应。它们的电路结构形式大致相同，控制功能相同，但表达方式有一定区别。PLC 的梯形图使用的是内部继电器，定时器、计数器等也都由软件实现，使用方便、修改灵活，是原电气控制的继电器电路的硬接线无法比拟的。在 PLC 控制系统中，由按钮、限位开关这些输入元件提供的输入信号，以及提供给电磁阀、接触器、指示灯这些负载的输出信号，都只有两种完全相反的工作状态，如触点的接通和断开、电流的有和无、电平的高和低，它们都分别和逻辑代数中的"1"和"0"相对应。

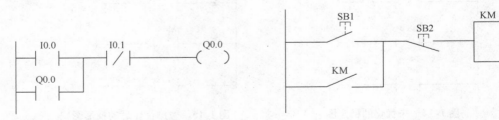

图 1-16　电动机起、停控制梯形图　　　　图 1-17　电动机起、停控制电路

（1）梯形图的格式

梯形图是 PLC 模拟继电器控制系统的编程方法。它由触点、线圈或功能方框等构成，梯形图竖线类似继电器控制图电源线的左、右垂线称为左、右母线（某些如 SIMATIC S7 系列

PLC的右母线通常省略不画）。在梯形图中常把左母线看成是提供能量的母线，触点闭合后可以使能量流过，触点断开则阻止能量流过。这种能量流，可称为"能流"。实际上，梯形图是CPU仿真电气控制电路图，使来自"能源"的"能流"通过一系列逻辑控制条件，根据运算结果决定逻辑输出的模拟过程。

梯形图中的基本编程元素有触点、线圈和方框。

触点：代表逻辑控制条件。触点闭合时表示"能流"通过。触点分常开触点┤├和常闭触点┤/├两种形式。

线圈：通常代表逻辑"输出"结果。"能流"流到，则该线圈被激励。

方框：代表某种特定功能的指令，"能流"通过方框时，则执行方框所代表的功能。方框所能代表的功能有多种，如定时器、计数器、数据运算等。

每个梯形图网络由一个或多个梯级组成，每个输出元素（线圈或方框）可构成一个梯级，每个梯级可由多个支路组成。通常每个支路可容纳的编程元素个数和每个网络最多允许的分支路数都有一定的限制，最右边的元素必须是输出元素，简单的编程元素只占用一条支路（例如常开/常闭触点、继电器线圈等），有些编程元素要占多条支路（例如矩阵功能）。在梯形图编程时，只有在一个梯级编制完整后才能继续后面的程序编制，PLC的梯形图从上至下按行绘制，每一行从左至右，左侧总是安排输入触点，并且把并联触点多的支路靠近最左端，输入触点不论是外部的按钮、行程开关，还是继电器触点，在图形符号上只用常开触点┤├和常闭触点┤/├两种表示方式，而不计及其物理属性，输出线圈用圆形或椭圆形表示。

在梯形图中每个编程元素应按一定的规则添加字母和数字串，不同的编程元素常用不同的字母符号和一定的数字串来表示。

（2）梯形图编程的特点

梯形图与继电器控制电路图相呼应，但并非一一对应。由于PLC的结构、工作原理与继电器控制系统截然不同，因而梯形图与继电器控制电路图之间又存在许多差异。

1）PLC采用梯形图编程是模拟继电器控制系统的表示方法，梯形图内各种元件也沿用了继电器的叫法，如"软继电器"或"虚拟继电器"。梯形图中的"软继电器"或"虚拟继电器"不是物理继电器，其输入触点均为存储器中的一位。其相应位为"1"状态，表示继电器线圈通电，常开触点闭合或常闭触点断开；相应位为"0"状态，表示继电器线圈失电，常开触点断开或常闭触点闭合。用"软继电器"或"虚拟继电器"就可以按继电器控制系统的形式来设计梯形图，当然也不能生搬硬套。

2）梯形图中流过的"能流"不是物理电流，只能从左到右、自上而下流动，不允许倒流。"能流"到，线圈则接通；"能流"是用户程序解算中满足输出执行条件的形象表示方式；"能流"流向的规定顺应了PLC的扫描是自左向右、自上而下顺序地进行，而继电器控制系统中的电流是不受方向限制的，导线连接到哪里，电流就可流到哪里。

3）梯形图中的常开、常闭触点对应于I/O映像寄存器中相应位的状态，而不是现场物理开关的触点状态。在梯形图中同一元件的一对常开、常闭触点的切换没有时间延迟，常开、常闭触点只是互为相反状态，而继电器控制系统的电器是属于先断后合型的电器。

4）梯形图中的输出线圈不是物理线圈，不能用它直接驱动现场执行机构。输出线圈的状态对应输出映像寄存器相应位的状态而不是现场电磁开关的实际状态。

5）编制程序时，PLC内部继电器的触点原则上可无限次重复使用，既可常开又可常闭，因为存储单元中位状态可取用任意次。而继电器控制系统中的继电器点数是有限的，例如一个中间继电器仅6~8对触点。但要注意PLC内部的线圈通常只引用一次，应特别慎重对待重复使用同一地址编号的线圈。

6）梯形图中用户逻辑解算结果，马上可以为后面用户程序的解算所利用。

2. 语句表编程（STL）

语句表（Statement List，STL）是一种类似于微机汇编语言的助记符编程表达式、一种文本编程语言，由多条语句组成一个程序段。语句表适合于经验丰富的程序员使用，可以实现某些梯形图不能实现的功能。在许多小型PLC的编程器中没有CRT屏幕显示，或没有较大的液晶屏幕显示，就用一系列PLC操作命令组成的语句表将梯形图控制逻辑描述出来，并通过编程器输入到机器中去。不同厂家的PLC往往采用不同的语句表符号集。因此对于同一个控制对象，有相同的梯形图形式，而语句表却不尽相同。

语句是用户程序的基础单元，每个控制功能由一条或多条语句组成的用户程序来完成，每条语句是规定CPU如何动作的指令。PLC的语句由操作码和操作数组成，故其表达式也和各微机指令类似。

PLC的语句：操作码 + 操作数。

操作码用来指定要执行的功能，告诉CPU进行什么操作；操作数内包含为执行该操作所必需的信息，告诉CPU用什么地方的数据来执行此操作。

操作数应该给CPU指明为执行某一操作所需信息的所在地，分配原则是：①为了让CPU区别不同的编程元素，每个独立的元素应指定一个互不重复的地址；②所指定的地址必须在该型机器允许的范围之内，超出机器允许的操作参数，PLC不予响应，并以出错处理。

命令语句编程有键入方便、编程灵活的优点，在编程支路中元素的数量一般不受限制（没有显示屏幕的限制条件）。

3. 功能块图编程（FBD）

功能块图（Function Block Diagram，FBD）是一种类似于数字逻辑电路结构的编程语言、一种使用布尔代数的图形逻辑符号来表示的控制逻辑，适合于有数字电路基础的编程人员使用。功能块图用类似于与门、或门的框图来表示逻辑运算关系，方框的左侧为逻辑运算的输入变量，右侧为输出变量，输入、输出端的小圆圈表示"非"运算，方框用"导线"连在一起，信号自左向右，如图1-18所示。

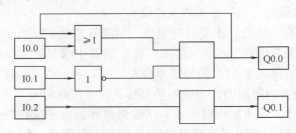

图1-18 功能块图编程举例

另外，顺序功能图（Seauential Fuction Chart，SFC）、结构化文本（Structured Text，ST）在S7-300/400 PLC中得到应用。

1.3　PLC 的性能指标与编程设计步骤

1.3.1　PLC 的性能指标

PLC 的技术指标体系包括硬件指标体系和软件指标体系。硬件指标包括一般指标、输入特性和输出特性，涉及工作速度、控制规模、组成模块、内存容量、指令系统、支持软件、控制可靠度、经济指标等方面。软件指标主要包括程序容量、编程语言、通信功能、运行速度、指令类型、元件种类和数量等。

下面示例给出了 S7-200 CPU 224 的技术性能指标，以使读者对 PLC 的技术性能指标有一个比较全面的认识。

（1）一般性能

S7-200 CPU 224 的一般性能见表 1-1。

表 1-1　S7-200 CPU 224 的一般性能

电源电压	DC 24V，AC 100～230V
电源电压波动	DC 20.4～28.8V，AC 84～264V（47～63Hz）
环境温度、湿度	水平安装 0～550℃，垂直安装 0～450℃，5%～95%
大气压	860～1080hPa
保护等级	IP20 到 IEC529
输出给传感器的电压	DC 24V（20.4～28.8V）
输出给传感器的电流	280mA，电子式短路保护（600mA）
为扩展模块提供的输出电流	660mA
程序存储器	8K 字节/典型值为 2.6K 条指令
数据存储器	2.5K 字
存储器子模块	1 个可插入的存储器子模块
数据后备	整个 BD1 在 EEPROM 中无须维护 在 RAM 中当前的 DB1 标志位、定时器、计数器等通过高能电容或电池维持，后备时间 190h（400℃时 120h），插入电池后备 200 天
编程语言	LAD，FBD，STL
程序结构	一个主程序块（可以包括子程序）
程序执行	自由循环。中断控制，定时控制（1～255ms）
子程序级	8 级
用户程序保护	3 级口令保护
指令集	逻辑运算、应用功能
位操作执行时间	0.37μs
扫描时间监控	300ms（可重启动）
内部标志位	256，可保持：EEPROM 中 0～112
计数器	0～256，可保持：256，6 个高速计数器

（续）

定时器	可保持：256 4 个定时器，1ms ~30s 16 个定时器，10ms ~5min 236 个定时器，100ms ~54min
接口	一个 RS-485 通信接口
可连接的编程器/PC	PG740P = 2* ROMAN II，PG760P = 2* ROMAN II，PC（AT）
本机 I/O	数字量输入：14，其中 4 个可用作硬件中断，14 个用于高速功能 数字量输出：10，其中 2 个可用作本机功能 模拟电位器：2 个
可连接的 I/O	数字量输入/输出：最多 94/74 模拟量输入/输出：最多 28/7（或 14） AS 接口输入/输出：496
最多可接扩展模块	7 个

（2）输入特性

S7-200 CPU 224 的输入特性见表 1-2。

表 1-2　S7-200 CPU 224 的输入特性

类　型	源型
输入电压	DC 24V，"1 信号"：14 ~35A，"0 信号"：0 ~5A
隔离	光耦合器隔离，6 点和 8 点
输入电流	"1 信号"：最大 4mA
输入延迟（额定输入电压）	所有标准输入：全部 0.2 ~12.8ms（可调节） 中断输入：（I0.0 ~ I0.3）0.2 ~12.8ms（可调节） 高速计数器：（I0.0 ~ I0.5）最大 30kHz

（3）输出特性

S7-200 CPU 224 的输出特性见表 1-3。

表 1-3　S7-200 CPU 224 的输出特性

类　型	晶体管输出型	继电器输出型
额定负载电压	DC 24V（20.4 ~28.8V）	DC 24V（4 ~30V） AC 24 ~230V（20 ~250V）
输出电压	"1 信号"：最小 DC 20V	L +/L −
隔离	光耦合器隔离，5 点	继电器隔离，3 点和 4 点
最大输出电流	"1 信号"：0.75A	"1 信号"：2A
最小输出电流	"0 信号"：10μA	"0 信号"：0mA
输出开关容量	阻性负载：0.75A 灯负载：5W	阻性负载：2A 灯负载：DC 30W，AC 200W

（4）扩展单元的主要技术特性

S7-200 PLC 是模块式结构，可以通过配接各种扩展模块来达到扩展功能、扩大控制能力的目的。目前 S7-200 主要有三大类扩展模块。

1）输入/输出扩展模块。S7-200 CPU 上已经集成了一定数量的数字量 I/O 点，但如用户需要多于 CPU 单元 I/O 点时，必须对系统做必要的扩展。CPU 221 无 I/O 扩展能力，CPU 222 最多可连接两个扩展模块（数字量或模拟量），而 CPU 224 和 CPU 226 最多可连接 7 个扩展模块。S7-200 PLC 系列目前总共提供共 5 类扩展模块：数字量输入扩展板 EM221（8 路扩展输入）；数字量输出扩展板 EM222（8 路扩展输出）；数字量输入和输出混合扩展板 EM 223（8I/O，16I/O，32I/O）；模拟量输入扩展板 EM 231，每个 EM 231 可扩展 3 路模拟量输入通道，A-D 转换时间为 25μs，12 位；模拟量输入和输出混合扩展模板 EM 235，每个 EM235 可同时扩展 3 路模拟输入和 1 路模拟量输出通道，其中 A-D 转换时间为 25μs，D-A 转换时间为 100μs，位数均为 12 位。

基本单元通过其右侧的扩展接口用总线连接器（插件）与扩展单元左侧的扩展接口相连接。扩展单元正常工作需要 DC +5V 工作电源，此电源由基本单元通过总线连接器提供，扩展单元的 DC 24V 输入点和输出点电源，可由基本单元的 DC 24V 电源供电，但要注意基本单元所提供的最大电流能力。

2）热电偶/热电阻扩展模块。热电偶、热电阻模块（EM231）是为 CPU 222、CPU 224、CPU 226 设计的，S7-200 与多种热电偶、热电阻的连接备有隔离接口。用户通过模块上的 DIP 开关来选择热电偶或热电阻的类型，接线方式，测量单位和开路故障的方向。

3）通信扩展模块。除 CPU 集成通信口外，S7-200 还可通过通信扩展模块连接成更大的网络，有两种通信扩展模块：PROFIBUS-DP 扩展从站模块（EM277）和 AS-i 接口扩展模块（CP243-2）。

S7-200 PLC 输入/输出扩展模块的主要技术性能见表 1-4。

表 1-4　S7-200 PLC 输入/输出扩展模块的主要技术性能

类型	数字量扩展模块			模拟量扩展模块		
型号	EM221	EM222	EM223	EM231	EM232	EM235
输入点	8	无	4/8/16	3	无	3
输出点	无	8	4/8/16	无	2	1
隔离组点数	8	2	4	无	无	无
输入电压	DC 24V		DC 24V			
输出电压		DC 24V 或 AC 24~230V	DC 24V 或 AC 24~230V			
A-D 转换时间				<250μs		<250μs
分辨率				12bit A-D 转换	电压：12bit 电流：11bit	12bit A-D 转换

1.3.2 PLC 控制系统设计的基本内容与一般步骤

1. PLC 控制系统设计的基本内容

在设计 PLC 控制系统之前，应首先熟悉生产流程，明晰各个环节间的依存关系。

1）拟定控制系统设计的技术条件，要以设计任务书的形式来确定，这是整个系统设计的依据。

2）根据生产流程确定所有变送器、传感器和行程开关的个数及量程，进行仪表选型，确定型号以及安装方式并制作仪表采购清单；盘点系统中的电气与动力设备并规划主回路及控制回路，选择电气传动形式和电动机、电磁阀等执行机构。

3）绘制电气原理图及控制柜尺寸图、柜内布置图、柜面元件图、端子接线图、安装图等相关图样并出具材料清单；统计仪表、传感器等需用的电源电缆及信号电缆类型及长度并确定布线方案，统计所有电线电缆规格长度、管线及桥架等布线部件数量，编制设备功能描述说明书。

4）根据需要的信号与执行元件确定系统的 I/O 点数，根据生产需要来确定 PLC 站点个数和每个 PLC 站的 I/O 点数；根据每个 PLC 站的 I/O 点数和控制功能要求确定 PLC 系列；根据上面确定的 I/O 点数选用 PLC 的 I/O 模块，然后再根据运算处理能力的需求和估计的程序复杂程度以及通信方式来确定 CPU 的型号以及程序存储器大小。当有多个 PLC 站时，要确定各 PLC 站间的通信方式，最后选择电源和机架、编程电缆、编程软件等，并设计 PLC 柜图样。

5）编制 PLC 的 I/O 资源分配表并绘制 PLC 控制线路 I/O 端子接线图；根据系统设计的控制要求编写软件规格说明书，然后再用相应的编程语言（常用梯形图）进行程序设计。

6）了解并遵循用户认知心理学，重视环境设计理念、重视人机界面设计，发展、增强人与机器之间的友善关系；设计操作台、电气柜及非标准电器元部件；编写设计说明书和使用说明书。

2. PLC 控制系统设计与调试的主要步骤

PLC 控制系统设计与调试的主要步骤，如图 1-19 所示。

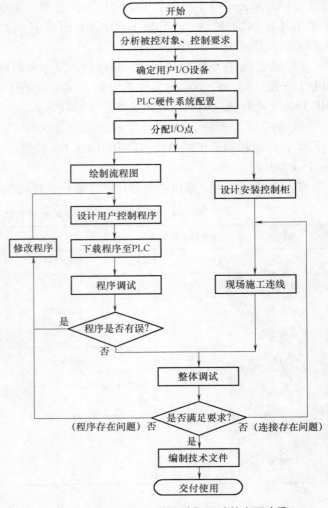

图 1-19　PLC 控制系统设计与调试的主要步骤

第2章

S7-200 PLC的硬件、软件与系统配置

2.1 S7-200 PLC 的硬件

S7-200 PLC 可靠性高、指令及功能丰富、操作便捷、实时性高、通信能力强、扩展模块多样，独立或联网皆能实现各行各业的监测及控制自动化。S7-200 系统包括 CPU 模块、扩展接口模块、STEP 7- Micro/WIN 编程软件、通信电缆、存储卡等，如图2-1 所示。

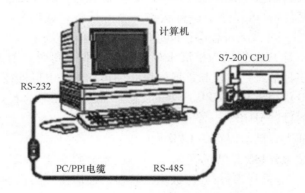

图 2-1　S7-200 PLC 与计算机构成系统

2.1.1　S7-200 PLC 的基本单元

S7-200 PLC 的基本单元也称主机或 CPU 模块，由中央处理器（CPU）、集成的 24V 电源以及数字量 I/O 单元组成，安装于一个箱体中，构成一个独立控制系统。

1. 外观与构件情况

CPU 模块顶部端子盖内有 PLC 输出端子和 PLC 供电电源端子；底部端子盖内有输入端子和传感器电源端子；中部右侧前盖内有 CPU 工作模式开关、扩展 I/O 接口和模拟量调节电位器；模块左侧分别有状态指示灯（LED）、存储卡接口、通信口，如图2-2 所示。

中央处理单元（CPU）由控制单元、运算单元、存储单元和时钟等组成，是系统的控制中心、数据的处理中心。

输入/输出端子是 PLC 与外部输入信号、外部负载联系的窗口。输入端子的运行状态由底部端子盖上方一排指示灯（输入 LED）显示；输出端子的运行状态由顶部端子盖下方一

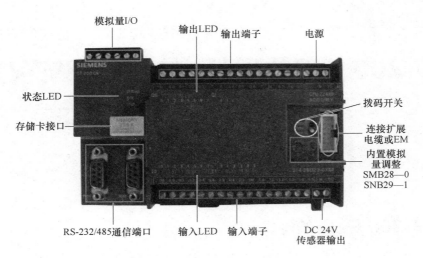

图 2-2   S7-200 CPU 模块外观

排指示灯（输出 LED）显示。

　　CPU 工作模式开关可切换 PLC 状态，拨向 STOP 位置时，PLC 处于停电状态，此时可编写程序；拨向 RUN 位置时，PLC 处于运行状态，当不具备在线编程功能时不能编写程序；拨向监控（Term）状态，可以运行程序，同时监视程序运行状态。

　　扩展 I/O 连接接口是 PLC 主机为扩展 I/O 点数和类型的部件，有并行接口、串行接口和双口存储器接口等多种形式。主机与扩展模块间用扩展电缆电信连接、由导轨安装固定。

　　状态指示灯（LED）用于显示 CPU 所处的工作状态：SF（System Fault）/DIAG——系统错误/诊断；RUN——运行；STOP——停止。

　　存储卡接口用于插入存储卡以存储 CPU 程序。

　　通信接口用于连接 RS-485 总线的通信电缆，联系外设、上位机、下位机，是人-机对话、机-机对话的通道，能进行串行/并行数据的转换、通信格式的识别、数据传输的出错检验、信号电平的转换等。

2. S7-200 CPU 模块

　　S7-200 系列 PLC 中有 221、222、224、226 共 4 种不同的基本型号包含 9 小类 CPU 模块可供选择使用，各小类又有 DC 电源/DC 输入/DC 输出与 AC 电源/DC 输入/继电器输出的两个分类，具有不同的电源电压和控制电压。型号中带 XP 的 CPU 具有两个 0～10V 模拟量输入、一个 0～10V 模拟量输出和两个通信口（PC/PPI 协议），其 CPU 性能比不带 XP 的优越；型号加 CN 表示"中国制造"；CPU 226XM 只是比 CPU 226 增大了程序和数据存储空间。它们的编程软件全部采用 STEP 7-Micro/WIN（4 种 CN 要求 4.0 SP3 及以上版本），它们的布尔量运算执行时间（每条二进制语句执行时间）全为 $0.22\mu s$，标志寄存器/计数器/定时器全为 256/256/256，外部硬件中断（外设发出的中断请求）引脚全为 4。集成的 24V 负载电源直接连接到传感器和执行器，CPU 221、222（及 CN）能输出 180mA，CPU 224（及 CN）、224XP（及 CN）输出 280mA，CPU 226（及 CN）输出 400mA。它们的主要技术参数见表 2-1。

表 2-1　S7-200 系列 PLC 中 CPU22X 的基本单元

S7-200 PLC	CPU 221	CPU 222	CPU 224	CPU 224XP	CPU 226（XM）
集成 DI/DO	6 入/4 出	8 入/6 出	14 入/10 出	14 入/10 出	24 入/16 出
最多可扩展数	不可扩展	2 个模块	7 个模块	7 个模块	7 个模块
最大可扩展 DI/DO 范围	不可扩展	78 点	168 点	168 点	248 点
最大可扩展 AI/AO 范围	不可扩展	10 点	35 点	38 点	35 点
用户程序区（在线/非在线）	4KB/4KB	4KB/4KB	8KB/12KB	12KB/16KB	16KB/24KB
数据存储区	2KB	2KB	8KB	10KB	10KB
高速计数器	4 个 30kHz	4 个 30kHz	6 个 30kHz	6 个 100kHz	6 个 30kHz
高速脉冲输出	2 个 20kHz	2 个 20kHz	2 个 20kHz	2 个 100kHz	2 个 20kHz
通信接口	1 个 RS-485	1 个 RS-485	1 个 RS-485	2 个 RS-485	2 个 RS-485
支持的通信协议	PPI，MPI，自由口	PPI，MPI，自由口，PROFIBUS-DP	PPI，MPI，自由口，PROFIBUS-DP	PPI，MPI，自由口，PROFIBUS-DP	PPI，MPI，自由口，PROFIBUS-DP
W×H×D	90mm×80mm×62mm	90mm×80mm×62mm	120mm×80mm×62mm	140mm×80mm×62mm	196mm×80mm×62mm

S7-200 PLC	CPU222 CN	CPU224 CN	CPU224XP CN	CPU226 CN
集成 DI/DO	8 入/6 出	14 入/10 出	14 入/10 出	24 入/16 出
最多可扩展数	2 个模块	7 个模块	7 个模块	7 个模块
最大可扩展 DI/DO 范围	78 点	168 点	168 点	248 点
最大可扩展 AI/AO 范围	10 点	35 点	38 点	35 点
用户程序区	4KB	8KB	12KB	16KB
数据存储区	2KB	8KB	10KB	10KB
高速计数器单相	4 个 30kHz	6 个 30kHz	4 路 30kHz 2 路 200kHz	6 个 30kHz
高速计数器双相	2 路 20kHz	4 路 20kHz	3 路 20kHz 1 路 100 kHz	4 路 20kHz
高速脉冲输出	2 路 20kHz（仅限于 DC 输出）	2 路 20kHz（仅限于 DC 输出）	2 路 100kHz（仅限于 DC 输出）	2 路 20kHz（仅限于 DC 输出）
通信接口	1 个 RS-485	1 个 RS-485	2 个 RS-485	2 个 RS-485
支持的通信协议	PPI，MPI，自由口，PROFIBUS-DP	PPI，MPI，自由口，PROFIBUS-DP	PPI，MPI，自由口，PROFIBUS-DP	PPI，MPI，自由口，PROFIBUS-DP
W×H×D	90mm×80mm×62mm	120.5mm×80mm×62mm	140mm×80mm×62mm	196mm×80mm×62mm

举例介绍的 CPU 226 CN 模块有 24 点 DI、16 点 DO，有 24V DC/输入/输出（6ES7 216-2AD23-0XB8）、AC 100～230V/DC 24V 输入/继电器输出（6ES7 216-2BD23-0XB8）两种电源，最大负载能力分别为 1050mA（DC 24V）、320/160mA（AC 120/240V），数字 I/O 映像区均为 256（128 入/128 出）、模拟 I/O 映像区均为 64（32 入/32 出）。

图 2-3 所示为 DC/DC 输入/DC 输出模块端子连接图。24 点 DI 分成两组，采用 24V 直流电源作为检测各输入接点状态的电源，M、L＋两个端子提供 DC24V/400mA 传感器电源亦可输入点检测用。第一组由输入端子 I0.0～I0.7、I1.0～I1.4 共 13 个输入点组成，每个外部输入的开关信号均由各输入端子接出，经一个直流电源终至公共端 1M；第二组由输入端子 I1.5～I1.7、I2.0～I2.7 共 11 个输入点组成，每个外部输入的开关信号均由各输入端子接出，经一个直流电源终至公共端 2M。16 点 DO 分成两组，每个负载的一端与输出点相连，另一端经电源与公共端相连。第一组由输出端子 Q0.0～Q0.7 共 8 个输出点与公共端 1L＋组成；第二组由输出端子 Q1.0～Q1.7 共 8 个输出点与公共端 2L＋组成。

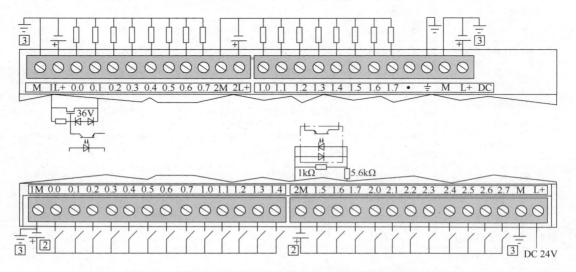

图 2-3　CPU 226 CN DC/DC 输入/DC 输出模块端子连接图

图 2-4 所示为 AC/DC 输入/继电器输出模块端子连接图。24 点 DI 分成两组，采用 24V 直流电源作为检测各输入接点状态的电源，M、L＋两个端子提供 DC24V/400mA 传感器电源亦可输入点检测用。第一组由输入端子 I0.0～I0.7、I1.0～I1.4 共 13 个输入点组成，每个外部输入的开关信号均由各输入端子接出，经一个直流电源终至公共端 1M；第二组由输入端子 I1.5～I1.7、I2.0～I2.7 共 11 个输入点组成，每个外部输入的开关信号均由各输入端子接出，经一个直流电源终至公共端 2M。16 个 DO 点分成三组，每个负载的一端与输出点相连，另一端经电源与公共端相连。第一组由输出端子 Q0.0～Q0.3 共 4 个输出点与公共端 1L 组成；第二组由输出端子 Q0.4～Q0.7、Q1.0 共 5 个输出点与公共端 2L 组成；第三组由输出端子 Q1.1～Q1.7 共 7 个输出点与公共端 3L 组成。因系继电器输出方式，故既可带直流负载，也可带交流负载，激励源由负载性质决定。输出端子排的右侧 N、1L 端子是电源 AC 120V/240V 的输入端。

2.1.2　S7-200 PLC 的扩展单元

S7-200 PLC 的扩展单元有数字量 I/O 模块、模拟量 I/O 模块和包含通信模块在内的智能模块等，见表 2-2。

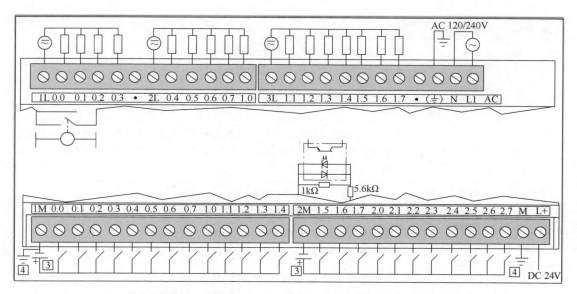

图2-4　CPU 226 CN AC/DC 输入/继电器输出模块端子连接图

表2-2　S7-200 PLC接口模块总体概况

模 块 型 号	模 块 属 性	具体各种模块的接口特性
EM 221	数字量输入模块	8 点 DC 输入（24V、"1"信号时 4mA，输入延时 4.5ms）
		8 点 AC 输入（AC 120/230V、6mA/9mA，输入延时 15ms）
		16 点 DC 输入（24V、4mA，输入延时 4.5ms）
EM 222	数字量输出模块	4 点 DC 输出（额定电压 DC 24V，每点额定电流 5A）
		4 点继电器输出（额定电压 DC 24V 或 AC 250V，每点额定电流 10A）
		8 点 DC 输出（额定负载电压 DC 24V）
		8 点 AC 输出（额定电压 AC 120/230V，范围 AC 85～264V，每点额定电流 10A）
		8 点继电器输出（额定电压 DC 24V/AC 24～230V）
EM 223	数字量输入/输出混合模块	4 点 DC 输入/4 点 DC 输出（输入 DC 24V、4mA /输出 DC 24V）
		4 点 DC 输入/4 点继电器输出（输入 DC 24V、4mA/输出 DC 5～30V 或 AC 5～250V）
		8 点 DC 输入/8 点 DC 输出（输入 DC 24V、4mA /输出 DC 24V）
		8 点 DC 输入/8 点继电器输出（输入 DC 24V、4mA/输出 DC 5～30V 或 AC 5～250V）
		16 点 DC 输入/16 点 DC 输出（输入 DC 24V、4mA/输出 DC 24V）
		16 点 DC 输入/16 点继电器输出（输入 DC 24V、4mA/输出 DC 5～30V 或 AC 5～250V）

（续）

模块型号	模块属性	具体各种模块的接口特性
EM 231	模拟量输入模块	模拟量 4 点输入模块（差分输入，0～10V/±5V、0～5V/±2.5V、0～20mA），模数转换时间小于 0.5ms，模拟量输入响应 1.5ms
		4 点热电偶输入模块（七种热电偶类型 J、K、E、N、S、T、R 通过位于模块下部的 DIP 组态开关选择，所有连到模块上的热电偶必须是相同类型，±80mV）
		2 点热电阻输入模块（通过 DIP 组态开关选择热电偶类型、接线方式、测量单位和开路故障方向；按精度顺序有三种有 4 线、3 线、2 线三种方式将热电阻 RTD 与传感器、电源相连）
EM 232	模拟量输出模块	模拟量 2 点输出模块（输出 ±10V、0～20mA）
EM 235	模拟量输入/输出混合模块	模拟量 4 点输入/1 点输出模块（差分输入 0～10V、0～5V、0～1V、0～500mV、0～100mV、0～50mV、±10V、±5V、±2.5V、±1V、±500mV、±250mV、±100mV、±50mV、±25mV、0～20mA，输出 ±10V、0～20mA）
EM 241		调制解调器模块（不占用 CPU 的通信口、远程维护或远程诊断、CPU-to-CPU/或 PC 通信、发短信给手机或寻呼机、参数化向导集成于 Micro/Win V3.2 以上版本）
EM 277		PROFIBUS-DP 模块（1 个 RS-485 通信口、旋转开关设定站地址 0～99、每段最多 32 站、6 个 MPI 连接、24VDC、120mA/口）
CP 243-1		以太网模块（RJ45 接口 10/100Mbit/s、24VDC/60mA、TCP/IP 独立操控数据、8 个连接、支持 S7-200 与 S7-300/400/PC 通信、预置 MAC）
CP 243-1IT	通信模块	以太网模块（IT 版）（TCP/IP、RJ45、8 个连接、永久将 Web 和组态文件于自身系统中、FTP 服务器/客户机、8 个用户权限、实现远程编程/组态/诊断、预设 48 位 MAC 地址）
CP 243-2		AS-i 接口模块（可连 31 个 AS-i 从站、每个 CP 的 AS-i 上具有 124DI/124DO、S7-200 同时可处理两个 CP243-2、每个占用两个逻辑插槽、集成模拟量值处理系统、RJ11 插座）
EM 253	定位模块	集成位置开关输入、5V 直流脉冲输出接口或 RS-422 接口、产生 200kHz 脉冲、配置和选择 25 个运动轨迹、4 个速度改变/轨迹、控制范围从微型步进电机到智能伺服驱动系统、又快又好

1. 数字量 I/O 模块

数字量 I/O 模块是为解决本机集成的数字量 I/O 点不足而预备的扩展模块，在标准导轨上卡装于 CPU 右侧，通过总线连接电缆与 CPU 相连。其分为数字量输入模块、数字量输出模块、数字量输入输出混合模块 3 类，每类又都有直流和交流输入之分。

下面举例介绍的 EM 223 数字量输入输出混合模块，具有 4 点直流 In/4 点直流 Out、4 点直流 In/4 点继电器 Out、8 点直流 In/8 点直流 Out、8 点直流 In/8 点继电器 Out、16 点直流 In/16 点直流 Out、16 点直流 In/16 点继电器 Out 等 6 种；EM 223 CN 也有 6 种型号。表 2-3 为 EM 223 性能参数，图 2-5 为 EM223 数字量 16×DC 24V 输入/16×继电器输出端子连接图。

表2-3　EM 223数字量输入输出混合模块性能参数

型号	EM 223 DC 24V 4 输入/4 输出	EM 223 DC 24V 4 输入/4 继电器输出	EM 223 DC 24V 8 输入/8 输出
外观特性	宽×高×深： 46mm×80mm×62mm 重量：160g 功耗：2W	宽×高×深： 46mm×80mm×62mm 重量：170g 功耗：2W	宽×高×深： 71.2mm×80mm×62 mm 重量：200g 功耗：3W
输入输出特性	额定输入 DC 24V、4mA，光耦合器隔离，输入延迟 4.5ms，电缆非屏蔽 300m、屏蔽 500m；输出 DC 20.4～28.8V，逻辑"1"0.75A、每组最大电流 3A，光耦合器隔离，OFF 到 ON 延迟 0.05ms、ON 到 OFF 延迟 0.20ms，电缆非屏蔽 150m、屏蔽 500m，DC +5V 从 I/O 总线损耗 40mA	额定输入 DC 24V、4mA，光耦合器隔离，输入延迟 4.5ms，电缆非屏蔽 300m、屏蔽 500m；输出 DC 5～30V 或 AC 5～250V、逻辑"1"2.0A、每组最大电流 8A，开关延迟 10ms，电缆非屏蔽 150m、屏蔽 500m，DC +5V 从 I/O 总线损耗 40mA	额定输入 DC 24V、"1"信号 4mA，光耦合器隔离，输入延迟 4.5ms，电缆非屏蔽 300m、屏蔽 500m；输出 DC 20.4～28.8V、逻辑"1"0.75A、逻辑"0"0.01mA，输出电流总和 2A，光耦合器隔离，电缆非屏蔽 150m、屏蔽 500m，DC +5V 从背板 I/O 总线损耗 80mA、从传感器电源损耗 32mA
型号	EM 223 DC 24V 8 输入/8 继电器输出	EM 223 DC 24V 16 输入/16 输出	EM 223 DC 24V 16 输入/16 继电器输出
外观特性	宽×高×深： 71.2mm×80mm×62 mm 重量：300g 功耗：3W	宽×高×深： 137.7mm×80mm×62mm 重量：360g 功耗：6W	宽×高×深： 137.7mm×80mm×62mm 重量：400g 功耗：6W
输入输出特性	额定输入 DC 24V、4mA，光耦合器隔离，输入延迟 4.5ms；输出 DC 5～30V 或 AC 5～250V、逻辑"1"2.0A、输出电流总和 8A，触点开关容量 2.0A，继电器隔离，开关延迟 10ms，电缆非屏蔽 150m、屏蔽 500m，DC +5V 从背板 I/O 总线损耗 80mA、从传感器电源损耗 32mA	额定输入 DC 24V、4mA，光耦合器隔离，输入延迟 4.5ms，输入输出同时接通点数都是 16，电缆非屏蔽 300m、屏蔽 500m；输出 DC 20.4～28.8V、"1"信号 0.75A，输出组数 3，光耦合器隔离，OFF 到 ON 延迟 0.05ms、ON 到 OFF 延迟 0.20ms，电缆非屏蔽 150m、屏蔽 500m，DC +5V 从 I/O 总线损耗 160mA	额定输入 DC 24V、4mA，光耦合器隔离，输入延迟 4.5ms，输入同时接通点数 16，电缆非屏蔽 300m、屏蔽 500m；输出 DC 5～30V 或 AC 5～250V、逻辑"1"2.0A，输出组数 4，输出同时接通点数 16，开关延迟 10ms，电缆非屏蔽 150m、屏蔽 500m，DC +5V 从 I/O 总线损耗 150mA

2. 模拟量 I/O 扩展模块

　　模拟量 I/O 模块提供了模拟量输入/输出的功能，适用于复杂的控制场合，在标准导轨上卡装于 CPU 右侧（模块连接过长时使用扩展转接电缆重叠排布），通过总线连接电缆与 CPU 互相连接，能直接与传感器和执行器相连（如 EM 235 模块直连 PT100 热电阻）。模拟量 I/O 模块分为模拟量输入、模拟量输出、模拟量输入输出混合三类。

　　模拟量输入时的分辨率通常以 A-D 转换后的二进制数数字量的位数来表示，如 EM 231 的数据值是 12 位二进制数，在 CPU 中的存放格式如图 2-6 所示。模-数转换器（ADC）的 12 位数据格式是左端对齐的，最高有效位是符号位（0 为正，1 为负）。

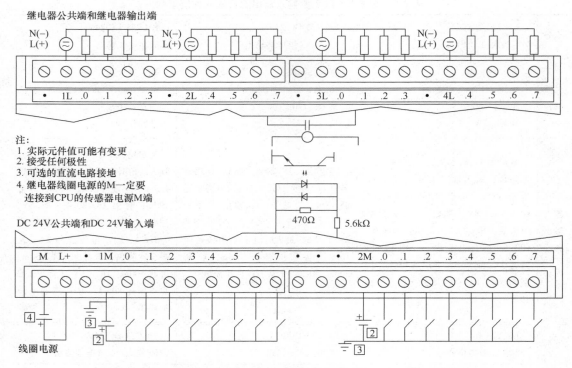

图 2-5　EM223 数字量 16×DC 24V 输入/16×继电器输出端子连接图

图 2-6　CPU 中模拟量输入字中 12 位数据值的存放位置

对于单极性格式，两个字节的存储单元低 3 位均为 0，数值的 12 位数据存放在第 3～14 位区域，第 15 位 0 表示正值数据字，全量程数值范围为 0～32000。对于双极性格式，存储单元低 4 位均为 0，数值 12 位数据存放在第 4～15 位区域，最高有效位是符号位，双极性数据字格式的全量程范围设置为 −32000～+32000。

模拟量输出的分辨率通常以 D-A 转换前待转换的二进制数的位数表示，S7-200 处理前的 12 位数字信号（BIN 数）在 CPU 中存放的格式如图 2-7 所示。数-模转换器（DAC）的 12 位数据格式也是左端对齐的，最高有效位（即第 15 位）是符号位（0 为正，1 为负）。

对于电流输出的数据字，2 个字节的存储单元的低 3 位均为 0，数据值 12 位数据是存放在第 3～14 位区域，电流输出数据格式为 0～+32000，第 15 位为 0，是正值数据字；对于电压输出的数据格式，存储单元低 4 位均为 0，数据值 12 位数据是存放在第 4～15 位区域，电压输出数据格式为-32000～+32000。注意数据在装载到 DAC 寄存器之前，4 个连续的 0

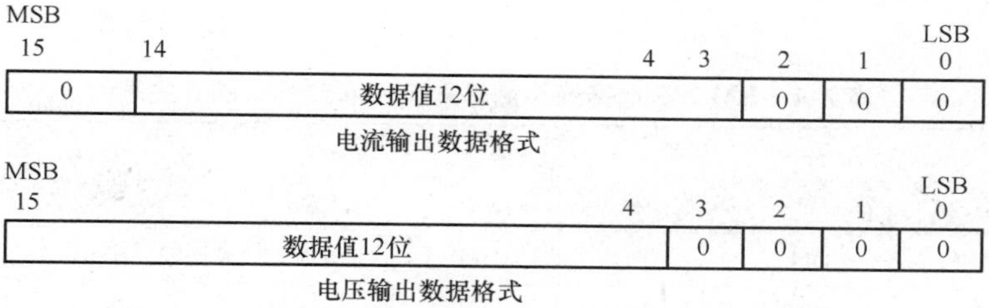

MSB								LSB
15	14		4	3	2	1		0
0		数据值12位			0	0		0

电流输出数据格式

MSB							LSB
15		4	3	2	1		0
	数据值12位		0	0	0		0

电压输出数据格式

图 2-7　CPU 中模拟量输出字中 12 位数据值的存放位置

是被截断的,这些位不影响输出信号值。

下面举例介绍的模拟量输入输出模块 EM 235(CN),其具有 4 个模拟量输入通道、1 个模拟量输出通道。模拟量输入功能同 EM 231,特性参数也基本相同,只是电压输入范围有所不同,单极性为 0 ~ 10V、0 ~ 5V、0 ~ 1V、0 ~ 500mV、0 ~ 100mV、0 ~ 50mV,双极性为 ±10V、±5V、±2.5V、±1V、±500mV、±250mV、±100mV、±50mV、±25mV;模拟量输出功能同 EM 232,特性参数也基本相同。图 2-8 所示为 EM 235 的端子接线图。M 为 DC 24V 电源负极端,L+ 为电源正极端;M0、V0、I0 为模拟量输出端;电压输出时,V0 为电压正端,M0 为电压负端;电流输出时,I0 为电流的进入端,M0 为电流流出端;RA、A+、A−,RB、B+、B−,RC、C+、C−,RD、D+、D− 分别为第 1 ~ 4 路模拟量输入端,电压输入时,"+"为电压正端,"−"为电压负端,电流输入时,需将"R"与"+"短接后作为电流流入端,"−"为电流流出端。

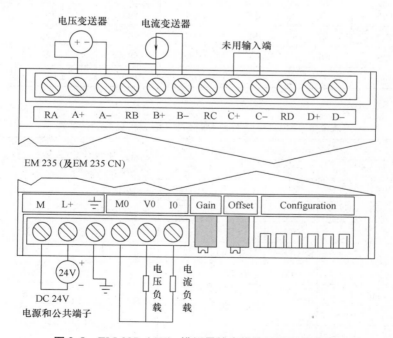

图 2-8　EM 235(CN)模拟量输出模块的端子接线图

表 2-4 描述了用设定开关 DIP 来设置 EM 235 模块,开关 1 ~ 6 选择模拟量输入范围和分辨率,所有输入设置成相同的模拟量输入范围和格式。表 2-5 给出了如何选择单/双极性(开关 6)、增益(开关 4 和 5)和衰减(开关 1、2 和 3)。表中 ON 表示接通,OFF 表示

断开。

表 2-4　EM 235 选择模拟量输入范围和分辨率的开关表

单 极 性						满量程输入	分 辨 率
SW1	SW2	SW3	SW4	SW5	SW6		
ON	OFF	OFF	ON	OFF	ON	0～50mV	12.5μV
OFF	ON	OFF	ON	OFF	ON	0～100mV	25μV
ON	OFF	OFF	OFF	ON	ON	0～500mV	125uA
OFF	ON	OFF	OFF	ON	ON	0～1V	250μV
ON	OFF	OFF	OFF	OFF	ON	0～5V	1.25mV
ON	OFF	OFF	OFF	OFF	ON	0～20mA	5μA
OFF	ON	OFF	OFF	OFF	ON	0～10V	2.5mV
双 极 性						满量程输入	分辨率
SW1	SW2	SW3	SW4	SW5	SW6		
ON	OFF	OFF	ON	OFF	OFF	±25mV	12.5μV
OFF	ON	OFF	ON	OFF	OFF	±50mV	25μV
OFF	OFF	ON	ON	OFF	OFF	±100mV	50μV
ON	OFF	OFF	OFF	ON	OFF	±250mV	125μV
OFF	ON	OFF	OFF	ON	OFF	±500	250μV
OFF	OFF	ON	OFF	ON	OFF	±1V	500μV
ON	OFF	OFF	OFF	OFF	OFF	±2.5V	1.25mV
OFF	ON	OFF	OFF	OFF	OFF	±5V	2.5mV
OFF	OFF	ON	OFF	OFF	OFF	±10V	5mV

表 2-5　EM 235 选择单/双极性、增益和衰减的开关表

EM235 开关						单/双极性选择	增益选择	衰减选择
SW1	SW2	SW3	SW4	SW5	SW6			
					ON	单极性		
					OFF	双极性		
			OFF	OFF			X1	
			OFF	ON			X10	
			ON	OFF			X100	
			ON	ON			无效	
ON	OFF	OFF						0.8
OFF	ON	OFF						0.4
OFF	OFF	ON						0.2

3. 通信模块

S7-200 PLC 集成有 1～2 个通信口，采用 RS-485 总线，各 PLC 还可以接入通信模块，

以扩大接口的数量和联网能力。

（1）EM 277 模块

PROFIBUS-DP 现场总线技术在水电站及其他工厂小型自动化系统中应用较多，如水电站弧门监控系统和机组辅助设备控制系统就大量用到 PROFIBUS-DP 网络。可将编程器、操作面板和 MPI 主站等最多6台设备连到 EM 277 模块，为使 EM 277 与多个主站通信，各个主站必须使用相同的波特率。如图 2-9 所示为 EM 277 PROFIBUS-DP 模块前视图。

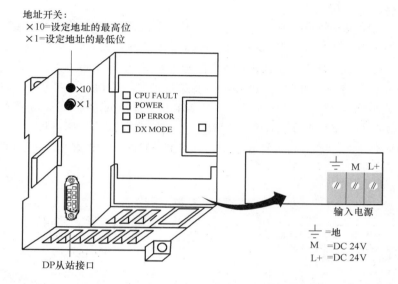

图 2-9　EM 277 PROFIBUS-DP 模块前视图

EM 277 PROFIBUS-DP 模块部分技术参数见表2-6。

表 2-6　EM 277 PROFIBUS-DP 模块的主要性能参数

总体技术特性		网 络 能 力	
尺寸（W×H×D）	71mm×80mm×62mm	站地址设定	0~99（由旋转开关设定）
功率损耗	2.5W	每个段最多站数	32
重量	175g	每个网络最多站数	126，最大到99个 EM 277 站
通信特性		MPI 连接	总共6个，其中2个预留（1个为 PG，1个为 OP）
节点数	1 port	通信口电源	
电气接口	RS-485	DC 5V 每个口最大电流	90mA
隔离（外部信号到 PLC 逻辑）	AC 500 V（电气）	DC 24V 电压范围	DC 20.4~28.8V
PROFIBUS-DP/MPI 波特率（自动设置）	9.6kbit/s、19.2kbit/s、45.45kbit/s、93.75kbit/s、187.5kbit/s 和 500kbit/s；1Mbit/s、1.5Mbit/s、3Mbit/s、6Mbit/s 和12Mbit/s	DC 24V 每个口最大电流	120mA
协议	PROFIBUS-DP 从站和 MPI 从站	DC 4V 电流限制	0.7~2.4A

与许多 DP 站不同的是，EM 277 模块不仅传输 I/O 数据，还能读写 S7-200 CPU 中定义的变量数据块，这样使用户能与主站交换任何类型的数据。首先将数据移到 S7-200 CPU 中的变量存储器，就可将输入、计数值、定时器值或其他计算值传送到主站。类似地，从主站来的数据存储在 S7-200 CPU 中的变量存储器内，并可移到其他数据区。EM 277 模块的 DP 端口可连接到网络上的一个 DP 主站上，但仍能作为一个 MPI 从站与同一网络上如 SIMATIC 编程器或 S7-300/S7-400 CPU 等其他主站进行通信。

（2）调制解调器模块 EM 241

使用调制解调模块可将 S7-200 直接连到模拟电话线上，参数化向导集成于 Micro/WIN 中，可通过菜单选择"Tools"→"Modem Expansion Wizard"设置。其功能有：通过 Micro/WIN 进行 Teleservice（远程维护或远程诊断）；通过电话线 Modbus 主/从协议或 PPI 协议进行 Communication；报警或事件驱动 Message（发送短消息给手机或寻呼机）。EM 241 调制解调器模块（见图 2-10）拥有众多优点：① EM 241 是一个智能的扩展模块，不占用 CPU 的通信口；②可靠的密码保护及集成的回拨功能，安全得到保证；③通过模块上的旋转开关实现世界范围的国家设定，能自动选择由 300bit/s ~ 33.6kbit/s 的波特率，脉冲或语音拨号亦可选择。

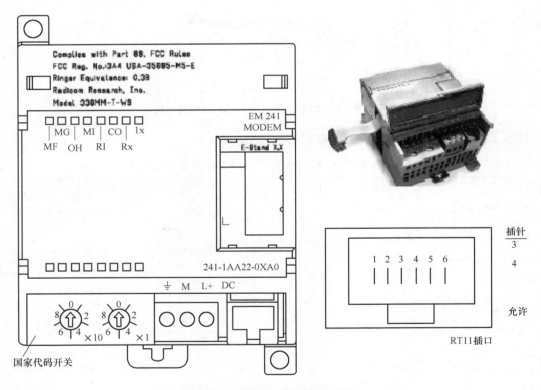

图 2-10　调制解调器模块 EM 241

安装 EM 241 模块时，将 EM 241 压进 DIN 导轨中，并将 I/O 带状电缆插入 CPU；连接 S7-200 PLC 电源或外部 DC 24V 电源，接地端子连接系统地线；电话线插入 RJ11 插孔中；设置国家代码开关；接通电源，绿色 MG（模块正常）灯亮，EM 241 即可通信。

EM 241 支持两种通信协议：①PPI 协议，用于远程编程、调试，以及 CPU 之间的通信；②Modbus RTU 从站协议，支持与计算机的通信。

执行远程编程、诊断任务时，无论被叫还是主叫（启用回拨功能），EM 241 都不会主动挂断；如果用作 CPU 间通信，主叫方 EM 241 会在数据传送完成后立即挂断，S7-200 间通过 EM 241 通信不能长期保持线路连接。

（3）工业以太网通信模块

开放式 SIMATIC NET 通信系统中，工业以太网可以用作过程控制级和单元级网络，是一种基于屏蔽同轴电缆、双绞电缆的电气网络或一种基于光纤电缆的光纤网络。

1）通信处理器 CP 243-1：可让 S7-200 连入工业以太网，传输速率 10/100Mbit/s、半工/全双工通信、TCP/IP、接口 RJ45、电源 DC 24V、可与 8 个 S7/PG 连接。使用 STEP7-Micro/WIN 通过工业以太网从中央控制站配置、检测和远程编程服务（上载、下载程序，监视状态），节省时间和经费；通过以太网存储和操纵 S7-200 的数据，并与 S7-300 和 S7-400 通信，使得 S7-200 用于复杂系统中；只要有以太网，可连接到所有自动化的设备和层次，通过 OPC 支持自由的数据交换。CP 243-1 出厂时预设了全球唯一的 48 位 MAC 地址，而且不能被改变。

CP 243-1 上只有一个 RJ45 口，没有 BFOC 口，不能与光纤电缆直接连接，但可用一个 OMC（单点）模块或 OSM（多点）模块来将 RJ45 口的连接转换成光纤连接。通过无线交换机等网络设备，CP 243-1 可以连接无线以太网。

2）通信处理器 CP 243-1IT：与 S7-200 PLC 一起使用，可将 S7-200 系统连接到工业以太网（IE）中并通信。使用 STEP 7-Micro/WIN 通过工业以太网可对 S7-200 进行组态、编程和诊断，即使有地理距离。使用 CP 243-1IT、一台 S7-200 可通过以太网与另一台 S7-200、S7-300 或 S7-400 PLC 通信，也可与 OPC 服务器进行通信。

基于 CP 243-1IT 的 IT 功能可以实现监控，如需要还可通过 Web 浏览器，从一台联网工控机中操作自动化系统，可通过 E-mail 在系统中发送诊断报文。使用 IT 功能，可以非常容易地与其他计算机以及控制器系统交换全部文件。

3）通信处理器 CP 243-2：是 S7-200 的 AS-Interface 主站，S7-200 同时最多处理两个 CP 243-2 通信处理器，通过连接 AS-i 可以显著增加 S7-200 的数字量输入和输出点数，每个 CP 的 AS-i 上最大 124DI/124DO。CP 243-2 与 S7-200 的连接方法同扩展模块的相同，具有两个端子可与 AS-i 接口电缆相连，前面板的 LED 显示所有连接的和激活的从站状态与准备状态，两个按钮可切换运行状态、并可设定当前组态而不需要 CP 组态软件。

在 S7-200 映像区中，CP 243-2 占用 1 个数字量输入字节（状态字节）、1 个数字量输出字节（控制字节）、8 个模拟量输入和 8 个模拟量输出字，因此 CP 243-2 占用两个逻辑插槽。通过用户程序，用状态和控制字节可设置 CP 243-2 的两种工作模式，即访问 AS-i 从站 I/O 数据的标准模式，和为主站调用的扩展模式（如写参数）。不同工作模式下 CP 243-2 在 S7-200 模拟地址区既可存储 AS-i 从站的 I/O 数据或存储诊断值，也可使能主站调用（如改变一个从站地址）有效。通过按钮，可设定所连接的所有 AS-i 从站。

CP 243-2 是 M1E 主站类别中的 AS-i 主站，支持扩展 AS-i 特性的所有特殊功能，使得通过双重地址赋值（A-B），可在 AS-i 上最多处理 31 个数字量从站。由于集成了模拟量值处理系统，所以访问模拟量值同访问数字量值一样容易。

4. 其他智能模块

为满足更加复杂的控制功能需要，PLC 还配有多种智能模块，以适应不同生产及工业控制的多种需求。

智能模块由处理器、存储器、I/O 单元、外部设备接口等组成。由于其具有处理器，是一个独立的自治系统，可不依赖于主机而独立运行。智能模块在自身管理程序的管理下，对输入的控制信号进行检测、处理和控制，并通过外部设备接口与 PLC 主机实现通信。主机运行时，每个扫描周期都要与智能模块交换信息，以便综合处理。这样，智能模块用来完成特定的功能，而 PLC 只是对智能模块的信息进行综合处理，以便使 PLC 可以处理其他更多的工作。常见智能模块有 PID 调节模块、高速计数器模块、温度传感器模块等。

PID 调节模块能独立完成过程控制中闭环回路的 PID 运算功能，PLC 主机与之交换信息时，把调整参数、设定值传送给 PID 模块，主机免于频繁输入输出操作和复杂运算工作。

高速计数器模块专门对现场高速脉冲信号计数，PLC 主机与之交换信息时，读出高速计数器计数值，进行综合处理。由于 PLC 主机计数操作要受扫描速度影响，当计数频率很高、计数脉冲信号宽度小于扫描周期时，会发生计数脉冲丢失，只有使用高速计数器模块。因其脱离 PLC 主机扫描周期而独立进行计数操作，故能准确对高速脉冲信号进行计数操作。

温度传感器模块用于水力发电等生产过程中的温度检测，由信号转换、A-D 转换、光耦合器等组成。配以热电偶或热电阻检测温度时，将热电动势或热电阻的模拟信号转换成数字信号送 PLC 进行综合处理。此外，温度传感器模块还能对热电偶进行冷端补偿，对热电阻的非线性进行处理。

位置控制模块又称定位模块，如 EM 253，是控制步进电动机或伺服电动机速度的模块。使用 STEP7- Micro/WIN 输入运行方式和位置设定范围，生成全部组态和移动包络信息，这些信息和程序块一起下载到 S7-200 中，需要更换位控模块时不必重新编程或组态。

阀门控制模块可控制、调节电动阀门，接收来自上位仪表的调节信号和下位电动执行机构的阀位反馈信号（DC 4 ~20mA），输出"开""关"信号，实现对阀门开度的控制与调节。其还能进行数字设定、显示、限位、电动机堵转保护、断线报警及阀门自校，可靠、稳定、精确地控制阀门、风门及挡板等调节结构，广泛用于水电、火电、冶金、石油、化工等领域。

智能模块为 PLC 功能扩展和性能提高提供了极为有利的条件。随着智能模块品种的增加，PLC 应用领域也将越来越广泛，PLC 主机最终将变为一个中央信息处理机，对与之相连的各种智能模块的信息进行综合处理。

构建 PLC 控制系统是以硬件为基础的，S7-200 PLC 的配置就是由 S7-200 CPU 和这些模块构成的。以上把西门子 S7-200 的主要组件的特性、结构作了比较全面的介绍，这些组件不是孤立地存在的，只有恰当地、合理地配置到 PLC 控制系统中，才能体现它们卓越而非凡的控制功能。

2.1.3 S7-200 PLC 的其他组成

构成一个完整的 S7-200 PLC 控制系统，S7-200 CPU 和各种扩展模块是非常重要的，除此之外，以下几种构件亦不可缺少。

1. 个人计算机（PC）或编程器

PLC 正式运行时，不需要编程器。编程器主要用来进行用户程序的编制、存储和管理等，并将用户程序送入 PLC 中，在调试过程中，进行监控和故障检测。S7-200 PLC 可采用多种编程器，一般可分为简易型和智能型。

简易型编程器是袖珍型的，简单实用，价格低廉，是一种很好的现场编程及监测工具，但显示功能较差，只能用语句表方式输入，使用不够方便。

智能型编程器采用计算机进行编程操作，将专用编程软件装入 PC 内，可直接采用梯形图等多种语言进行程序的编制、编辑、调试和监视，实现在线监测，非常直观，且功能强大，S7-200 PLC 的专用编程软件为 STEP 7-Micro/WIN（后面介绍）。

2. 编程/通信电缆

编程/通信电缆用来实现 PLC 与 PC 通信。连接 PLC 的 RS-485 接口和计算机的 RS-232 接口一般使用 PC/PPI 电缆；采用通信处理器（CP）时，可用多点接口（MPI）电缆；采用 MPI 卡时，可用 MPI 卡专用通信电缆。

图 2-11 所示的 PC/PPI 电缆带有 RS-232/RS-485 电平转换器，是 PC 标准串口 RS-232 到 PPI 接口（PLC 通信端口 RS-485）的转换、互联电缆。其适用于 S7-200 PLC，支持 PPI 协议和自由口通信协议，并可使用 MODEM（调制解调器）通过电话线进行远程通信。PC/PPI + 电缆具有光电隔离和内置的防静电、浪涌等瞬态过电压保护电路，能很好地解决通信接口易烧毁的问题。

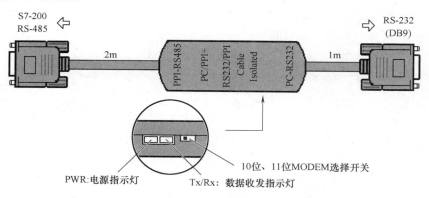

图 2-11　PC/PPI + 编程电缆结构

PC-RS-232 插头和 PPI-RS-485 插头的信号定义见表 2-7。

表 2-7　PC-RS-232 插头和 PPI-RS-485 插头的信号定义

PC-RS-232 插头		PPI-RS-485 插头	
针号	信号说明	针号	信号说明
2	接收数据 RD（从 PC/PPI 输出）	2	24V 电源负（RS-485 逻辑地）
3	发送数据 SD（输入到 PC/PPI）	3	RS-485 信号 B（RxD/TxD +）
4	数据终端就绪 DTR	7	24V 电源正
5	地（RS-232 逻辑地）	8	RS-485 信号 A（RxD/TxD −）
7	请求发送 RTS	9	协议选择

S7-200 系列 USB 口编程电缆也有 USB/PPI 与 USB/PPI＋之分；有 2M、3M、5M、10M、20M、50M 之分；有的还带有指示灯适配器。

3. 人机界面

人机界面主要指专用操作员界面，例如操作员面板、触摸面板、文本显示器等，用户通过这些设备可轻松地完成各种调整和控制的任务。

操作员面板（如 OP170B、OP177B、OP277、OP270、OP77A、OP73）的基本功能是过程状态和过程控制的可视化，通过密封键盘提供操控和过程监视，支持文本显示（包含掌上设备）和图形显示（同样支持彩色显示），可用 Protool 软件组态它们的显示与控制功能。

触摸面板（如 TP170A、TP170B、TP177A、TP177B、TP277、TP270）无须物理按钮，触摸-感应显示能使操作者直观地通过图形控制监视系统。

文本显示器（如 TD200）的基本功能是文本信息显示和实施操作，不仅是一个用于显示系统信息的显示设备，还可以作为控制单元对某个量的数值进行修改，或直接设置输入/输出量。文本信息的显示用选择/确认的方法，最多可显示 80 条信息，每条信息最多 4 个变量的状态。过程参数可在显示器上显示，并可随时修改。TD200 面板上的 8 个可编程序的功能键，每个都分配了一个存储器位，这些功能键在启动和测试系统时，可进行参数设置和诊断、可作为控制键，文本显示器还能扩展 PLC 的输入和输出端子数量。

S7-200 CPU 可连接不同的人机界面设备，但所能建立的连接数要取决于具体设备和所用通信协议。各种 S7-200 PLC 采用不同协议时所能够同时连接的操作面板个数不同，表 2-8 所示是不同人机界面设备能够同时连接 S7-200 的最大个数，"同时连接 S7-200 的个数" 表示的是在 Protool 软件中某种人机界面所能够插入 S7-200 的最大个数。

表 2-8　一台人机界面设备能够同时连接 S7-200 的最大个数

人机界面设备	同时连接 S7-200 的个数 PPI 协议	同时连接 S7-200 的个数 MPI 协议（最大速率）
PP 7	—	1(1.5Mbit/s)
PP 17-1	—	1(1.5Mbit/s)
PP 17-2	—	1(1.5Mbit/s)
TD 17	4	4
OP 3	2	—
OP 5	4	—
OP 7	4	4
OP 15	4	—
OP 17	4	4
OP 25	4	4(1.5Mbit/s)
OP 27	4	4
OP 35	6	6(1.5Mbit/s)
OP 37	8	8
TP 27-6	4	4
TP 27-10	4	4

（续）

人机界面设备	同时连接 S7-200 的个数 PPI 协议	同时连接 S7-200 的个数 MPI 协议（最大速率）
TP 37	8	8
TP 070	—	1（19.2kbit/s）
TP 170A	1[①]	1（1.5Mbit/s）
TP 170B	1[①]	4
OP 170B	1[①]	4
Mobile Panel 170	1[①]	4
MP 270	1[①]	8
MP 270B/OP270/TP270	1[①]	8
MP 370	1[①]	8
MP 370 12in/15in Touch	1[①]	8
PC 670/870	1	8
FI 25	1	8（1.5Mbit/s）
FI 45	1	8
OP 37 Pro	1	8
PC	1	8
TD 200	1	1（187.5kbit/s）

① 需要使用 Protool Version 6.0 版本软件。

　　一个 S7-200 PLC 只能连接一个 TP 070；一个 TP 070 也只能连接一个 S7-200 PLC。当一个 TP 070 与一个 S7-200 PLC 连接时，其他任何人机界面都无法和 S7-200 PLC 的 CPU 进行连接。

　　表2-9 描述了 S7-200 PLC 通信口以 MPI 方式所能连接的人机界面个数。

表2-9　一台 S7-200 PLC 能够同时连接人机界面设备的最大个数

MPI 协议 （DP/T）	port 0 支持的 连接个数	port 0 支持的 最大通信速率	port 1 支持的 连接个数	port 1 支持的 最大通信速率	EM 277 通信口 支持的连接个数
CPU 212（formFW1.1）	3	19.2kbit/s	—	—	
CPU 214（form FW 1.1）	3	19.2kbit/s	—	—	
CPU 215	3	19.2kbit/s	5	12Mbit/s	
CPU 216	3	19.2kbit/s	3	19.2kbit/s	
CPU 221	3	187.5kbit/s	—	—	
CPU 222	3	187.5kbit/s	—	—	
CPU 224	3	187.5kbit/s	—	—	
CPU 226	3	187.5kbit/s	3	187.5kbit/s	
EM 277	—	—	—	—	5

假如将几个 PPI 主站连接到一个 PPI 从站上，建议降低主站刷新时间，否则可能导致一个二类主站不断地侦听处于网络忙状态的 PPI 从站。因此使用多主站时，需将基准时钟（基础频率）设置得高些。注意在同一个网络中 MPI 主站是不能够访问 PPI 主站的。

2.2　STEP 7‑Micro/WIN 编程软件

STEP 7‑Micro/WIN 是西门子公司专为 S7‑200 系列 PLC 研制开发的功能强大的编程软件，是基于 Windows 的应用软件，为用户开发、编辑和实时监控自己的应用程序提供了良好的编程环境。

2.2.1　安装 STEP 7‑Micro/WIN 编程软件

1. 系统要求

运行 STEP7‑Micro/WIN 编程软件的计算机系统要求见表 2‑10。

表 2‑10　系统要求

CPU	80486 以上的微处理器
内存	8MB 以上
硬盘	50MB 以上
操作系统	Windows 98、Windows ME、Windows 2000、Windows XP、Windows Vista
计算机	IBM PC 及兼容机

2. 硬件连接

图 2‑1 所示为利用一根 PC/PPI 电缆建立 PC 与 PLC 之间的通信，是一种单主站通信方式，不需要调制解调器等其他硬件。电缆 PC 端与计算机的 RS‑232 串行通信口（COM1 或 COM2）连接，PPI 端与 PLC 的 RS‑485 编程通信口连接，如图 2‑12 所示设置 DIP 开关。

图 2‑12　设置 DIP 开关

3. 软件安装

STEP 7‑Micro/WIN 编程软件可以从西门子公司网站下载，也可以用光盘安装，安装步骤如下：

1）双击 STEP 7‑Micro/WIN 的安装程序 setup. exe，则系统自动进入安装向导。

2）在安装向导的帮助下完成软件的安装，安装路径可以使用默认的子目录，也可以用"浏览"按钮，在弹出的对话框中任意选择或新建一个子目录。

3）安装过程中如出现 PG/PC 接口对话框，可点击"取消"进行下一步。

4）安装结束时，选择"重新启动计算机"或是"以后再启动计算机"，单击"完成"按钮。

5）安装结束后，可选择"浏览 Readme 文件"，浏览有关 STEP 7‑Micro/WIN 编程软件的信息；也可选择"进入 STEP 7‑Micro/WIN"。

2.2.2 STEP 7-Micro/WIN 编程软件的功能

STEP 7-Micro/WIN 的基本功能是协助用户完成开发应用程序，例如创建、修改、编辑和检查用户程序，同时还具有一些工具性功能，如用户程序的文档管理和加密等。此外，还可直接用软件设置 PLC 的工作方式、参数和运行监控等。

1. 基本功能

STEP 7-Micro/WIN 编程软件的基本功能是协助用户完成应用软件的开发，主要体现在以下方面：

1）在联机（在线）方式下可以对与计算机建立通信关系的 PLC 直接进行各种操作，如上载、下载用户程序和组态数据等。

2）在脱机（离线）方式下创建用户程序，修改和编辑原有的用户程序。在脱机方式时，计算机与 PLC 断开连接，此时能完成大部分的基本功能，如编程、编译、调试和系统组态等，但所有的程序和参数都只能存放在计算机的磁盘上。

3）在编辑程序的过程中进行语法检查，可避免一些语法错误和数据类型方面的错误。经语法检查后，梯形图中错误处的下方自动添加红色波浪线，语句表的错误行前自动画上红色叉，且在错误处添加红色波浪线。

4）对用户程序进行文档管理，加密处理等。

5）设置 PLC 的工作方式、参数和运行监控等。

2. 软件界面

启动 STEP 7-Micro/WIN 编程软件，主界面外观如图 2-13 所示，一般分为标题栏、菜单条（有 8 个主菜单项）、工具条（快捷按钮）、引导条（快捷操作窗口）、指令树（快捷操作窗口）、输出窗口、状态条和用户窗口（可同时或分别打开 5 个用户窗口）几个部分。除菜单条外，用户可以根据需要决定其他窗口的取舍和样式。

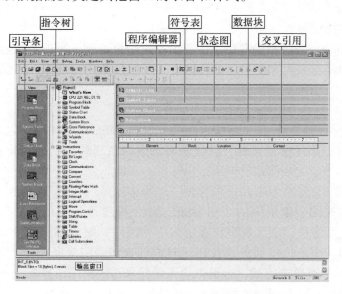

图 2-13 STEP 7-Micro/WIN32 编程软件界面

3. 各部分功能

（1）菜单条

在菜单条中共有 8 个主菜单选项，各菜单项的功能如下：

1）文件（File）。文件操作有新建、打开、关闭、保存和另存文件、导入和导出、上装和下载程序、创建库、添加/移除库，文件的打印预览、页面设置、打印设置和退出等。

2）编辑（Edit）。提供编辑程序用的各种工具，如取消、剪切、复制、粘贴程序块或数据块，全部选择，同时提供插入、删除、查找、替换和快速光标定位等功能。

3）视图（View）。视图可以设置编程软件开发环境的风格，如选择不同语言的编程器（包括 LAD、STL、FBD 三种）；决定其他辅助窗口（引导窗口、指令树窗口、工具条按钮区）的打开与关闭；执行引导条窗口的所有操作项目；设置 3 种程序编辑器的风格（如字体、指令盒的大小等）。

4）可编程序控制器。PLC 可建立与 PLC 联机时的相关操作，如改变 PLC 的工作方式、在线编程、清除程序和数据、查看 PLC 的信息、时钟、存储卡操作、程序比较、PLC 类型选择及通信设置等。在此还提供离线编译的功能。

5）调试（Debug）。调试菜单项用于联机调试，如初次扫描、多次扫描、开始、暂停程序状态、开始图表状态、暂停趋势图表，单个读、写全部，强制、解除强制、解除所有强制、读取所有强制，在运行中编辑程序等。

6）工具（Tools）。工具菜单项可以调用复杂指令向导（如 PID、NETR/NETW、HSC 指令），使复杂指令编程时工作大大简化；安装文本显示器 TD 200 向导；定位控制向导、EM 253 控制面板、调制解调器扩展向导、以太网向导、AS-i 向导、Internet 向导、配方向导、数据日志向导、PID 调整控制面板；改变用户界面风格（如设置按钮及按钮样式、添加菜单项）；用"选项"子菜单也可设置 3 种程序编辑器的风格，如语言模式、颜色、字体、指令盒的大小等。

7）窗口（Windows）。窗口菜单项的功能是打开一个或多个窗口，并可进行窗口之间的切换；设置窗口的排放形式，如层叠、水平和垂直等。

8）帮助（Help）。通过帮助菜单上的目录和索引可检阅几乎所有的相关使用帮助信息，还提供网上查询功能，大大方便了用户的使用。在软件操作过程中，可随时按下 F1 键来显示在线帮助。

（2）工具条

工具条提供简便的鼠标操作，将最常用的 STEP 7-Micro/WIN 操作以按钮形式设定到工具条。可用"视图"菜单中"工具"选项来显示或隐藏三种工具条（即标准、调试和指令工具条）。

（3）引导条

引导条可用"视图"菜单中的"引导条"选项来选择是否打开，有程序块、符号表、状态图、数据块、系统块、交叉索引和通信共 7 种组件。编程时，引导条能快速切换窗口，单击任何一个按钮，主窗口将切换成按钮相对应的窗口。引导条中所有操作都可用"指令树"窗口或"视图"菜单来完成，可根据个人爱好来选择使用引导条或指令树。

1）程序块（Program Block）。程序块由可执行的程序代码和注释组成。程序代码由主程序（OB1）、可选的子程序（SBR_0）和中断程序（INT_0）组成。

2）符号表（Symbol Table）。符号表可用来建立自定义符号与直接地址间的对应关系，并可附加注释，使用具有实际意义的符号作为编程元件，而不是使用元件在主机中的直接地址，增加程序的清晰易读。例如系统启动按钮的输入地址是 I0.0，可在符号表中将 I0.0 的地址定义为 Start，这样梯形图所有地址为 I0.0 的编程元件都由 Start 代替；又如编程中用 Stop 作为停止按钮的编程元件代号，而不用 I0.1。当编译后，将程序下载到 PLC 中时，所有符号地址都将被转换为绝对地址。

3）状态图（Status Chart）。状态图用于联机调试时监视各变量的状态和当前值，只需在地址栏中写入变量地址，在数据格式栏中标明变量类型，就可在运行时监视这些变量的状态和当前值。

4）数据块（Data Block）。数据块窗口可以对变量寄存器内各种类型存储区的一个或多个变量进行初始数据的赋值或修改，并加注必要的注释说明。

5）系统块（System Block）。系统块主要用于系统组态，包括设置数字量或模拟量输入滤波、设置脉冲捕捉、配置输出表、定义存储器保持范围、设置密码和通信参数等。

6）交叉索引（Cross Reference）。交叉索引可以提供交叉索引信息、字节使用情况和位使用情况信息，使得 PLC 资源的使用情况一目了然。只有在程序编辑完成后，才能看到交叉索引表的内容。在交叉索引表中双击某个操作数时，可以显示含有该操作数的那部分程序。

7）通信（Communications）。通信可用来建立 PC 与 PLC 之间的通信连接，以及通信参数的设置和修改。在引导条中单击"通信"图标，则会出现一个"通信"对话框，双击其中的"PC/PPI"电缆图标，将出现"PG/PC"接口对话框，此时可以安装或删除通信接口，检查各参数设置是否正确，其中波特率默认值是 9600bit/s。

设置好参数后，就可以建立与 PLC 的通信联系。双击"通信"对话框中的"刷新"图标，STEP 7-Micro/WIN 将检查所有已连接的 S7-200 CPU 站，并为每一个站建立一个 CPU 图标。

建立计算机与 PLC 的通信联系后，可设置 PLC 通信参数。单击引导条中"系统块"图标，将出现"系统块"对话框，单击"通信口（Port）"选项，检查和修改各参数，确认无误后，单击"确定（OK）"按钮。最后单击工具条"下载（Download）"按钮，把确认后的参数下载到 PLC 主机。用指令树窗口或视图菜单中的选项也可实现各编程窗口的切换。

（4）指令树

可用视图菜单的"指令树"选项来决定是否打开，指令树提供编程所用到的所有命令和 PLC 指令的快捷操作。

（5）输出窗口

输出该窗口用来显示程序编译的结果信息，如各程序块信息（主程序、子程序的数量及编号、中断程序的数量及编号）、各块的大小、编译结果有无错误以及错误代码和位置等。

（6）状态条

状态条也称为任务栏，与一般任务栏功能相同，主要显示软件执行情况，编辑程序时显示光标所处的网络号、行号和列号，运行程序时显示运行状态、通信波特率、远程地址等信息。

（7）程序编辑器

程序编辑器可用梯形图、语句表或功能表图编写用户程序，或在联机状态下对 PLC 用户程序进行读取或修改。

（8）局部变量表

每个程序块都对应一个局部变量表，在带参数的子程序调用中，参数的传递就是通过局部变量表进行的。

4. 系统组态

使用 S7-200 编程软件，可以进行许多参数的设置和系统配置，如通信组态、设置数字量输入滤波、设置脉冲捕捉、输出表配置和定义存储器保持范围等。

2.2.3　STEP 7-Micro/WIN 编程软件的基本操作

下面介绍如何使用 STEP 7-Micro/WIN 编程软件进行编程。

1. 生成程序文件

程序文件的来源有三个：新建一个程序文件、打开已有的程序文件和从 PLC 上载程序文件。

（1）新建程序文件

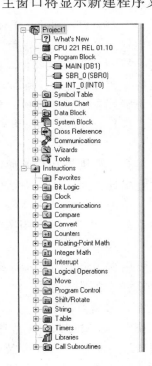

建立一个程序文件，可用"文件"菜单中"新建"命令，主窗口将显示新建程序文件主程序区；也可用工具条中 按钮来完成。图 2-14 为一个新建程序文件的指令树，系统默认初始设置如下：新建程序文件以"项目 1（CPU 221）"命名，括号内为系统默认 PLC 型号。项目包括 7 个相关块，其中程序块中有 1 个主程序、1 个子程序 SBR_0 和 1 个中断程序 INT_0。

可根据实际编程需要修改程序文件的初始设置：

1）确定 PLC 的 CPU 型号。首先根据实际应用情况选择 PLC 型号，用鼠标右键单击"项目 1（CPU 221）"图标，在弹出窗口中单击"类型"，或用"PLC"菜单中"类型"命令。然后在弹出对话框中选择所用 PLC 型号。

2）程序更名。项目文件更名：如果新建了一个程序文件，可用"文件（File）"菜单中"另存为（Save as）"命令，然后在弹出的对话框中键入新名称。

主程序的名称一般用默认的 MAIN，任何项目文件的主程序只有一个。

图 2-14　新建程序文件的指令树

子程序和中断程序更名：在指令树窗口中，右击要更名的子程序或中断程序名称，在弹出的选择按钮中单击"重命名（Rename）"，然后键入新名称。

3）添加一个子程序或一个中断程序。

方法 1：在指令树窗口中，右击"程序块（Program Block）"图标，在弹出的选择按钮中单击"插入子程序（Insert Subroutine）"或"插入中断程序（Insert Interrupt）"项。

　　方法2：用"编辑（Edit）"菜单中的"插入（Insert）"项下的"子程序（Subroutine）"或"中断程序（Interrupt）"来实现。

　　方法3：右键单击编辑区，在弹出菜单选项中选择"插入（Insert）"项下的"子程序（Subroutine）"或"中断程序（Interrupt）"命令。新生成的子程序和中断程序根据已有的数目自动进行递增编号，默认名称分别为 SBR_n 或 INT_n，用户也可自行更名。

　　4）编辑程序。编辑程序块中的任何一个程序，只要在指令树窗口中双击该程序的图标即可。

　　（2）打开已有的程序文件

　　打开一个磁盘中已有的程序文件，可用"文件（File）"菜单中"打开（Open）"命令，在弹出的对话框中选择要打开的程序文件，也可单击工具条的 ⊟ 按钮来完成。

　　（3）上载程序文件

　　在已与 PLC 建立通信的前提下，可将存储在 PLC 中的程序和数据传送给计算机。上装 PLC 存储器中的程序文件，可使用"文件（File）"菜单中"上装（Upload）"命令，也可单击工具条中 ▲ 按钮来完成。

2. 编辑程序文件

　　编辑和修改控制程序是程序员利用 STEP 7- Micro/WIN 编程软件要做的最基本的工作，该软件有较强的编辑功能。下面以图 2-15 所示的梯形图编辑器中的梯形图程序为例，介绍程序的编辑过程和各种基本操作，语句表和功能表图编辑器的操作可类似进行。

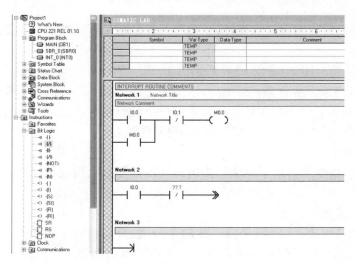

图 2-15　编程举例

　　（1）输入编程元件

　　梯形图的编程元件（编程元素）主要有线圈、触点、指令盒、标号及连接线，可用两种方法输入。

　　方法一：根据要输入的指令类别，双击指令树该类别的图标，选择相应指令，单击即可。

　　方法二：用指令工具条上的一组编程按钮，单击触点（Contact）、线圈（Coil）和指令盒（Box）按钮，从弹出的窗口中选择要输入的指令，单击即可。工具条编程按钮如图 2-16

所示，单击输入触点按钮（或按 F4 键）时弹出的窗口下拉菜单如图 2-17 所示。

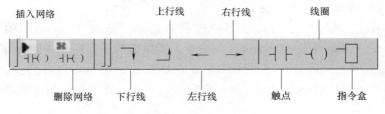

图 2-16　编程按钮

指令工具条上的编程按钮共有 9 个。下行线、上行线、左行线和右行线按钮，用于输入连接线，形成复杂梯形图；触点、线圈和指令盒按钮用于输入编程元件；插入网络和删除网络按钮用于编辑程序。

输入编程元件的步骤如下：

1）顺序输入编程元件。在一个网络中，如果只有编程元件串联，输入和输出都无分叉，即可从网络的开始依次输入各编程软件，每输入一个元件，光标自动向右移动一列。在图 2-18 中，网络 2 所示为一个顺序输入的例子，已经连续在一行上输入了两个触点，若想再输入一个线圈，可以直接在指令树中双击线圈图标。而网络 3 的图形只是一个网络的开始，此图形表示可在此继续输入元件。

编辑时出现的方框为光标（大光标），编程元件是在光标处被输入。

2）输入操作数。输入编程元件后，会出现"??.?"或"????"，表示此处应输入操作数。

3）任意添加输入。如果想在任意位置添加一个编程元件，只需单击这一位置将光标移到此处，然后输入编程元件即可。

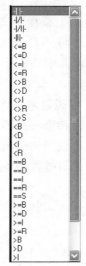

图 2-17　输入触点的
下拉菜单

（2）复杂结构输入

用图 2-16 所示指令工具条中的编程按钮，可编辑复杂结构的梯形图，如图 2-18 所示。方法是单击图中第一行下方的编程区域，则在本行下一行的开始处显示光标（图中方框），然后输入触点，生成新的一行。

输入完成后出现图 2-19 所示界面，欲向上分支，可单击"上行线（Line Up）"按钮 ⬆。如果要在一行的某个元件后向下分支，可将光标移到该元件，单击"下行线（Line Down）"按钮 ⬇，然后便可在生成的分支顺序输入元件。

（3）插入和删除

编程中经常用到插入和删除一行、一列、一个网络、一个子程序或中断程序等，实现的方法有以下两种：

方法一：在编程区右击要进行操作的位置，弹出下拉菜单，如图 2-20 所示，选择"插入（Insert）"或"删除（Delete）"选项，在弹出子菜单中单击要插入或删除的项，如行（Row）、列（Column）、垂直分支（Vertical）、网络（Network）、子程序（Subroutine）和中断程序（Interrupt），然后进行编辑。

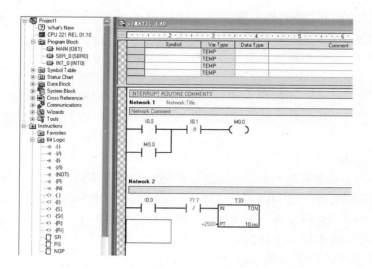

图 2-18　新生成行

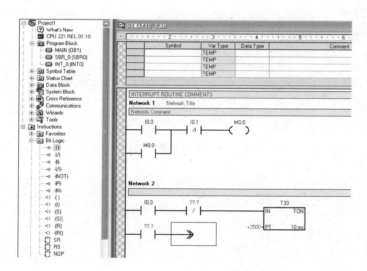

图 2-19　向上合并

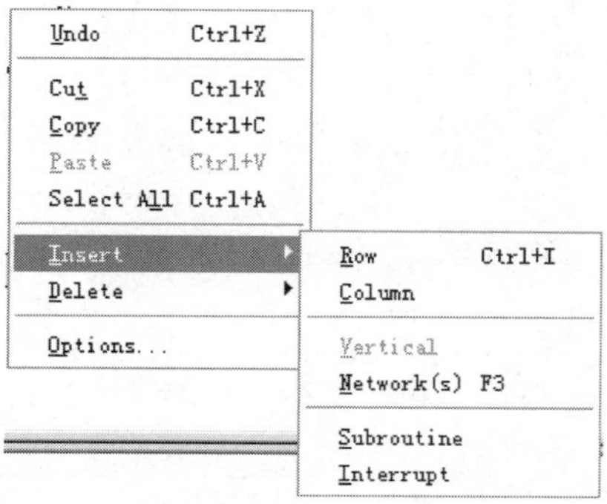

Undo	Ctrl+Z		
Cut	Ctrl+X		
Copy	Ctrl+C		
Paste	Ctrl+V		
Select All	Ctrl+A		
Insert	▶	Row	Ctrl+I
Delete	▶	Column	
Options...		Vertical	
		Network(s)	F3
		Subroutine	
		Interrupt	

图 2-20　插入或删除操作

方法二：将光标移到要操作的位置，用"编辑（Edit）"菜单中"插入（Insert）"或"删除（Delete）"命令完成操作。

对于元件剪切、复制和粘贴等操作方法也与上述类似。

（4）块操作

利用块操作对程序大面积删除、移动、复制操作十分方便。块操作包括块选择、块剪切、块删除、块复制和块粘贴。这些操作很简单，与一般字处理软件中的相应操作方法完全相同。

（5）编辑符号表

符号表允许定义和编辑符号名，从而能在程序中用具有实际意义的符号地址访问变量，有利于程序结构清晰易读。可创建多个符号表，也可在程序中使用系统定义的符号表，符号表还可作为全局变量表进行参考，但无论是在同一个符号表中还是在不同的符号表中，都不能多次使用同一个字符串作为全局符号。

单击引导条中"符号表（Symbol Table）"图标，或使用"视图（View）"菜单中的"符号表（Symbol Table）"命令，进入符号表窗口，如图 2-21 所示，单击单元格可进行符号名（最大长度为 23 个字符）、直接地址、注释的输入。图 2-21 所示直接地址编号在编写了符号表后，经编译可形成如图 2-22 所示的结果。

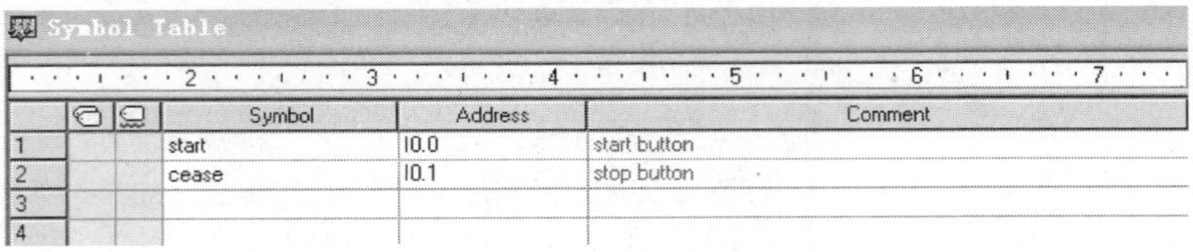

		Symbol	Address	Comment
1		start	I0.0	start button
2		cease	I0.1	stop button
3				
4				

图 2-21 "符号表"窗口

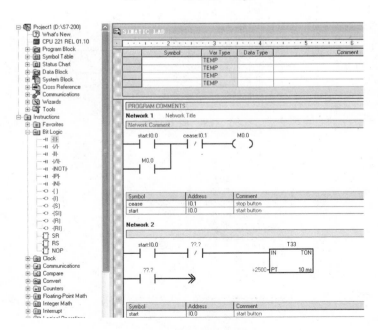

图 2-22 用符号表编程

要想在梯形图中显示符号，可选中"视图（View）"菜单中的"符号寻址（Symbolic Addressing）"项。

（6）使用局部变量表

可以使用程序编辑器中的局部变量表来为子程序和中断服务程序分别指定变量，如图2-23所示。符号表中定义的全局变量在各种程序单元均有效，而局部变量表中定义的局部变量是有范围限制的。局部变量只能在创建它的程序单元中有效，使用带参数的子程序调用指令时会用到局部变量表，它增强了子程序的可移植性和再利用性。

	Name	Var Type	Data Type	Comment
	EN	IN	BOOL	
L0.0	IN1	IN	BOOL	
LB1	IN2	IN	BYTE	
LD2	INOUT	IN_OUT	DWORD	
LD6	OUT1	OUT	DWORD	
		TEMP		

图2-23 局部变量表

在局部变量表中可以设置变量名称（Name）、变量类型（Var Type）、数据类型（Data Type）和注释（Comment），由系统自动分配局部变量的存储位置。变量类型有输入（IN）、输出（OUT）、输入-输出（IN-OUT）及暂存（TEMP）四种，根据不同的参数类型可选择相应的数据类型，如位（BOOL）、字节（BYTE）、字（WORD）、整数（INT）、实数（REAL）等。

如果要在局部变量表中插入或删除一个局部变量，可右击变量类型区，在弹出的菜单中选择"插入"或"删除"，再选择"行（Row）"或"行下（Row Below）"。

（7）添加注释

梯形图编程器中的"Network n"表示每个网络梯级，同时也是标题栏，可在此处为每个网络梯级加标题或必要的注释说明，使程序清晰易读。方法是：如图2-24所示，用鼠标单击"Network n"右边区域，出现光标后键入标题（Title）；用鼠标单击"Network n"下边区域，出现光标后键入注释（Comment）。有的软件版本是双击"Network n"打开对话框。

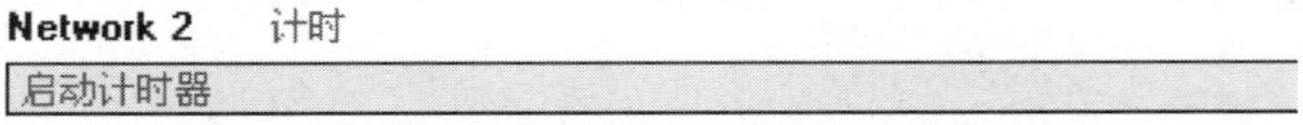

Network 2 计时

启动计时器

图2-24 "标题和注释"窗口

（8）编程语言的转换

STE7 7- Micro/Win编程软件可方便实现三种编程语言（编辑器）语句表、梯形图和功能表图之间的任意切换。方法是选择"视图（View）"菜单，然后单击STL、LAD或FBD便可进入对应的编程环境。使用最多的是STL和LAD间的切换，STL编程可按或不按网络块的结构顺序编程，但STL只有在严格按照网络块编程格式下才可切换到LAD，不然无法实现转换。

（9）编译程序

程序文件编辑完成后，可用"PLC"菜单中"编译（Compile）"命令，或工具栏中的"编译（Compile）"按钮进行离线编译。编译结束后，将在输出窗口显示编译结果信息。

（10）下载程序

如果编译无误，便可单击下载按钮，把用户程序下载到 PLC 中。下载前，PLC 必须处于“STOP”状态。如果 PLC 并非处于“STOP”状态，可单击工具条中“停止（STOP）”按钮或选择“PLC”菜单中的“停止（STOP）”命令，也可将 CPU 模块上的方式选择开关直接扳到“停止（STOP）”位置。

为了使下载的程序能正确执行，下载前应将 PLC 中存储的原程序清除。单击 PLC 菜单项中的“清除（Clear）”命令，在出现的对话框中选择“清除全部（Clear All）”即可。

3. STEP 7-Micro/WIN 程序编辑器中使用的惯例

（1）普适惯例

STEP 7-Micro/WIN 在所有程序编辑器中使用以下惯例：

1）在符号名前加#（例如#start）表示该符号为局部变量。

2）在 IEC 指令中%表示直接地址。

3）操作数符号“??.?”或“????”表示需要一个操作数组态。

LAD 程序被分为程序段，一个程序段是按照顺序安排的以一个完整电路的形式连接在一起的触点、线圈和盒，不能短路或者开路，也不能有能流倒流的现象存在。STEP 7-Micro/WIN 允许为 LAD 程序中的每一个程序段加注；FBD 编程使用程序段的概念对程序进行分段和注释；STL 程序不用分段，但是可用关键词 NETWORK 将程序分段。

（2）LAD 编辑器中使用的惯例

在 LAD 编辑器中，我们可以使用键盘上的 F4、F6 和 F9 键来快速输入触点、盒和线圈指令，LAD 编辑器使用下列惯例：

1）符号“-- >>”表示开路或者需要能流连接。

2）符号“→|”表示指令输出能流，可以级连或串联。

3）符号“ >>”表示可以使用能流。

（3）FBD 编辑器中使用的惯例

在 FBD 编辑器中，可使用键盘上的 F4、F6 和 F9 键来快速输入 AND、OR 和盒指令，FBD 编辑器使用下列惯例：

1）在 EN 操作数上的符号“-- >>”表示能流或者操作数指示器，它也可用于表示开路或者需要能流连接。

2）符号“→|”表示指令输出能流，可以级连或串联。

3）符号“< <”和“> >”表示可以使用数值或能流。

4）反向圈：操作数或者能流的负逻辑（反输入）表示为在输入端加一个小圆圈，图 2-25a 中的 Q0.0 等于 I0.1 的非和 I0.0 与的结果，反向圈仅用于能够作为参数或能流的布尔信号。

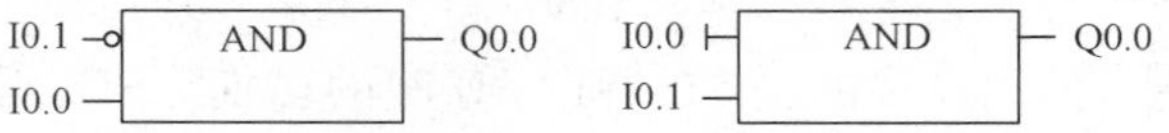

a) 逻辑NOT条件　　b) 立即条件

图 2-25　FBD 惯例

5）立即输入：如图 2-25b 所示 FBD 编辑器中，用在 FBD 指令输入端加一条垂直线的方法来表示布尔操作数的立即输入，立即输入直接从物理输入点上读取数据，立即操作数只能用物理输入点。

6）没有输入或者输出的盒：一个盒没有输入意味着这条指令与能流无关。

AND 和 OR 指令的操作数的个数可扩展到最多 32 个；增加或者减少操作数的个数，可使用键盘上的"＋"或者"－"键。

（4）S7-200 编程的通用惯例

1）EN/ENO 的定义。EN（使能输入）是 LAD 和 FBD 中盒的布尔输入，要使盒指令执行，必须使能流到达这个输入。在 STL 中，指令没有 EN 输入，但是要想使 STL 指令执行，堆栈顶部的逻辑值必须是"1"。

ENO（使能输出）是 LAD 和 FBD 中盒的布尔输出，如果盒的 EN 输入有能流并且指令正确执行，则 ENO 输出会将能流传递给下一元素。如果指令的执行出错，则能流在出错的盒指令处被中断。在 STL 中没有使能输出，但是 STL 指令与相关的有 ENO 输出的 LAD 和 FBD 指令一样，置位一个特殊的 ENO 位。这个位可以用 AND ENO（AENO）指令访问，并且可以产生与盒的 ENO 位相同的作用。

EN/ENO 操作数和数据类型并没有在每条指令中的操作数表中给以说明，因为这一操作数在所有 LAD 和 FBD 指令中都是一样的。表 2-11 列出了这些 LAD 和 FBD 中的操作数和数据类型，这些操作数对所有 LAD 和 FBD 指令均适用。

表 2-11　LAD 和 FBD 中 EN/ENO 操作数和数据类型

程序编辑器	输入/输出	操　作　数	数 据 类 型
LAD	EN、ENO	能流	BOOL
FBD	EN、ENO	I、Q、V、M、SM、S、T、C、L	BOOL

2）条件输入/无条件输入。在 LAD 和 FBD 中，依赖于能流的盒或线圈肯定有其他元素在其左侧，而独立于能流的盒或线圈左侧直接连接于能量线，表 2-12 展示了一个既有条件输入又有无条件输入的实例。

表 2-12　条件输入和无条件输入的表示方法

能　　流	LAD	FBD
与能流有关的指令（条件输入）	1 —(JMP)	▭— JMP
与能流无关的指令（无条件输入）	├—(NEXT)	NEXT

3）没有输出的指令。无法级连的盒指令被表示为没有布尔输出，这些包括子程序调用、跳转和条件返回指令。梯形线圈也只能放在能量线之后，这些指令包括标签、装载 SCR、SCR 条件结束和 SCR 结束指令。它们在 FBD 中以盒指令的形式表示，并以无标签的能量输入和无输出来辨别。

4）比较指令。无论是否有能流，比较指令都会被执行。如果无能流则输出 0；如果有能流，输出值取决于比较结果。虽然是作为一个触点来执行操作，但是 SIMATIC FBD、IEC 梯形图和 IEC FBD 比较指令都是以盒的形式表示的。

2.2.4 STEP 7-Micro/WIN 用户程序调试及运行监控

STEP 7-Micro/WIN 编程软件提供了一系列工具，可使用户直接在软件环境下调试并监控用户程序的执行。

1. 使用书签使编程更方便

在程序中可以使用书签，使我们在一个很长的程序中，方便地在编辑行之间前后来回移动，移动到程序的下一个标签行或前一个标签行。

2. 选择扫描次数

选择单次或多次扫描来监视用户程序的执行，可以指定主机以有限的扫描次数执行用户程序。通过选择主机扫描次数，当过程变量改变时，可以监视用户程序的执行。

(1) 初次扫描

将 PLC 置于“STOP”模式，使用“调试（Debug)”菜单中的“初次扫描（First Scans)”命令。

(2) 多次扫描

将 PLC 的工作方式置于“STOP”模式，使用“调试（Debug)”菜单中的“多次扫描(Multiple Scans)”命令，并指定执行的扫描次数，然后单击“确认（OK)”按钮进行监视。

3. 使用交叉参考表来检查应用程序

图 2-26 所示的交叉参考表中能够显示应用程序中的交叉参考和元件使用信息，允许我们检查程序的使用参考信息。

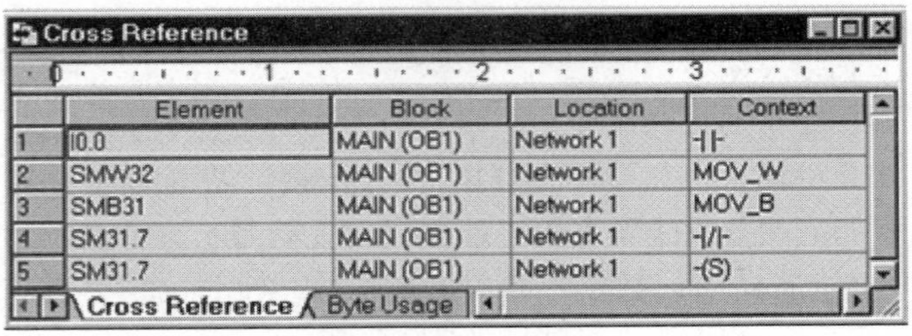
Cross Reference
Element
Block
Location
Context
1 I0.0 MAIN (OB1) Network 1 -| |-
2 SMW32 MAIN (OB1) Network 1 MOV_W
3 SMB31 MAIN (OB1) Network 1 MOV_B
4 SM31.7 MAIN (OB1) Network 1 -|/|-
5 SM31.7 MAIN (OB1) Network 1 -(S)
Cross Reference
Byte Usage

图 2-26　交叉参考表

交叉参考表能够识别程序中使用的所有操作数、程序块、程序段或者程序行的位置以及每一块使用该操作数的相关指令。

可以在符号地址和绝对地址之间切换来改变所有操作数的表现形式。

4. 程序编辑器监控用户程序

STEP 7-Micro/WIN 编程软件提供的三种程序编辑器（梯形图、语句表和功能块图）都可在 PLC 运行时，监视程序执行中各个编程元件的状态和各个操作数的数值。

(1) 梯形图监视

利用梯形图编辑器可以监视在线程序状态，如图 2-27 所示，图中被点亮的元件表示处于接通状态。

梯形图中显示所有操作数的值，这些操作数的状态都是 PLC 在扫描周期完成时的结果。使用梯形图监视时，STEP 7-Micro/WIN 编程软件不是在每个扫描周期都采用采集状态显示。通常情况下，梯形图的状态显示不反映程序执行时每个编程元素的实际状态，但这不影响使用梯形图来监视程序状态。大多数情况下，使用梯形图也是编程人员的首选。

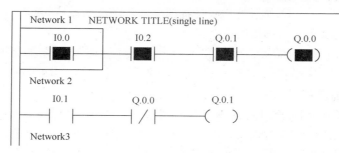

图 2-27　梯形图监视

实现方法是：用"工具（Tools）"菜单中的"选项（Options）"命令，打开选项对话框，选择"LAD 状态（LAD Status）"选项卡，然后选择一种梯形图的样式，打开梯形图窗口，在工具条中单击"程序状态（Program Status）"按钮 🔲，即可进行梯形图监视。

梯形图可选择的样式有三种：①指令内部显示地址和外部显示值；②指令外部显示地址和外部显示值；③只显示状态值。

（2）语句表监视

用户可利用语句表编辑器监视在线程序状态，语句表程序状态按钮连续不断地更新屏幕上的数值，操作数按顺序显示在屏幕上，这个顺序与它们出现在指令中的顺序一致，当指令执行时，这些数值将被捕捉，可反映指令的实际运行状态。

具体实现方法是：单击工具栏上的按钮 🔲，将出现如图 2-28 所示的显示界面。其中语句表的程序代码出现在左侧的 STL 状态窗口里，包含操作数的状态区显示在右侧，间接寻址的操作数将同时显示存储单元的值和它的指针。可使用工具栏中的暂停按钮 🔲，则当前的状态数据将保留在屏幕上，直到再次单击这个按钮。

图 2-28　语句表监视

图中状态数值的颜色表示指令执行状态：黑色表示指令正确执行；红色表示指令执行有错误；灰色则表示指令由于栈顶值为 0 或跳转指令使之跳过而没有执行；空白表示指令未执行。可以初次扫描得到第一个扫描周期的信息。

设置语句表状态窗口的样式，可用"工具（Tools）"菜单中的"选项（Options）"命令，打开选项对话框，选择"STL 状态（STL status）"的选项卡，然后进行设置。

5. 用状态图表监控用户程序

STEP 7-Micro/WIN 编程软件可使用状态图表在用户程序运行过程中对过程变量的值进行监视和修改，可以跟踪程序的输入、输出或者变量，显示它们的当前值；状态图表还允许强制或改变过程变量的值（对编程元件进行强制操作）。为了监控应用程序中不同部分的元素，可以创建多个状态图表。

（1）使用状态图表

在引导条窗口中单击"状态图表（Status Chart）"，或在"视图（View）"菜单中选择"元件（Component）"→"Status Chart"，或在"调试（Debug）"菜单中选择"状态图表"命令，都可以打开状态图表窗口，如图 2-29 所示。

在状态图的"地址（Address）"栏中键入要监控的过程变量（编程元件）的直接地址（也可用符号表中的符号名称），在"格式（Format）"栏中选择过程变量的数据类型，即可在"当前数值（Current Value）"栏中读出过程变量的状态当前值，要连续采样数值或者单次读取状态，可以单击工具栏中相应的按钮，选择"编辑（Edit）"→"插入（Insert）"→"行（Row）"可在状态图表中插入一行。

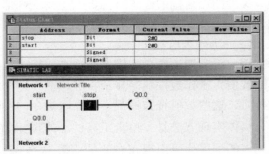

图 2-29 "状态图表"窗口

无法监视常数、累加器和局部变量的状态，但可按位或者字两种形式来显示定时器和计数器的值，以位形式显示的是定时器和计数器的状态位，而以字形式则显示定时器和计数器的当前值。当程序运行时，可使用状态图来读、写、监视和强制其中的变量，如图 2-30 所示。

当用状态图表时，可将光标移到某一个单元格，右击单元格，在弹出的下拉菜单中单击一项，即可实现相应的编辑操作。我们可以按逻辑分组为变量创建多个状态图表，使每个状态图表更短，便于分别监视。

状态图表的工具图标在编程软件的工具条区内，单击即可激活这些工具图标，如顺序排序（Sort Ascending）、逆序排序（Sort Descending）、单次读取（Single Read）、全部写（Write All）、读所有强制（Read All Forced）、强制（Force）、解除强制（Unfore）、解除所有强制（Unfore All）等。

（2）强制操作指定值

强制操作是指对状态图中的变量进行强行性赋值，S7-200 允许对所有的 I/O 位以及模拟量 I/O（AI/AQ）进行强制赋值，还可强制改变最多 16 个 V 或 M 的数据，其变量类型可以是字节、字或双字。所有强制改变的值都存储到主机固定的 EEPROM 存储器中。

图 2-30 状态图表的监视

1）强制范围。强制制定一个或所有的 Q 位；强制改变最多 16 个 V 或 M 存储器的数据，变量可以是字节、字或双字类型；强制改变模拟量映像存储器 AQ，变量类型为偶字节开始的字类型。

用强制功能取代了一般形式的读和写。同时，采用输出强制时，以某一个指定值输出，当主机变为 STOP 方式后输出将变为强制值，而不是设定值。

2）强制一个值。若要强制一个新值，可在状态图中的"新数值（New Value）"栏中输入新值，然后单击工具条中的"强制（Force）"按钮；如果要强制一个已经存在的值，可在状态图中"当前值（Current Value）"栏单击并点亮这个值，然后单击"强制（Force）"按钮。

3）读所有强制操作。打开状态图表窗口，单击工具条中的"读所有强制（Read All Forced）"按钮，则状态图表中所有被强制的当前值的单元格会显示强制符号。

4）解除一个强制操作。在当前值栏中单击要取消强制的操作数，可点亮这个值，然后单击工具条中的"解除强制（Unfore）"按钮。

5）解除所有强制操作。打开状态图表，单击工具条中的"解除所有强制（Unfore All）"按钮。

6. RUN 模式下编辑程序

在 RUN 模式下编辑程序，允许我们在对控制过程影响较小的情况下，对用户程序进行小规模修改，也同样可以下载程序块。修改后的程序一旦下载，将立即影响系统的控制运行，可能导致不可预见的系统操作，也可能会导致严重的人身伤害和财产损失，使用时应特别谨慎。只有了解 RUN 模式下修改程序对系统运行会造成何种影响的被授权人员，才可以执行这一操作，可进行这种操作的 PLC 有 CPU 224、CPU 226 和 CPU 226XM 等。操作步骤及要点如下：

（1）进入 RUN 模式下编辑

1）在 CPU 处于 RUN 模式时，选择"调试（Debug）"菜单中的"在运行状态编辑（Program Edit in RUN）"命令。

2）如果打开的项目与编程软件窗口中的程序不同，系统将提示保存，因为 RUN 模式下编辑功能只能编辑 CPU 中的程序。

3）STEP 7-Micro/WIN 在进入 RUN 模式下编辑时会弹出警告信息，提示是继续下一步还是取消操作。单击"继续（continue）"按钮，STEP 7-Micro/WIN 会在所连接 S7-200 CPU 中上载程序到编程主窗口。

注意，上升沿（EU）和下降沿（ED）指令带一个操作数，若需要查看有关边沿指令的信息，应在屏幕上的示窗部分选择交叉参考图标，边沿指令使用标签页中列出了程序中使用的边沿指令的号码。在编辑应用程序时，请注意不要使用重复的号码。

（2）在 RUN 模式下下载程序

RUN 模式下编辑功能允许在 S7-200 处于 RUN 模式时下载程序块，若在程序编译成功、无误且 STEP 7-Micro/WIN 与 S7-200 之间的通信畅通，可用"文件（File）"菜单中"下载（Download）"命令，或单击工具条中的"下载（Download）"按钮，将程序块下载到 PLC 主机。

在下载程序块之前，考虑到 RUN 模式下编辑对 S7-200 PLC 操作的影响，应注意以下情况：

1）如果在 RUN 模式编辑状态下取消一个输出控制逻辑，则输出在下一次 CPU 上电之前或 CPU 转换到 STOP 模式前将保持上一个状态。

2）如果在 RUN 模式编辑状态下取消一个正在运行的 HSC 或 PTO/PWM 功能，则这些功能在下一次 CPU 上电或 CPU 转换到 STOP 模式前将保持运行状态。

3）如果在 RUN 模式编辑状态下取消 ATCH 指令，但没有删除中断程序，则在下一次 CPU 上电或 CPU 转换到 STOP 模式之前将继续执行中断，同样如果删除 DTCH 指令，在下一次 CPU 上电之前或 CPU 转换到 STOP 模式前中断将不会停止。

4）如果在 RUN 模式编辑状态下加入以第一次扫描标志位为条件的 ATCH 指令，则在下一次 CPU 上电或 CPU 从 STOP 模式转换到 RUN 模式前不会执行这些指令。

5）如果在 RUN 模式编辑状态下取消 ENI 指令，则在下一次 CPU 上电之前或 CPU 从 RUN 转换到 STOP 模式前将继续执行中断。

6）如果在 RUN 模式编辑状态下修改接收指令的地址表，并且在旧程序向新程序转换时接收指令处于激活状态，则所接收的数据写入旧地址表，NETR 和 NETW 指令同样如此；

7）由于 RUN 模式编辑不影响第一次扫描标志，因此在下一次 CPU 上电之前或 CPU 从 STOP 转换到 RUN 模式前第一次扫描标志的逻辑条件不执行。

（3）退出 RUN 模式下编辑

要退出 RUN 模式编辑，在命令菜单中选择"调试（Debug）"→"在运行状态编辑程序（Program Edit in RUN）"命令，然后单击取消复选标志即可。如果修改完后没有保存，STEP 7-Micro/WIN 会有继续编辑、下载并退出、不下载退出 RUN 模式下编辑三种提示。

2.2.5　S7-200 PLC 的出错代码

选择"PLC"→"Information"菜单命令可查看程序的错误信息,如图 2-31 所示给出了 PLC 信息对话框,其中包括错误代码和错误描述。

Last Fatal 区显示 S7-200 发生的前一个致命错误代码。如果 RAM 区是掉电保持的,这个数据也会保持。当 S7-200 全清或者 RAM 区掉电保持失败时,该区也被清除。

Total Fatal 区是前一次 CPU 清除所有存储区后产生致命错误的次数。如果 RAM 区是掉电保持的,这个次数也会保持。当 S7-200 全清或者 RAM 区掉电保持失败时,该区也被清除。

S7-200 的出错主要有以下几种情况:

1. 致命错误

致命错误会导致 CPU 无法执行某个或部分或所有功能,停止执行用户

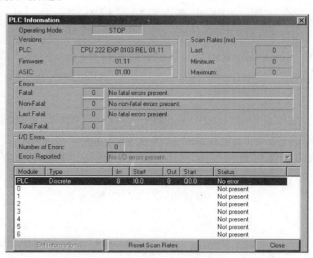

图 2-31　PLC 信息对话框

程序。当出现致命错误时,PLC 自动进入 STOP 方式,点亮"系统错误"和"STOP"指示灯,关闭输出。在 CPU 上可以读到的致命错误代码及其描述见表 2-13。

表 2-13　致命错误代码及其描述

错误代码	错 误 描 述	错误代码	错 误 描 述
0000	无致命错误	000B	存储器卡上用户程序检查错误
0001	用户程序编译错误	000C	存储器卡配置参数检查错误
0002	编译后的梯形图检查错误	000D	存储器卡强制数据检查错误
0003	扫描看门狗超时错误	000E	存储器卡默认输出表值检查错误
0004	内部 EEROM 错误	000F	存储器卡上用户数据、DB1 检查错误
005	内部 EEPROM 用户程序检查错误	0010	内部软件错误
0006	内部 EEPROM 配置参数检查错误	0011	比较触点间接寻址错误
0007	内部 EEPROM 强制数据检查错误	0012	比较触点非法值错误
0008	内部 EEPROM 默认输出表值检查错误	0013	存储器卡空或 CPU 不识别该卡
0009	内部 EEPROM 用户数据、DB1 检查错误	0014	比较接口范围错误
000A	存储器卡失灵		

注:比较触点错误既能产生致命错误又能产生非致命错误,产生致命错误是由于程序地址出错。

消除致命错误后，必须用下列方法之一重新启动 CPU：①重新启动电源；②将模式开关由 RUN 或者 TERM 变为 STOP；③在 STEP 7-Micro/WIN 命令菜单中选择 PLC→Power-Up Reset，可以强制 CPU 启动并清除所有致命错误。

重启 CPU 会清除致命错误，并执行上电诊断测试来确认已改正错误，如果发现其他致命错误，CPU 重新点亮错误 LED 指示灯，表示仍存在错误，否则 CPU 开始正常工作。有些错误可能会使 CPU 无法进行通信，这种情况下无法看到来自 CPU 的错误代码，表示硬件故障，CPU 模块需要修理，而修改程序或清除 CPU 内存是无法清除这些错误的。

2. 非致命错误

（1）程序运行错误

使用不正确指令或者在过程中产生了非法数据就会发生这类错误，例如，一个编译正确的间接寻址指针在程序执行过程中，可能会改为指向一个非法地址。实时程序问题发生时，SM4.3 会在 CPU 处于 RUN 模式期间置位，程序执行错误信息存储在特殊寄存器（SM）标志位中，应用程序可以监视这些标志位。此时 CPU 产生的非致命错误代码及描述见表 2-14。

表 2-14　程序运行错误代码及描述

错 误 代 码	错 误 描 述
0000	无错误
0001	执行 HDEF 前，HSC 禁止
0002	输入中断分配冲突并分配给 HSC
0003	到 HSC 的输入分配冲突，已分配给输入中断
0004	在中断程序中企图执行 ENI、DISI 或 HDEF 指令
0005	第一个 HSC/PLS 未执行完前，又企图执行同编号的第二个 HSC/PLS（中断程序中的 HSC 同主程序中的 HSC/PLS 冲突）
0006	间接寻址错误
0007	TODW（写实时时钟）或 TODR（读实时时钟）数据错误
0008	用户子程序嵌套层数超过规定
0009	在程序执行 XMT 或 RCV 时，通信口 0 执行另一条 SMT/RCV 指令
000A	HSC 执行时，又企图用 HDEF 指令再定义该 HSC
000B	在通信口 1 上同时执行 XMT/RCV 指令
000C	时钟存储卡不存在
000D	重新定义已经使用的脉冲输出
000E	PTO 个数为 0
0091	范围错误（带地址信息）：检查操作数范围
0092	某条指令的计数域错误（带计数信息）：检查最大计数范围
0094	范围错误（带地址信息）：写无效存储器

（续）

错 误 代 码	错 误 描 述
009A	用户中断程序试图转换成自由口模式
009B	非法指令（字符串操作中起始位置指定为0）

（2）编译规则错误

下载一个程序时，S7-200 会编译程序，若 CPU 发现程序违反编译规则，则停止下载并生成一个非致命编译规则错误代码，已经下载到 PLC 中的程序仍然储存在永久存储区，并不会丢失，可在修正错误后再次下载程序。非致命编译规则错误代码及描述见表2-15。

表2-15　编译规则错误（非致命）代码及描述

错 误 代 码	错 误 描 述
0080	程序太大无法编译，应缩短程序
0081	堆栈溢出：必须把一个网络分成多个网络
0082	非法指令：检查指令助记符
0083	无 MEND 或主程序中有不允许的指令：加条 MEND 或删去不正确的指令
0084	保留
0085	无 FOR 指令：加上 FOR 指令或删除 NEXT 指令
0086	无 NEXT 指令：加上 NEXT 指令或删除 FOR 指令
0087	无标号（LBL、INT、SBR）：加上合适标号
0088	无 RET 或子程序中有不允许的指令：加条 RET 或删去不正确的指令
0089	无 RETI 或中断程序中有不允许的指令：加条 RETI 或删去不正确的指令
008A	保留
008B	从/向一个 SCR 段的非法跳转
008C	标号重复（LBL、INT、SBR）：重新命名标号
008D	非法标号（LBL、INT、SBR）：确保标号数在允许范围内
0090	非法参数：确认指令所允许的参数
0091	范围错误（带地址信息）：检查操作数范围
0092	指令计数域错误（带计数信息）：确认最大计数范围
0093	FOR/NEXT 嵌套层数超出范围
0095	无 LSCR 指令（装载 SCR）
0096	无 SCRE 指令（SCR 结束）或 SCRE 前面有不允许的指令
0097	用户程序包含非数字编码和数字编码的 EV/ED 指令
0098	在运行模式进行非法编辑（试图编辑非数字编码的 EV/ED 指令）
0099	隐含网络段太多（HIDE 指令）
009B	非法指针（字符串操作中起始位置定义为0）
009C	超出指令最大长度

（3）I/O 错误

S7-200 PLC 启动时，从每个模块读取 I/O 配置。正常运行过程中，S7-200 PLC 周期性地检测每个模块的状态并与启动时得到的配置相比较。如果检测到差别，它会将模块错误寄存器中的配置错误标志位置位。除非此模块的组态再次和启动时获得的组态相匹配，否则S7-200 不会从此模块中读输入数据或者写输出数据到此模块。

模块的启动信息存储在特殊存储器（SM）标志位中，应用程序可以监视这些标志位，SM5.0 是全局 I/O 错误位，当扩展模块上存在一个错误条件时，它将保持置位。

S7-200 发生后三种非致命错误时，并不切换到 STOP 模式，而是把事件记录到 SM 存储器中并继续执行应用程序。如果用户希望在发生非致命错误时，将 CPU 切换到 STOP 模式，也可以通过编程实现。如图 2-32 所示程序用于监视两个非致命错误标志位，当两个标志中任意一个置位，S7-200 将切换到 STOP 模式。

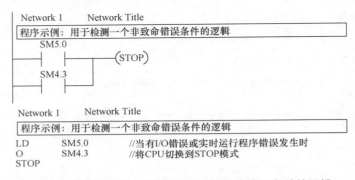

图 2-32 程序示例：用于检测一个非致命错误条件的逻辑

2.3 S7-200 PLC 的系统配置

S7-200 任一型号的主机都可单独构成基本配置，形成一个独立控制系统。S7-200 主机具有固定的 I/O 地址，常采用主机带扩展模块的方法扩展 S7-200 系统配置，但受相关因素限制。数字量或模拟量模块扩展系统控制规模；智能模块扩展系统控制功能或联网通信。

2.3.1 允许主机所带模块的数量

各类主机可带扩展 I/O 模块、智能模块的数量是不同的。CPU 221 不允许带扩展 I/O 模块，也不允许带智能模块；CPU 222（CN）最多可带 2 个扩展 I/O 模块或智能模块；CPU 224（CN）、CPU 224XP（CN）、CPU 226（CN）最多可带 7 个扩展 I/O 模块或智能模块。

2.3.2 CPU 输入/输出映像区的大小

1. 数字量 I/O 映像区的大小

S7-200 各类主机提供的数字量 I/O 映像区大小为 128 个输入映像寄存器（I0.0 ~ I15.7、16 × 8）和 128 个输出映像寄存器（Q0.0 ~ Q15.7、16 × 8），最大 I/O 配置不能超出此区域。

PLC 系统配置时，对各类 I/O 模块的 I/O 点进行编址。主机具有固定的 I/O 地址，扩展模块的地址由模块类型及在 I/O 链中位置决定。编址时，按同类模块对各输入点（或输出点）顺序编址。数字量 I/O 映像区的逻辑空间以 8 位（1 个字节）递增，编址时对数字量模块物理点的分配也按 8 点来分配。

即使有些模块端子数不是 8 的整数倍，但仍以 8 点来分配，例如 4 入/4 出模块占用 8I/8O 的地址，那些未用物理点地址及相对应 I/O 映像区空间都丢失掉。对于输出模块，这些丢失的空间可用作内部标志位存储器（内部线圈）；对于输入模块却不可，因为每次输入更新时，CPU 都会对这些空间清零。

2. 模拟量 I/O 映像区的大小

主机提供的模拟量 I/O 映像区大小为：CPU 221 模块无模拟量 I/O 映象区；CPU 222（CN）模块为 16 输入通道/16 输出通道；CPU 224（CN）模块、CPU 224 XP（CN）模块、CPU 226（CN）模块为 32 入/32 出。模拟量的最大 I/O 配置不能超出此区域，模拟量扩展模块总是以 2 个字节的递增方式来分配空间。

2.3.3　内部电源的负载能力

S7-200 CPU 模块能提供 DC 5V 和 24V 电源。有扩展模块时 CPU 通过 I/O 总线提供 5V 电源，所有扩展模块 5V 电源消耗之和不能超过 CPU 电源额定值，不可外接 5V 电源。

每个 CPU 都有一个 DC 24V 传感器电源，为本机输入点和扩展模块输入点、继电器线圈供电，如果超出电源定额，可增加一个外部 DC 24V 电源来提供给扩展模块。

所谓电源计算，就是核算 CPU 的电源容量，是否满足各模块所需要的电源消耗量。

1. PLC 内部 DC +5V 电源的负载能力

为了确保电源不超载，系统配置后，必须对 S7-200 主机内部的 DC +5V 电源的负载能力进行校验，各扩展模块消耗 DC +5V 电源的电流总和不应超过 CPU 模块所能提供的电流值，否则应对系统重新配置。

S7-200 CPU 模块为扩展模块所能提供的 DC +5V 最大电流和各扩展模块对 DC +5V 电流的消耗，见表 2-16。

表 2-16　CPU 模块所能提供的电流及扩展模块对电流的消耗值

CPU 为扩展 I/O 提供 DC +5V 电源的最大电流		扩展模块对 DC +5V 电源的电流消耗/mA	
CPU 221	0mA（无扩展能力）	EM 221 DI8 × DC 24V	30
CPU 222	340mA	EM 222 DO8 × DC 24V	50
CPU 224	600mA	EM 222 DO8 × 继电器	40
CPU 226	1000mA	EM 223 DI4/DO4 × DC 24V	40
		EM 223 DI4/DO4 × DC 24V/继电器	40
		EM 223 DI8/DO8 × DC 24V	80
		EM 223 DI8/DO8 × DC 24V/继电器	80
CPU 221 模块不能带扩展模块		EM 223 DI16/DO16 × DC 24V	160
CPU 222 模块最多带 2 个扩展模块		EM 223 DI16/DO16 × DC 24V/继电器	150
CPU 224 模块最多带 7 个扩展模块（其中最多含两个智能模块）		EM 231 A14 × 12 位	20

（续）

CPU 为扩展 I/O 提供 DC +5V 电源的最大电流	扩展模块对 DC +5V 电源的电流消耗/mA	
CPU 226 模块最多带 7 个扩展模块 （其中最多含两个智能模块）	EM 231 AI4 × 热电耦	60
	EM 231 AI4 × RTD	60
	EM 232 AQ2 × 12 位	20
	EM 235 AI4/AQ1 × 12 位	30
	EM 277 PROFIBUS- DP	150

2. PLC 内部 DC +24V 电源的负载能力

S7-200 CPU 模块还提供 DC +24V 电源，也称为传感器电源，用作 CPU 模块和扩展模块检测直流信号输入点状态，以及传感器的电源。使用时应注意 DC +24V 电源的负载能力，使 CPU 模块及各扩展模块所消耗 DC +24V 电流的总和不超过所能提供的最大电流（400mA）。

注意：EM 277 模块本身不需要 DC 24V 电源，专供通信端口用，需求量取决于通信端口上的负载大小。CPU 上的通信口，可由 PC/PPI 电缆和 TD 200 供电，不必再纳入计算。

若需用户提供外部 DC +24V 电源，应注意 S7-200 传感器电源与用户自行补充的外部电源不能简单地并联，原因是难以保证各并联直流电源电动势严格相等。如果非常需要直流电源并联使用，可在每个电极输出端先串联一只型号恰当、安装方向正确的二极管，然后再分别把正负极并联在一起联合向外供电。

另外，给 CPU 进行供电接线时，一定要分清是哪一种供电方式，如果把 AC 220V 接到 DC 24V 供电的 CPU 上，或者不小心接到 DC 24V 传感器输出电源上，都会造成 CPU 损坏。

2.3.4 S7-200 PLC 系统的详细配置

1. S7-200 PLC 系统的基本配置

因为 S7-200 PLC 有 4 种 CPU，所以有 4 种基本配置。

（1）由 CPU 221 组成系统的基本配置

由 CPU 221 可以组成 1 个 6 点数字量输入和 4 点数字量输出的最小系统。输入点地址为 I0.0 ~ 0.5；输出点地址为 Q0.0 ~ Q0.3。

（2）由 CPU 222 组成系统的基本配置

由 CPU 222 可以组成 1 个 8 点数字量输入和 6 点数字量输出的较小系统。输入点地址为 I0.0 ~ 0.7；输出点地址为 Q0.0 ~ Q0.5。

（3）由 CPU 224 组成系统的基本配置

由 CPU 224 可以组成 1 个 14 点数字量输入和 10 点数字量输出的小型系统。输入点地址为 I0.0 ~ 0.7、I1.0 ~ 1.5；输出点地址为 Q0.0 ~ 0.7、Q1.0 ~ 1.1。

（4）由 CPU 226 组成系统的基本配置

由 CPU 226 可以组成 1 个 24 点数字量输入和 16 点数字量输出的小型系统。输入点地址为 I0.0 ~ 0.7、I1.0 ~ 1.7、I2.0 ~ 2.7；输出点地址为 Q0.0 ~ 0.7、Q1.0 ~ 1.7。

2. S7-200 PLC 系统的扩展配置

S7-200 PLC 的扩展配置是由 S7-200 的基本单元（CPU 222、CPU 224 和 CPU 226）和 S7-200 的扩展模块组成的。扩展模块的数量受两个条件约束：一个是基本单元能带扩展模块的数量；另一个是基本单元的电源承受扩展模块消耗总电线流的能力。

S7-200 的扩展配置的地址分配原则有两点：第一是数字量扩展模块和模拟量扩展模块分别编址，数字量输入或输出模块的地址要冠以字母"I"或"Q"，模拟量输入或输出模块的地址要冠以字母"AI"或"AQ"；第二是数字量模块的编址是以字节为单位，模拟量模块的编址是以字（双字节）为单位。数字量模块地址从最靠近的 CPU 模块开始，由左向右按字节连续递增，I 字节和 Q 字节可以重号。模拟量模块地址从最靠近 CPU 模块开始，由左向右按字递增，AI 和 AQ 字可以重号。

（1）由 CPU 222 组成系统的扩展

由 CPU 222 组成的扩展配置可以由基本单元和最多两个模块组成，CPU 222 可以向扩展单元提供 DC +5V 电压，340mA 电流。

【例 2-1】　扩展单元由 1 块 8 点数字量输入/8 点数字量输出的 EM 223 模块和 1 块 4 路模拟量输入/1 路模拟量输出的 EM 235 模块构成。已知 CPU 222 可为扩展模块提供 DC +5V 输出电流 340mA，EM 223 模块需从背板 I/O 总线消耗电流 80mA，EM 235 模块需从 I/O 总线消耗电流 30mA。可见扩展模块从 I/O 总线消耗的总电流为 110mA，远小于 CPU 222 模块可以输出提供的电流 340mA，这种配置（组态）可行。此系统共有 16（8 +8）点数字量输入、14（6 +8）点数字量输出，4 路模拟量输入、1 路模拟量输出。

地址分配：CPU 222 基本单元的 I/O 地址 I0.0 ~0.7，Q0.0 ~0.5；EM 223 扩展模块的 I/O 地址 I1.0 ~ 1.7，Q1.0 ~ 1.7；EM225 扩展模块的 I/O 地址 AIW0、AIW2、AIW4、AIW6，AQW0。

（2）由 CPU 224 组成系统的扩展

由 CPU 224 组成的扩展配置可以由其基本单元和最多 7 个扩展模块组成，CPU 224 可以向扩展单元提供 DC +5V 电压，660mA 电流。

【例 2-2】　扩展单元由 16 点数字量输入/16 点数字量输出的 EM 223 模块、16 点数字量输入/16 点数字量继电器输出的 EM 223 模块、8 点数字量输入/8 点数字量输出的 EM 223 模块、8 点数字量输入/8 点数字量继电器输出的 EM 223 模块、16 点数字量输入的 EM 221 模块、4 路模拟量输入/1 路模拟量输出的 EM 235 模块、CP243-1IT 通信处理器模块各 1 块构成。已知 CPU 224 可为扩展模块提供 DC +5V 电流 660mA，本例所接 7 个扩展模块需要从背板 I/O 总线消耗电流分别为 160mA、150mA、80mA、80mA、70mA、80mA、55mA，共计消耗的总电流为 625mA，小于 CPU 224 模块可输出提供的 DC +5V 电流 660mA，这种配置（组态）可行。此系统共有 78（14 +16 +16 +8 +8 +16）点数字量输入、58（10 +16 +16 +8 +8）点数字量输出，4 路模拟量输入、1 路模拟量输出，地址分配如下：

CPU 224 基本单元的 I/O 地址：I0.0 ~0.7、I1.0 ~ 1.5，Q0.0 ~0.7、Q1.0 ~ 1.1。

第一块 16 点数字量输入/16 点数字量输出的 EM 223 模块的 I/O 地址：I2.0 ~ 2.7、I3.0 ~ 3.7，Q2.0 ~2.7、Q3.0 ~ 3.7。

第二块 16 点数字量输入/16 点数字量继电器输出的 EM 223 模块的 I/O 地址：I4.0 ~ 4.7、I5.0 ~ 5.7，Q4.0 ~ 4.7、Q5.0 ~ 5.7。

第三块 8 点数字量输入/8 点数字量输出的 EM 223 模块的 I/O 地址：I6.0 ~ 6.7，Q6.0 ~ Q6.7。

第四块 8 点数字量输入/8 点数字量继电器输出的 EM 223 模块的 I/O 地址：I7.0 ~7.7，

Q7.0～7.7。

第五块 16 点数字量输入的 EM 221 模块的 I/O 地址：I8.0～8.7、I9.0～9.7。

第六块 4 路模拟量输入/1 路模拟量输出的 EM235 模块的 I/O 地址：AIW0、AIW2、AIW4、AIW6，AQW0。

第七块 CP243-1IT 通信处理器模块的 I/O 地址：输出占用 1QB。

S7-200 系统中除了数字量和模拟量 I/O 扩展模块占用输入/输出地址外，一些智能模块或特殊功能模块也需要在地址范围中占用地址，这些数据地址被模块用来进行功能控制，一般不直接连接到外部信号。

（3）由 CPU 226 组成系统的扩展

由 CPU 226 组成的扩展配置可以由其基本单元和最多 7 个扩展模块组成，CPU 226 可以向扩展单元提供 DC +5V 电流 1000mA。

【例 2-3】 扩展单元由 2 块 16 点数字量输入/16 点数字量输出的 EM 223 模块、4 块 16 点数字量输入/16 点数字量继电器输出的 EM 223 模块、1 块 8 点数字量输入/8 点数字量输出的 EM 223 模块构成。已知 CPU 226 可为扩展模块提供 DC +5V 电压，1000mA 电流，每块 16 点数字量输入/16 点数字量输出的 EM 223 模块需从背板 I/O 总线消耗电流160mA、每块 16 点数字量输入/16 点数字量继电器输出的 EM223 模块需从背板 I/O 总线消耗电流150mA，每块 8 点数字量输入/8 点数字量输出的 EM223 模块需从背板 I/O 总线消耗电流80mA，故 7 块模块共需要消耗电流为 $2 \times 160mA + 4 \times 150mA + 80mA = 1000mA$，等于 CPU 226 可为扩展模块提供 1000mA 电流，故这种组态可行。此系统共有 $24 + 2 \times 16 + 4 \times 16 + 8 = 128$ 点数字量输入、$16 + 2 \times 16 + 4 \times 16 + 8 = 120$ 点数字量输出，地址分配如下：

CPU 226 基本单元的 I/O 地址：I0.0～0.7、I1.0～1.7、I2.0～2.7，Q0.0～0.7、Q1.0～1.7。

第一块 16 点数字量输入/16 点数字量输出的 EM 223 模块的 I/O 地址：I3.0～3.7、I4.0～4.7，Q2.0～2.7、Q3.0～3.7。

第二块 16 点数字量输入/16 点数字量输出的 EM 223 模块的 I/O 地址：I5.0～5.7、I6.0～6.7，Q4.0～4.7、Q5.0～5.7。

第三块 16 点数字量输入/16 点数字量继电器输出的 EM 223 模块的 I/O 地址：I7.0～7.7、I8.0～8.7，Q6.0～Q6.7、Q7.0～7.7。

第四块 16 点数字量输入/16 点数字量继电器输出的 EM 223 模块的 I/O 地址：I9.0～9.7、I10.0～10.7，Q8.0～Q8.7、Q9.0～9.7。

第五块 16 点数字量输入/16 点数字量继电器输出的 EM 223 模块的 I/O 地址：I11.0～11.7、I12.0～12.7，Q10.0～Q10.7、Q11.0～11.7。

第六块 16 点数字量输入/16 点数字量继电器输出的 EM 223 模块的 I/O 地址：I13.0～13.7、I14.0～14.7，Q12.0～Q12.7、Q13.0～13.7。

第七块 8 点数字量输入/8 点数字量输出的 EM 223 模块的 I/O 地址：I15.0～15.7，Q14.0～Q14.7。

第 3 章

S7-200 PLC的编程基础

3.1 S7-200 PLC 的编程语言和数据类型

3.1.1 S7-200 PLC 编程语言的国际标准

　　国际电工委员会 IEC 于 1992 年开始编制、1994 年 5 月公布了可编程序控制器标准（IEC 1131），该标准由 5 部分组成，即通用信息、设备与测试要求、可编程序控制器的编程语言、用户指南和通信。其中第 3 部分（IEC 1131-3）Programming Language 是 PLC 的编程语言标准，详细说明了句法、语义和下述 5 种语言的表达方式：①顺序功能图（Sequential Function Chart，SFC）；②梯形图（Ladder Diagram，LAD）；③功能块图（Function Block Diagram，FBD）；④指令表（Instruction List，IL）；⑤结构文本（structured text，ST）。

　　供 S7-200 使用的 STEP 7- Micro/WIN 编程软件提供两种指令集：IEC 1131-3 指令集和 SIMATIC 指令集，读者可任选一种。

　　IEC l131-3 指令集是第一个为工业自动化控制系统的软件设计提供标准化编程语言的国际标准，该标准得到世界范围的众多厂商的支持，但又独立于任何一家公司。该国际标准的制订，是 IEC 工作组合理吸收、借鉴世界范围内各可编程序控制器厂商的技术、编程语言等基础上形成的一套新的国际编程语言标准，为不同厂家 PLC 编程软件的标准化和可移植性铺平了道路，IEC 1131-3 国际标准在不断补充和完善，支持系统完全数据类型检查。但使用 IEC l131-3 指令集，只能用梯形图（LAD）和功能块图（FBD）两种编程语言编程，通常这种指令集的指令执行时间较长。

　　SIMATIC 指令集是西门子公司专为 S7-200 PLC 设计的编程语言，专用性强，大多数指令也符合 IEC l131-3 标准，但不支持系统完全数据类型检查。使用 SIMATIC 指令集，可用梯形图（LAdder Diagram，LAD）、功能块图（Function Block Diagram，FBD）和语句表（STatement List，STL）三种编程语言编程，且指令执行时间短。

　　相比而言，IEC 1131-3 指令集的指令较少，其中某些"块"指令可接受多种数据格式，例如 SIMATIC 指令集的加法指令被分为 ADD_I（整数加）、ADD_DI（双字整数加）与 ADD_R（实数加）等，而 IEC 1131-3 的加法指令对 ADD 未做区分，是通过检验数据格式，由 CPU 自动选择正确的指令。IEC 1131-3 指令通过检查参数中的数据格式错误，还可减少程序设计中的错误。在 IEC 1131 指令编辑器中，有些是 SIMATIC 指令集中的指令，它们作为非标准扩展，在编程软件帮助文件中的指令树内用红色的"＋"号标记。

在 IEC 编号系统更改后，IEC 1131 改称 IEC 61131，分成以下几个部分。第 1 部分：一般资讯；第 2 部分：设备需求与测试；第 3 部分：程式语言；第 4 部分：使用者指引；第 5 部分：信息服务规格；第 6 部分：通过 FieldBus 通信；第 7 部分：模糊控制程式编辑；第 8 部分：程式语言应用与导入指引。

我国工业过程测量和控制标准化委员会按与 IEC 国际标准等效的原则，于 1995 年 12 月 29 日颁布了 GB/T 15969.1、GB/T 15969.2、GB/T 15969.3、GB/T 15969.4 等国家标准，但只涉及 IEC 61131 的第 1、第 2、第 3 和第 4 部分，没有纳入 1995 年以后出版的第 5 及第 6 部分通信、第 7 部分模糊控制编程软件工具、第 8 部分 IEC 61131-3 语言的实现导则。

3.1.2　S7-200 PLC 的数据类型

1. 基本数据类型及检查

（1）基本数据类型

S7-200 PLC 的指令参数所用基本数据类型有：1 位布尔型（BOOL）、8 位字节型（BYTE）、16 位无符号整数（WORD）、16 位有符号整数（INT）、32 位无符号双字整数（DWORD）、32 位有符号双字整数（DINT）、32 位实数（REAL）。

（2）数据类型检查

PLC 对数据类型检查有助于避免常见的编程错误。数据类型检查分为三级：完全数据类型检查、简单数据类型检查和无数据类型检查。

S7-2OO PLC 的 SIMATIC 指令集不支持完全数据类型检查。使用局部变量时，执行简单数据类型检查；使用全局变量时，指令操作数为地址而不是可选的数据类型时，执行无数据类型检查。完全数据类型检查时，用户选定的数据类型和等价的数据类型见表 3-1；简单数据类型检查时用户选定的数据类型和等价的数据类型见表 3-2；在无数据类型检查时，用户选定地址与分配的等价数据类型见表 3-3。

表 3-1　完全数据类型检查时

用户选定的数据类型	等价的数据类型	用户选定的数据类型	等价的数据类型
BOOL	BOOL	DWORD	DWORD
BYTE	BYTE	DINT	DINT
WORD	WORD	REAL	REAL
INT	INT		

表 3-2　简单数据类型检查时

用户选定的数据类型	等价的数据类型	用户选定的数据类型	等价的数据类型
BOOL	BOOL	DWORD	DWORD、DINT
BYTE	BYTE	DINT	DWORD、DINT
WORD	WORD、INT	REAL	REAL
INT	WORD、INT		

表3-3 无数据类型检查时

用户选定的数据类型	等价的数据类型	用户选定的数据类型	等价的数据类型
V0.0	BOOL	VW0	WORD、INT
VB0	BYTE	VD0	DWORD、DINT、REAL

2. 数据长度与数据范围

CPU 存储器中存放的数据类型分为 BOOL、BYTE、WORD、INT、DWORD、DINT、REAL。不同数据类型具有不同数据长度和数值范围，在上述数据类型中，用字节（B）型、字（W）型、双字（D）型分别表示 8 位、16 位、32 位数据的数据长度；实数采用 32 位单精度数来表示，其数值有较大的表示范围：正数 $+1.175495E-38 \sim +3.402823E+38$；负数为 $-1.175495E-38 \sim -3.402823E+38$；不同数据长度对应的数值范围见表3-4。例如数据长度为字（W）型的有符号整数（WORD）的数值范围为 $-32768 \sim +32767$，不同数据长度的数值所能表示的数值范围是不同的。

表3-4 不同长度的整数所表示的数值范围

整数长度	无符号整数表示范围		有符号整数表示范围	
	十进制表示	十六进制表示	十进制表示	十六进制表示
字节 B（8 位）	0 ~ 225	0 ~ FF	-128 ~ 127	80 ~ 7F
字 W（16 位）	0 ~ 65535	0 ~ FFFF	-32768 ~ 32767	8000 ~ 7FFF
双字 D（32 位）	0 ~ 4294967295	0 ~ FFFFFFFF	-2147483648 ~ 2147483647	80000000 ~ 7FFFFFFF

在编程时经常会使用常数，常数数据长度可为字节、字和双字，在机器内部的数据都以二进制存储，但常数的书写可以用二进制、十进制、十六进制、ASCII 码或浮点数等多种形式，几种常数形式分别见表3-5。

表3-5 常数的几种形式

进制	书写格式	举例
十进制	十进制数值	1024
十六进制	16#十六进制值	16#3F6A7
二进制	2#二进制值	2#1010_0011_1101_0001
ASCII 码	'ASCII 码文本'	'Show terminals'
浮点数（实数）	ANSI/IEEE 754—2008 标准（二进制浮点运算标准）	$+1.036782E-36$（正数）$-1.036782E-36$（负数）

SIMATIC 指令集中，指令的操作数具有一定的数据长度。如整数乘法指令的操作数是字型数据；数据传送指令的操作数可以是字节或字或双字型数据。由于 S7-200 SIMATIC 指令集不支持完全数据类型检查，因此编程时应注意操作数的数据类型和指令标识符相匹配。

3.2　S7-200 PLC 的存储区、寻址方式和程序结构

3.2.1　S7-200 PLC 的存储器区域

S7-200 PLC 的存储器分为用户程序区、系统区、数据区。

用户程序区用于存放用户程序，存储器为 EEPROM。

系统区又称为 CPU 组态（Configuration：用软件提供的工具、方法，完成工程中某一具体任务的过程）空间，存放有关 PLC 配置结构的参数，如主机及扩展模块的 I/O 配置和编址、PLC 站地址，设置保护口令、停电记忆保持区、软件滤波功能等，存储器为 EEPROM。

数据区是用户程序执行过程中的内部工作区域，存放输入信号、运算输出结果、计时值、计数值、高速计数值和模拟量数值等，存储器为 EEPROM 和 RAM。数据区是 S7-200 CPU 提供的存储器特定区域，包括输入映像寄存器（I）、输出映像寄存器（Q）、变量存储器（V）、内部标志位存储器（M）、顺序控制继电器存储器（S）、特殊标志位存储器（SM）、局部存储器（L）、定时器存储器（T）、计数器存储器（C）、模拟量输入映像寄存器（AI）、模拟量输出映像寄存器（AQ）、累加器（AC）、高速计数器（HC）等，数据区使 CPU 运行更快、更有效。

用户对程序区、系统区和部分数据区进行编辑，并存入存储器 EEPROM。RAM 为 EEPROM 提供备份存储区，用于 PLC 运行时动态使用；RAM 由大容量电容作为停电保持。

1. 数据区存储器的地址格式（编址形式）

存储器是由许多存储单元组成，每个存储单元都有唯一地址，可依据存储器地址来存取数据。要描述一个地址，至少应该包含存储区域、区域中的具体位置等两个要素。数据区存储器地址的表示格式有位、字节、字、双字地址格式。

数据区存储器区域内位地址的格式为：区域标识符 + 字节地址 . 位号；字节、字、双字地址的格式为：区域标识符 + 数据长度符 + 该字节、字或双字的起始字节地址；定时器 T、计数器 C、累加器 AC、高速计数器 HC 等的地址格式为：区域标识符 + 元件序号。区域标识符（元件符号）及地址格式见表 3-6。

表 3-6　区域标识符（元件符号）及地址格式

区域标识符（元件符号）	所在数据区域	位寻址格式	其他寻址格式
I（输入继电器）	数字量输入映像位区	Ax. y	ATx
Q（输出继电器）	数字量输出映像位区	Ax. y	ATx
M（通用辅助继电器）	内部存储器标志位	Ax. y	ATx
SM（特殊标志继电器）	特殊存储器标志位	Ax. y	ATx
S（顺序控制继电器）	顺序控制继电器存储器区	Ax. y	ATx
V（变量存储器）	变量存储器区	Ax. y	ATx
L（局部变量存储器）	局部存储器区	Ax. y	ATx
T（定时器）	定时器存储器区	Ay	无
C（计数器）	计数器存储器区	Ay	无

（续）

区域标识符（元件符号）	所在数据区域	位寻址格式	其他寻址格式
AI（模拟量输入映像寄存器）	模拟量输入存储器区	无	ATx
AQ（模拟量输出映像寄存器）	模拟量输出存储器区	无	ATx
AC（累加器）	累加器区	Ay	无
HC（高速计数器）	高速计数器区	Ay	无

一般地，数据地址的格式通写为：ATx.y。A为所在数据区域标示符或元件符号，也就是该数据在数据存储器中的区域地址；T为数据类型，若为位寻址，则没有该项，若为字节、字或双字寻址，则T分别为B、W和D；x为起始字节地址；y只有位寻址时才有，为字节内的位地址。

各种元件在主机中的实际可用的数量不同，同一元件在不同型号的主机中的数量也不同，具体情况可参见主机的主要技术性能指标表。

位寻址的格式为：Ax.y，必须指定区域标示符或元件名称、字节地址和位号，见图3-1。MSB表示最高位，LSB表示最低位。可进行位寻址的编程元件有：输入继电器（I）、输出继电器（Q）、通用辅助继电器（M）、特殊标志继电器（SM）、局部存储器（L）、变量存储器（V）、顺序控制继电器（S）。

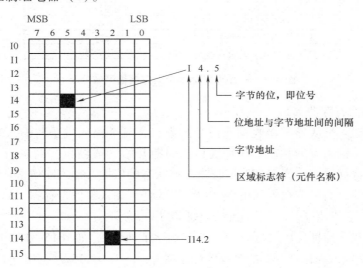

图3-1　存储器中的位地址

字节、字和双字数据寻址格式为：ATx，这种按字节编址的形式在直接访问数据时，也必须指明元件名称、数据类型和存储区域内的首字节地址，图3-2是以变量存储器为例分别存取3种长度数据的比较。图中V表示元件名称；B表示数据长度为字节型（8位）、W表示数据长度为字型（16位）、D表示数据长度为双字型（32位）；VW200由VB200、VB201两个字节组成；VD200由VB200、VB201、VB202、VB203四个字节组成。

定时器（T）、计数器（C）和高速计数器（HC）和累加器（AC）等不用指出元件所在存储区域的字节，而是直接指出编号，寻址格式为：Ay。其中T、C和HC的地址编号中各包含两个相关变量信息，如T10，即表示T10的定时器位状态，又可表示此定时器的当前值。累加器（AC）用来暂存运算、中间、结果等数据，数据长度可以是字节、字和双字，使用时只表示出累加器的地址编号，如 AC0，数据长度取决于进出 AC0 的数据的类型。

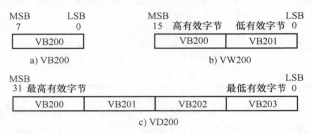

a) VB200　　　　　　　　　　　　b) VW200

c) VD200

图 3-2　存储器中的字节、字、双字地址

2. 数据区空间存储器区域（编程元件）

S7-200 数据区空间存储器区域分配的总体框图如图 3-3 所示。

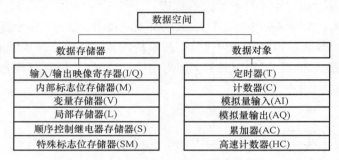

图 3-3　S7-200 数据区空间存储器区域分配

（1）输入映像寄存器（I）

PLC 的输入端子是从外部接收输入信号的窗口，每个输入端子与输入映像寄存器（I）的相应位相对应。输入点的状态，在每次扫描周期开始（或结束）时进行采样，并将采样值存于输入映像寄存器，作为程序处理时输入点状态的依据。输入映像寄存器的状态只能由外部输入信号驱动，而不能在内部由程序指令来改变。输入映像寄存器（I）的地址格式为

位地址：I［字节地址］.［位地址］，如 I0.1。

字节、字、双字地址：I［数据长度］［起始字节地址］，如 IB15、IW14、ID12。

CPU 226 模块输入映像寄存器的有效地址范围为：I（0.0～15.7）；IB（0～15）；IW（0～14）；ID（0～12）。

（2）输出映像寄存器（Q）

输出模块的每个端子与输出映像寄存器的相应位对应，CPU 将判断结果存放在输出映像寄存器中。在扫描周期结束时，CPU 以批处理方式将输出映像寄存器的数值复制到相应的输出端子上，通过输出模块将输出信号传送给外部负载。可见 PLC 的输出端子是 PLC 向外部负载发出控制命令的窗口，输出映像寄存器（Q）地址格式为

位地址：Q［字节地址］.［位地址］，如 Q1.1。

字节、字、双字地址：Q［数据长度］［起始字节地址］，如 QB4、QW8、QD12。

CPU226 模块输出映像寄存器的有效地址范围为：Q（0.01～15.7）；QB（0～15）；QW（0～

14）；QD（0～12）。

I/O映像区实际上就是外部输入输出设备状态的映像区，PLC通过I/O映像区的各个位与外部物理设备建立联系。I/O映像区每个位都可以映像输入、输出单元上的每个端子状态。

梯形图中的输入继电器、输出继电器的状态对应于输入/输出映像寄存器相应位的状态，并使系统在程序执行期间完全与外界隔开，从而提高了系统的抗干扰能力。建立了I/O映像区，用户程序存取映像寄存器中的数据要比存取输入、输出物理点要快得多，加速了运算速度。此外，外部输入点的存取只能按位进行，而I/O映像寄存器的存取可按位、字节、字、双字进行，因而使操作更快、更灵活。

（3）内部标志位存储器（M）

内部标志位存储器（M）也称内部线圈，它模拟继电器控制系统中的中间继电器，用于存放中间操作状态或存储其他相关数据。内部标志位存储器（M）以位为单位使用，也可以字节、字、汉字为单位使用，内部标志位存储器（M）的地址格式为

位地址：M［字节地址］.［位地址］，如M31.7。

字节、字、双字地址：M［数据长度］［起始字节地址］，如MB31、MW30、MD28。

CPU 226模块内部标志位存储器的有效地址范围为：M（0.0～31.7）；MB（0～31）；MW（0～30）；MD（0～28）。

（4）变量存储器（V）

变量存储器用于存放全局变量、程序执行过程中控制逻辑操作的中间结果或其他相关的数据，变量存储器是全局有效。全局有效是指同一个存储器可以在任一程序分区（主程序、子程序、中断程序）被访问。变量存储器的地址格式为

位地址：V［字节地址］.［位地址］，如V10.2。

字节、字、双字地址：V［数据长度］［起始字节地址］，如VB200、VW1000、VD5116。

CPU 226模块变量存储器的有效地址范围为：V（0.0～5119.7）；VB（0～5119）；VW（0～5118）；VD（0～5116）。

（5）局部存储器（L）

局部存储器用来存放局部变量，局部有效。局部有效是指某一局部存储器只能在某一程序分区（主程序或子程序或中断程序）中被使用。S7-200 PLC提供了64个字节局部存储器（其中LB60～LB63为STEP7-Micro/WIN32V3.0及其以后软件版本所保留）；局部存储器可用作暂时存储器或为子程序传递参数。

CPU可以按位、字节、字、双字访问局部存储器，可以把局部存储器作为间接寻址的指针，但是不能作为间接寻址的存储器区。局部存储器（L）的地址格式为

位地址：L［字节地址］.［位地址］，如L53.5。

字节、字、双字：L［数据长度］［起始字节地址］，如LB20、LW32、LD55。

CPU 226模块局部存储器的有效地址范围为：L（0.0～63.7）；LB（0～63）；LW（0～62）；LD（0～60）。

（6）顺序控制继电器存储器（S）

顺序控制继电器用于顺序控制（或步进控制），其指令基于顺序功能图（SFC）的编程方式，控制程序的逻辑分段，从而实现顺序控制。顺序控制继电器存储器的地址格式为

位地址：S［字节地址］.［位地址］，如 S31.1。

字节、字、双字地址：S［数据长度］［起始字节地址］，如 SB31、SW30、SD28。

CPU 226 模块顺序控制继电器存储器的有效地址范围为：S（0.0～31.7）；SB（0～31）；SW（0～30）；SD（0～28）。

（7）特殊标志位存储器（SM）

特殊标志位（SM）即特殊内部线圈，是用户程序与系统程序之间的界面，为用户提供一些特殊的控制功能及系统信息，用户对操作的一些特殊要求也通过特殊标志位（SM）通知系统。特殊标志位区域分为只读区域（SM0～SM29）和可读写区域，在只读区特殊标志位，用户只能使用触点。例如，SM0.0 用于 RUN 监控，PLC 在 RUN 方式时 SM0.0 恒为 1。

可读写特殊标志位用于特殊控制功能，例如，用于自由通信口设置的 SMB30，用于定时中断间隔时间设置的 SMB34/SMB35，用于高速计数器设置的 SMB36～SMB65，用于脉冲串输出控制的 SMB66～SMB85 等。

尽管 SM 区基于位存取，但也可以按字节、字、双字来存取数据。其地址表示格式为

位地址：SM［字节地址］.［位地址］，如 SM0.1。

字节、字、双字地址：SM［数据长度］［起始字节地址］，如 SMB196、SMW200、SMD546。

CPU 226 模块特殊标志位存储器的有效地址范围为 SM（0.0～549.7）；SMB（0～549）；SMW（0～548）；SMD（0～546）。

表 3-7 和表 3-8 分别为 SMB0 的各个位功能描述和 SM 其他状态字功能表。

表 3-7　SMB0 的各个位功能描述

SMB0 的各个位	功 能 描 述
SM0.0	常闭触点，程序运行时一直保持闭合状态
SM0.1	程序运行的第一个扫描周期闭合，常用于调用初始化子程序
SM0.2	若永久保持的数据丢失，则该位在程序运行的第一个扫描周期闭合，可用于存储器错误标志位
SM0.3	开机后进入 RUN 模式，将闭合一个扫描周期，可用于启动操作前为设备提供预热时间
SM0.4	周期为 1min 的时钟脉冲，30s 闭合、30s 断开
SM0.5	周期为 1s 的时钟脉冲，0.5s 闭合、0.5s 断开
SM0.6	该位为扫描时钟，本次扫描闭合、下次扫描断开，不断循环
SM0.7	指示 CPU 工作方式开关的位置（断开为 TERM、闭合为 RUN），当开关在 RUN 位置时，可使自由口通信方式有效；开关切换至 TERM 位置时，同编程设备的正常通信有效

表 3-8　SM 其他状态字功能表

状 态 字	功 能 描 述
SMB1	包含了各种潜在的错误提示，可在执行某些指令或执行出错时由系统自动对相应位进行置位或复位
SMB2	在自由接口通信时，自由接口接收字符的缓冲区
SMB3	在自由接口通信时，发现接收到的字符串中有奇偶校验错误时，可将 SM3.0 置位

（续）

状 态 字	功 能 描 述
SMB4	标志中断队列是否溢出或通信接口使用状态
SMB5	标志 I/O 系统错误
SMB6	CPU 模块识别（ID）寄存器
SMB7	系统保留
SMB8 ~ SMB21	I/O 模块识别和错误寄存器，按字节对形式（相邻两个字节）存储扩展模块 0 ~ 6 的模块类型、I/O 类型、I/O 点数和测得的各模块 I/O 错误
SMW22 ~ SMW26	记录系统扫描时间
SMB28 ~ SMB29	存储 CPU 模块自带的模拟电位器对应的数字量
SMB30 和 SMB130	SMB30 为自由接口通信时，自由接口 0 的通信方式控制字节；SMB130 为自由接口通信时，自由接口 1 的通信方式控制字节；两字节可读可写
SMB31 ~ SMB32	永久存储器（EEPROM）写控制
SMB34 ~ SMB35	用于存储定时中断的时间间隔
SMB36 ~ SMB65	高速计数器 HSC0、HSC1、HSC2 的监视及控制寄存器
SMB66 ~ SMB85	高速脉冲输出（PTO/PWM）的监视及控制寄存器
SMB86 ~ SMB94 SMB186 ~ SMB194	自由接口通信时，接口 0 或接口 1 接收信息状态寄存器
SMB98 ~ SMB99	标志扩展模块总线错误号
SMB131 ~ SMB165	高速计数器 HSC3、HSC4、HSC5 的监视及控制寄存器
SMB166 ~ SMB194	高速脉冲输出（PTO）包络定义表
SMB200 ~ SMB299	预留给智能扩展模块，保存其状态信息

（8）定时器存储器（T）

定时器是模拟继电器控制系统中的时间继电器，是累计时间增量的编程元件。定时器的工作过程与时间继电器基本相同，提前置入时间预设值，当定时器的输入条件满足时开始计时，当前值从 0 开始按一定的时间单位增加；当定时器的当前值达到预定值时定时器发生动作，发出中断请求，PLC 响应，同时发出相应的动作，即常开触点闭合，常闭触点断开；利用定时器的输入与输出触点可以得到控制所需要的延时时间。S7-200 PLC 定时器的时间基准有三种，即 1ms、10ms、100ms。通常定时器的设定值由程序赋予，需要时也可在外部设定。

定时器存储器地址表示格式为：T ［定时器号］。如 T26，不仅是定时器标号，还包括定时器位和定时器当前值等两方面变量信息。至于指令中所存取的是当前值还是定时器位，取决于所用指令：带位操作的指令存取定时器位，带字操作的指令存取定时器当前值。例如：

```
LD        I0. 1
TON       T33, 20
LD        T33              //访问定时器位
=         Q0. 2
LDI >     T33, +300        //访问定时器当前值，将当前值与 300 进行比较
=         Q0. 3
```

S7-200 PLC 定时器存储器的有效地址范围为 0 ~ 255。

（9）计数器存储器（C）

计数器是累计其计数输入端脉冲电平由低到高的次数，它有三种类型：增计数、减计数、增减计数。通常计数器的设定值由程序赋予，需要时也可在外部设定。

计数器存储器地址表示格式为：C［计数器号］，如 C3。这里 C3 也包括两方面的变量信息：计数器位和计数器当前值。①计数器位：表示计数器是否发生动作的状态，当计数器的当前值达到预设值时，该位被置为"1"；②计数器当前值：存储计数器当前所累计的脉冲个数，它用 16 位符号整数表示。指令中所存取的是当前值还是计数器位，取决于所用指令，带位操作的指令存取计数器位，带字操作的指令存取的是计数器的当前值。

S7-200 PLC 计数器存储器的有效地址范围为 0 ~ 255。

（10）模拟量输入映像寄存器（AI）

模拟量输入模块将外部输入的模拟信号转换成 1 个字长（16 位）的数字信号，存放在模拟量输入映像寄存器（AI）中，供 CPU 运算处理，模拟量输入（AI）的值为只读值。

模拟量输入映像寄存器（AI）的地址格式为：AIW［起始字节地址］，如 AIW60。

模拟量输入映像寄存器（AI）的地址必须使用偶数字节地址来表示，如 AIW0，AIW2，AIW4。

CPU 226 模块模拟量输入映像寄存器（AI）的有效地址的范围为：AIW（0 ~ 62）。

（11）模拟量输出映像寄存器（AQ）

CPU 运算的相关结果存放在模拟量输出映像寄存器（AQ）中，供 D-A 转换器将 1 个字长（16 位）的数字量转换为模拟量，以驱动外部模拟量控制的设备。模拟量输出映像寄存器（AQ）中的数字量为只写值。

模拟量输出映像寄存器（AQ）的地址格式为：AQW［起始字节地址］，如 AQW60。

模拟量输出映像寄存器（AQ）的地址必须使用偶数字节地址来表示，如 AQW0，AQW2，AQW4。

CPU 226 模块模拟量输出映像寄存器（AQ）的有效地址范围为：AQW（0 ~ 62）。

（12）累加器（AC）

累加器是用来暂时存储计算中间值的存储器，也可向子程序传递参数或返回参数。S7-200 CPU 提供了 4 个 32 位累加器（AC0、AC1、AC2、AC3）。

累加器的地址格式为：AC［累加器号］，如 AC0。

CPU 226 累加器的有效地址范围为 0 ~ 3。

累加器是可读写单元，可以按字节、字、双字存取累加器中的数值。由指令标识符决定存取数据的长度，例如，MOV_B 指令存取累加器的字节，DECW 指令存取累加器的字，INCD 指令存取累加器的双字。按字节、字存取时，累加器只存取存储器中数据的低 8 位、低 16 位；以双字存取时，则存取存储器的 32 位。

（13）高速计数器（HC）

高速计数器用来累计高速脉冲信号，当高速脉冲信号的频率比 CPU 扫描速率更快时，必须要用高速计数器计数。高速计数器的当前值寄存器为 32 位，读取高速计数器当前值应以双字（32 位）来寻址，高速计数器的当前值为只读值。

高速计数器地址格式为：HC［高速计数器号］，如 HC1。

CPU 226 模块高速计数器的有效地址范围为：HC（0～5）。

3. S7-200 各编程元器件的有效编程范围

S7-200 PLC 各编程元器件的有效编程范围见表 3-9。

表 3-9　S7-200 PLC 各编程元器件的有效编程范围

编程元件		CPU 221	CPU 222	CPU 224	CPU 226
输入映像寄存器		I0.0～I15.7			
输出映像寄存器		Q0.0～Q15.7			
模拟输入、只读		无	AIW0～AIW30	AIW0～AIW62	
模拟输出、只写		无	AQW0～AIW30	AQW0～AIW62	
变量存储器		VB0.0～VB2047.7		VB0.0～VB5119.7	
局部变量存储器		LB0.0～LB63.7			
通用辅助存储器		M0.0～M31.7			
顺序控制继电器		S0.0～S31.7			
特殊标志继电器		SM0.0～SM179.7			
只读型		SM0.0～SM29.7			
定时器	编号	256（T0～T255）			
	TONR 1ms	T0，T64			
	TONR 10ms	T1～T4，T65～T68			
	TONR 100ms	T5～T31，T69～T95			
	TON/TOFF 1ms	T32，T96			
	TON/TOFF 10ms	T33～T36，T97～T100			
	TON/TOFF 100ms	T37～T63，T101～T255			
计数器		C0～C255			
高速计数器		HSC0，HSC3，HSC4，HSC5		HSC0～HSC5	
累加器		AC0～AC3			
跳转及标号		0～255			
子程序编号及调用		0～63			
中断时间		0～127			
PID 回路		0～7			
通信接口		通信接口 0			通信接口 0、1

3.2.2　S7-200 PLC 的寻址方式

指令中如何提供操作数或操作数地址，处理器根据指令中给出的地址信息来寻找物理地址的方式称为寻址方式。S7-200 PLC 的寻址方式有立即寻址、直接寻址、间接寻址。

1. 立即寻址

指令直接给出操作数，操作数紧跟着操作码，在取出指令的同时也就取出了操作数，立即有操作数可用，这种方式称为立即操作数或立即寻址。立即寻址方式可用来提供常数、设置初始值等，常数值可为字节、字、双字型等数据。CPU 以二进制方式存储所有常数，指令中可用十进制、十六进制、ASCII 码或浮点数的形式来表示。

2. 直接寻址

指令直接给出操作数的地址的寻址方式称为直接寻址。由于直接在指令中使用存储器或寄存器的元件名称和地址编号，根据这个地址就可以立即找到该数据，必须注意的是操作数的地址应符合规定的格式，指令中数据类型应与指令标识符相匹配。

不同数据长度的寻址指令举例如下：

位寻址：A   Q5.5

字节寻址：OB =   VB33，LB21

字寻址：MOVW   AC0，AQW2

双字寻址：MOVD   AC1，VD200

3. 间接寻址

间接寻址方式是指数据存放在存储器或寄存器中，在指令中只出现所需数据所在单元的内存地址的地址，即指令给出的是存放操作数地址的存储单元的地址，此存储单元地址的地址又称为地址指针，这种间接寻址方式与计算机的间接寻址方式相同。间接寻址在处理内存连续地址中的数据时非常方便，而且可以缩短程序所生成的代码的长度，使编程更加灵活。S7-200 CPU 以变量存储器（V）、局部存储器（L）或累加器（AC）的内容值为地址进行间接寻址。可间接寻址的存储器区域有：I、Q、V、M、S、T（仅当前值）、C（仅当前值）；不可以对独立的位（bit）值或模拟量进行间接寻址。

（1）建立指针

间接寻址前，应先建立指针，指针为双字长，指针中存放存储单元的 32 位物理地址，以指针中的内容值为地址就可以进行间接寻址。只能使用变量存储器（V）、局部存储器（L）或累加器（AC1、AC2、AC3）作为指针，AC0 不能用作间接寻址的指针。建立指针时，将存储器的某个地址移入另一存储器或累加器中作为指针；指针建立后，就可把从指针处取出的数值传送到指令输出操作数指定的位置。例如，执行指令 MOVD   & VB200，AC1 把地址"VB200"送入 AC1，建立指针。这里地址"VB200"要用 32 位表示，它只是一个直接地址编号，指针中的内容为双字型数据，因而必须使用双字传送指令（MOVD）。指令操作数"&VB200"中的"&"符号，与单元编号组合表示所对应存储器的 32 位物理地址，而不是存储器的内容。

（2）用指针间接存取数据

依据指针中的内容值作为地址存取数据，使用指针可存取字节、字、双字型的数据，执行指令 MOVW   *AC1，AC0 把指针中的内容值（VB200）作为地址。由于指令 MOVW 的标识符是"W"，因而指令操作数的数据长度应是字型，把地址 VB200、VB201 处 2 个字节的内容（1234）传送到 AC0。指针处的值（即 1234）为字型数据，如图 3-4 所示，操作数（AC1）前面的"*"号表示该操作数（AC1）为指针。

（3）修改指针

处理连续存储数据时，通过修改指针可很容易地存取其他相关数据，简单的数学运算指令，如加法、减法、自增和自减等指令可用来修改指针。在 S7-200 PLC 中，指针中的内容为双字型数据，应使用双字指令来修改指针值。在图 3-5 中，用两次自增指令 INCD   AC1 可将

AC1 指针中的值（VB200）修改为 VB202，指针即指向新地址 VB202。执行指令 MOVW　*AC1，AC0 可在变量存储器（V）中连续地存取数据，将 VB202、VB203 两个字节的数据（5678）传送到 AC0。

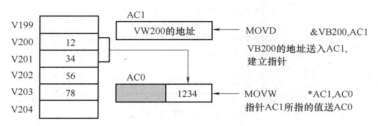

图 3-4　使用指针间接寻址

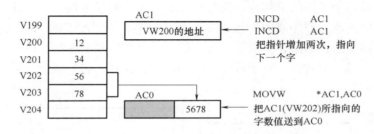

图 3-5　存取字数据值时指针的修改

修改指针值时，应根据存取的数据长度来进行调整。若对字节进行存取，指针值加 1（或减 1）；若对字（或对定时器、计数器的当前值）进行存取，指针值加 2（或减 2）；若对双字进行存取，则指针值加 4（或减 4）。图 3-5 中存取的数据长度是字型数据，因而指针值加 2。

3.2.3　S7-200 PLC 用户程序的结构

S7-200 用户程序可分为三个程序分区，即主程序、子程序（可选）和中断程序（可选）。

主程序是用户程序的主体，只有一个，名称为 OB1，CPU 在每个扫描周期都要执行一次主程序指令。

子程序是程序的可选部分，子程序可以多达 64 个，名称分别为 SBR0～SBR63。子程序可以由主程序调用，也可以由其他主程序或中断程序调用。合理使用子程序，可以优化程序结构，减少扫描时间。

中断程序是程序的可选部分，中断程序可以达到 128 个，名称分别为 INT0～INT127。中断方式有输入中断、定时中断、高速计数器中断、通信中断等，只有当这些中断事件引发且 CPU 响应中断时，才能够执行中断程序，在扫描周期的任意点都可能执行中断程序。

1. 线性程序结构

线性程序是指一个工程的全部控制任务都按照工程控制的顺序写在一个程序中，比如写在 OB1 中。程序执行过程中，CPU 不断扫描 OB1，按照事先准备好的顺序去执行控制工作，如图 3-6 所示。显然，线性程序结构简单，一目了然。但是，当工程大到一定程度后，采用线性程序就会使整个程序变得十分庞大而难于编制、难于调试了。

图 3-6　线性程序结构

2. 分块程序结构

分块程序是指一个工程的全部控制任务被分成多个小的任务块，每个任务块的控制任务根据具体情况分别放到子程序或中断程序中，程序执行过程中，CPU 不断地调用这些子程序或者被中断程序中断，如图 3-7 所示。分块程序虽然结构复杂一些，但是可以把一个复杂的过程分解成多个简单的过程，对于具体的程序块容易编写，容易调试。从总体来看，分块程序的优势十分明显。

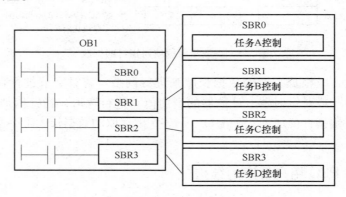

图 3-7　分块程序结构

第 4 章

S7-200 PLC的编程指令

4.1 S7-200 PLC 的基本指令及编程

    S7-200 PLC 基本指令多用于开关量逻辑控制，是编程的基础，使用时应注意操作数的数据类型及数据范围。S7-200 PLC 编程指令操作数的有效编址范围见表 4-1。

表 4-1　S7-200 CPU 模块操作数的有效编址范围

存取方式	区域	CPU 221	CPU 222	CPU 224、CPU 226
位	I	0.0 ~ 15.7		
	Q	0.0 ~ 15.7		
	V	0.0 ~ 2047.7		0.0 ~ 5119.7
	M	0.0 ~ 31.7		
	SM	0.0 ~ 179.7	0.0 ~ 299.7	0.0 ~ 549.7
	S	0.0 ~ 31.7		
	T	0 ~ 255		
	C	0 ~ 255		
	L	0.0 ~ 59.7		
字节	IB	0 ~ 15		
	QB	0 ~ 15		
	VB	0 ~ 2047		0 ~ 5119
	MB	0 ~ 31		
	SMB	0 ~ 179	0 ~ 299	0 ~ 549
	SB	0 ~ 31		
	LB	0 ~ 59		
	AC	0 ~ 3		
	常数	常数		

（续）

存取方式	区域	CPU 221	CPU 222	CPU 224、CPU 226
字	IW	0 ~ 14		
	QW	0 ~ 14		
	VW	0 ~ 2046		0 ~ 5118
	MW	0 ~ 30		
	SMW	0 ~ 178	0 ~ 298	0 ~ 548
	SW	0 ~ 30		
	T	0 ~ 255		
	C	0 ~ 255		
	LW	0 ~ 58		
	AC	0 ~ 3		
	AIW	0 ~ 30		0 ~ 62
	QIW	0 ~ 30		0 ~ 62
	常数	常数		
双字	ID	0 ~ 12		
	IQ	0 ~ 12		
	VD	0 ~ 2044		0 ~ 5116
	MD	0 ~ 28		
	SMD	0 ~ 176	0 ~ 296	0 ~ 546
	SD	0 ~ 28		
	LD	0 ~ 56		
	AC	0 ~ 3		
	HC	0、3、4、5		0 ~ 5
	常数	常数		

4.1.1 位逻辑指令

S7-200 PLC 共有 28 条位逻辑指令（语句表），专门处理位逻辑量，与继电器逻辑控制十分相似。操作数有效区域一般为 I、Q、M、SM、T、C、V、S、L；数据类型为 Bool。S7-200 CPU 逻辑堆栈（Stack）是 9 级深度、1 位宽度的后进先出的逻辑堆栈，可执行逻辑操作。

1. 标准触点指令

如图 4-1 所示，标准动合/动断触点梯形图由动合/动断触点符号和位地址 bit 组成；语句表由操作码 LD（Load）或 LDN（Load Not）和标准动合触点位地址 bit 构成。

程序执行时，标准触点起开关作用。动合触点在线圈不带电时断开（OFF 或 0）、带电时闭合（ON 或 1）；动断触点在线圈不带电时闭合、带电时断开。

　　语句表中 LD（Load）/LDN（Load Not）指令是对动合/动断触点开始一个逻辑梯级的编程。执行 LD 指令时，将操作数位（bit）装入逻辑堆栈栈顶，故也称栈装载指令，然后将堆栈其余各级内容依次下压一级，直至最后一级内容丢失。执行 LDN 指令时，将操作数位（bit）值取反后，再进行相应的"装载"操作。操作数范围为 I、Q、M、SM、T、C、V、S、L（位）。

a)标准动合触点　　　　　　　　　　b)标准动断触点

图 4-1　标准触点指令

2. 立即触点指令

　　立即触点、立即输出、立即置位和立即复位等指令总称立即 I/O 指令。如图 4-2 所示，立即动合/动断触点梯形图由立即触点符号和位地址 bit 组成；加载立即动合/动断触点语句表由操作码 LDI（Load Immediately）/LDNI（Load Not Immediately）和位地址构成。

a)加载立即动合触点　　　　　　　　b)加载立即动断触点

图 4-2　立即触点指令

　　含有立即触点的指令叫立即指令，为加快输入输出响应速度而设置。当立即指令执行时，CPU 直接读取物理输入点的值，而不是等到更新输入映像寄存器。

　　CPU 执行 LDI（立即装载）指令，把物理输入点的位（bit）值立即装入逻辑堆栈栈顶；执行 LDNI（立即装载非）指令，把物理输入点的位（bit）值立即取反后装入逻辑堆栈栈顶。

3. 输出指令和立即输出指令

　　输出和立即输出指令的梯形图、语句表如图 4-3 所示。输出指令梯形图由输出线圈和位地址构成；立即输出指令梯形图由立即输出线圈和位地址构成。输出指令语句表由操作码"="和位地址 bit 构成；立即输出指令语句表由操作码"=I"和位地址 bit 构成。

　　输出操作表示继电器输出线圈的编程，执行时 CPU 把逻辑堆栈栈顶的数值复制到驱动输出线圈的位地址 bit 中，但指令执行前后逻辑堆栈的各级栈值不变。执行立即输出指令时，逻辑堆栈栈顶数值立即复制到物理输出点和相应输出映像寄存器（立即赋值），不等输入输出刷新阶段，不受扫描工作方式约束，从而加快了输出响应速度。

4. 逻辑与指令

　　逻辑与指令的梯形图由标准触点或立即触点串联构成，串联触点类型有动合、动断、立即动合、立即动断四种；逻辑与指令语句表由操作码和触点位地址 bit 构成，操作码分别为 A（And）、AN（And Not）、AI（And Immediately）、ANI（And Not Immediately）。

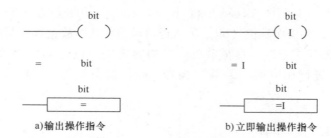

a)输出操作指令　　　　　　　　　　b)立即输出操作指令

图 4-3　输出指令和立即输出指令

逻辑与指令 A、AN、AI、ANI 的梯形图、语句表、功能图如图 4-4 所示。

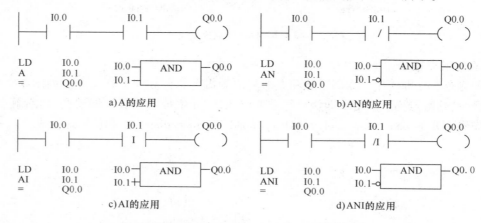

a)A的应用　　　　　　　　　　　　b)AN的应用

c)AI的应用　　　　　　　　　　　　d)ANI的应用

图 4-4　逻辑与指令 A、AN、AI、ANI 的应用

在梯形图中，逻辑与描述了单个触点的串联，同电气控制一样，只有各触点都接通（高电平），才会输出 1，可应用于要求几个条件同时成立的控制。例如，水轮发电机组开机过程中机组无事故、制动闸无压、接力器锁定拔出、DL 未合、进水闸打开等 5 个开机条件都满足时，才使开机继电器存储位置 1。

语句表中，A、AN、AI、ANI 分别是动合、动断、立即动合、立即动断触点的串联编程。CPU 执行 A、AN、AI、ANI 指令，分别将操作数位（bit）值、位（bit）值取反、立即物理输入点位（bit）值、立即物理输入点位（bit）值取反，"与"堆栈栈顶值，结果仍然存入栈顶。执行 A、AN、AI、ANI 时，堆栈没有压入和弹出操作。

值得指出的是：①A、AN 是单个触点串联指令，可连续使用，但梯形图编程时会受打印宽度和屏幕显示的限制。②若要串联多个触点的组合回路时，使用 ALD 指令。③AI、ANI 等立即指令是直接访问物理输入（或输出）点的，虽然单个信息响应加快，但比一般指令访问 I/O 映像寄存器占用 CPU 时间要长，因而不可盲目使用，否则会使扫描周期加长。④使用 " = " 指令驱动线圈后，仍然可以使用 A、AN 指令，然后再次使用 " = " 指令。

5. 逻辑或指令

逻辑或指令的梯形图由标准触点或立即触点并联构成，并联触点类型也有动合、动断、立即动合、立即动断四种。语句表由操作码和触点位地址 bit 构成，操作码分别为 O（Or）、

ON（Or Not）、OI（Or Immediately）、ONI（Or Not Immediately）表示并联触点类型分别为动合、动断、立即动合、立即动断。图4-5为逻辑或指令O、ON、OI、ONI的梯形图、语句表、功能图。

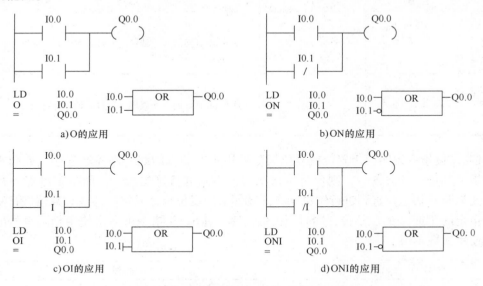

图4-5 逻辑或指令O、ON、OI、ONI的应用

逻辑或指令描述了单个触点的并联，并联触点状态只要有一个是高电平就输出1，而只有都是低电平时才输出0，可以应用于满足条件之一就要求进行某项操作的控制。例如，水轮发电机组一般事故停机同时导叶剪断销被剪断或转速上升至140%额定转速时，两项条件仅具备其一就要求机组进行紧急事故停机。

语句表中O、ON、OI、ONI分别表示动合、动断、立即动合、立即动断触点的并联编程。CPU执行O、ON、OI、ONI指令，分别将操作数位（bit）值、位（bit）值取反、立即物理输入点位（bit）值、立即物理输入点位（bit）值取反，"或"堆栈栈顶值，结果仍然存入栈顶。执行O、ON、OI、ONI与执行A、AN、AI、ANI相似，只是"与"操作变成相应"或"操作，同样堆栈没有压入和弹出操作。

说明：①O、ON指令作为一个触点的并联连接指令，紧接在LD、LDN指令之后用，即对前面LD、LDN指令指定的触点并联；②O、ON指令可以连续使用进行多重并联；③OI、ONI等立即指令不可盲目使用。

6. 置位/复位指令

置位/复位指令的梯形图由置位/复位线圈及起始位地址bit、连续位数目N构成。语句表由置位/复位操作码S或R及起始位地址bit、连续位数目N构成。

在梯形图（LAD）或功能块图（FDB）中，只要能流到，就执行置位/复位（N位）指令，把指定地址bit开始的N个位都置位或复位且自保持，置位或复位数目N的范围是1~255。

在语句表（STL）中，当逻辑堆栈栈顶值为1时，才能执行置位指令或复位指令，把指定地址bit开始的N个位都置位或复位且自保持。

置位/复位指令 S/R（Set/Reset）的梯形图、语句表及功能归总见表 4-2。

表 4-2　置位/复位指令梯形图、语句表及功能

	LAD	STL	功　能
置位指令	S-bit ——(S) N	S　bit，N	从 S-bit 开始的 *N* 个线圈（元件）置 1 并自保持
复位指令	S-bit ——(R) N	R　bit，N	从 S-bit 开始的 *N* 个线圈（元件）清零并自保持

置位/复位指令说明：①置位或复位指令可用于电动机的起、停控制程序，如图 4-6 所示。②指定触点一旦被置位，则保持接通状态，直到进行复位操作；而指定触点一旦被复位，则变为断开状态，直到进行置位操作。③如果用复位指令对定时器或计数器进行复位操作，则指定的 T 或 C 的位复位，同时当前值清零。④S、R 指令可多次使用相同编号的各类触点，使用次数不限。

LAD
STL
时 序 图
I0.0
Q0.0
Q0.1
S
1
Q0.2
R
2
LD　I0.0
=　Q0.0
S　Q0.1, 1
R　Q0.2, 2
I0.0
Q0.0
Q0.1
Q0.2
Q0.3

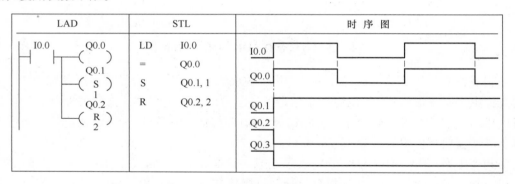

图 4-6　置位/复位指令的应用程序段

当执行立即置位 SI　bit，N 或立即复位 RI　bit，N 指令时，从指定地址 bit 开始的 *N* 个物理输出点立即置位或立即复位且自保持。在语句表（STL）中，当逻辑堆栈栈顶值为 1 时，把指定地址 bit 开始的 *N* 个物理输出点立即置位且自保持，直至执行立即复位指令。数目 *N* 的范围是 1～128。图 4-7 是立即置位 SI　bit，N、立即复位 RI　bit，N 指令应用的例子。

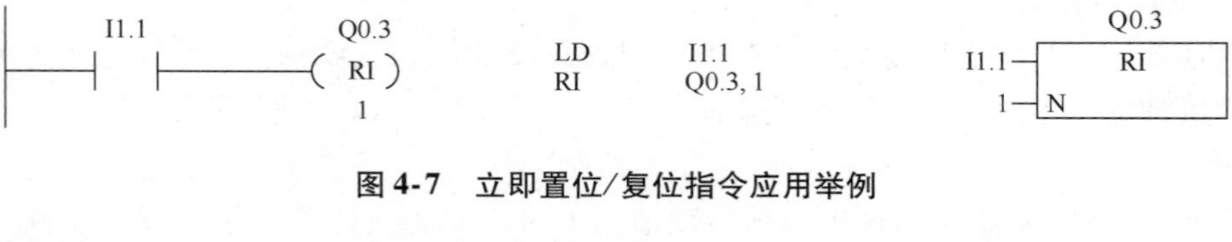

I1.0
Q0.3
SI
1
LD　I1.0
SI　Q0.3, 1
Q0.3
I1.0
SI
1
N
I1.1
Q0.3
RI
1
LD　I1.1
RI　Q0.3, 1
Q0.3
I1.1
RI
1
N

图 4-7　立即置位/复位指令应用举例

顺便提及 RS、SR 指令：①RS 复位优先锁存器，当置位和复位信号都有效时，复位信号优先，输出线圈不接通。②SR 置位优先锁存器，当置位和复位信号都有效时，置位信号优先，输出线圈接通。

7. 逻辑堆栈指令

逻辑堆栈指令在编程时，编辑器自动插入相关指令处理堆栈操作。对复杂逻辑关系进行编程时，会用到 ALD、OLD、LPS、LRD、LPP、LDS 等逻辑堆栈指令，均无须操作数。LPS 和 LPP 必须配对、连续套用不得超过 9 次，而在它们间可多次使用 LRD 指令，合理运用 LPS、LRD、LPP 指令可简化程序。

（1）栈装载与（ALD，俗称"块与"）指令

块与 ALD（And load）指令表示两个或两个以上的触点组的串联编程，执行 ALD 指令，将逻辑堆栈中的第一层和第二层的值进行逻辑与操作，结果放入栈顶（第一层），并将堆栈中的第三层至第九层的值依次上弹一层（堆栈深度减1）。

（2）栈装载或（OLD，俗称"块或"）指令

块或 OLD（Or load）指令表示两个或两个以上的触点组的并联编程，执行 OLD 指令，将逻辑堆栈中的第一层和第二层的值进行逻辑或操作，结果放入栈顶（第一层），并将堆栈中的第三层至第九层的值依次上弹一层。

栈装载与（ALD）和栈装载或（OLD）指令的操作过程如图4-8 所示。

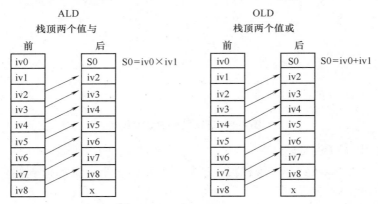

注：x表示一个不确定的值(可能是0或1)。

图 4-8　栈装载与（ALD）和栈装载或（OLD）指令的操作过程

（3）逻辑推入栈（LPS）指令

执行 LPS（Logic Push）逻辑推入栈指令，复制栈顶的值并将这个值推入栈顶，原堆栈中各层栈值依次下压一层，栈底值被推出、丢失。

（4）逻辑读栈（LRD）指令

执行 LRD（Logic Read）逻辑读栈指令，把堆栈中第二层的值复制到栈顶，堆栈没有推入栈或弹出栈操作，但原来的栈顶值被新的复制值代替。

（5）逻辑弹出栈（LPP）指令

执行 LPP（Logic POP）逻辑弹出栈指令，堆栈进行弹出栈操作，将栈顶的值弹出，原堆栈各级栈值依次上弹一级，堆栈第二级的值成为新的栈顶值。

【例4-1】 逻辑堆栈指令编程的例子1 如图4-9所示。

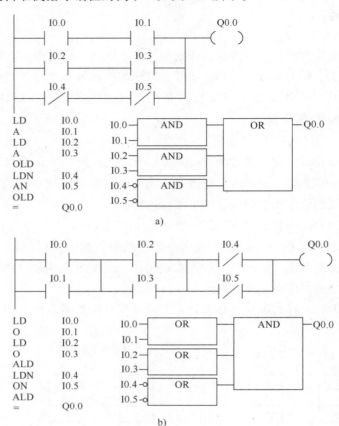

图4-9 逻辑堆栈指令编程

（6）装入堆栈（LDS）指令

执行 LDS（Load Stack）装入堆栈指令，复制堆栈中的第 n 级的值到栈顶，原堆栈各级栈值依次下压一级，栈底值丢失。

LPS、LRD、LPP、LDS 指令的堆栈操作过程如图4-10所示。

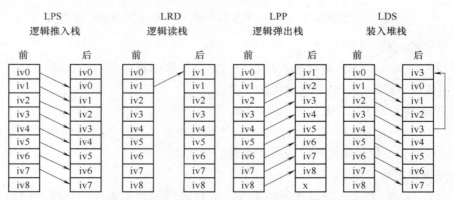

注：x表示一个不确定的值(可能为0或1)；由于执行了LPS指令，iv8丢失了。

图4-10 LPS、LRD、LPP、LDS 指令的堆栈操作过程

【例4-2】 逻辑堆栈指令编程例子2 如图4-11所示。

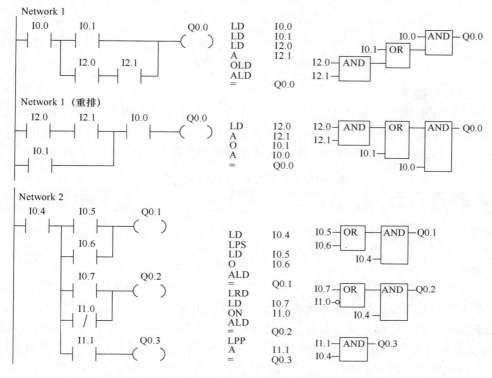

图4-11　逻辑堆栈指令编程例2

几条串联支路并联时，支路起点以 LD、LDN 开始，支路终点使用 OLD 指令；如需将多个支路并联，从第二条支路开始，在每一条支路后面加 OLD 指令；几个并联支路串联时，支路起点也以 LD、LDN 开始，支路终点用 ALD 指令，如果有多个并联支路串联，顺次以 ALD 指令与前面的支路连接，两种指令的支路数均没有限制。

8. 取非触点指令和空操作指令

取非触点指令把源操作数取反作为目标操作数输出。梯形图由一般触点串联 NOT 符号构成。语句由操作码 NOT 构成，需要和其他操作联合使用，本身没有操作数，如图4-12所示。

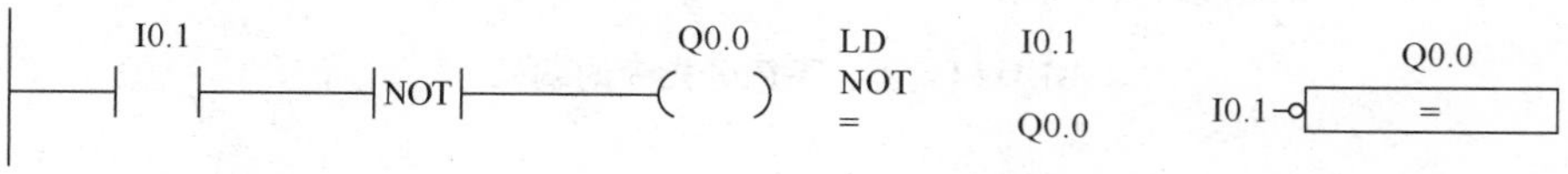

图4-12　取非触点指令编程

空操作 NOP 指令不影响程序的执行，是一条无动作、无目标元件，占用一个程序步的指令，执行后只使程序计步器 PC 加 1、占用一个机器周期。NOP 是 No Operationd 的缩写，操作数 N 是一个 0～255 间的常数。程序中加入图4-13所示的 NOP 指令可预留编程过程中需要追加指令的程序步，用于修改程序，另外 PLC 的执行程序全部清除后用 NOP 显示。

图 4-13　空操作指令

9. 微分操作指令

微分操作有上微分、下微分之分，见表 4-3。上微分梯形图由动合触点加微分符 P（Positive Transition）构成，语句表中的操作码为 EU（Edge Up）；下微分梯形图由动合触点加微分符 N（Negative Transition）构成，语句表中的操作码为 ED（Edge Down）。

表 4-3　微分操作 EU/ED 的指令格式

指 令 名 称	STL	LAD	功　能	操 作 元 件
上升沿脉冲	EU	—| P |—（　）	上升沿微分输出	无
下降沿脉冲	ED	—| N |—（　）	下降沿微分输出	无

所谓上微分是指某位操作数状态出现上升沿（由 0 变 1）时，指令输出一个 ON、宽度为扫描周期的脉冲；所谓下微分是指某位操作数状态出现下降沿（由 1 变 0）时，输出一个 ON、宽度为扫描周期的脉冲。上微分脉冲和下微分脉冲都可用来启动下一个控制程序、一个运算过程或结束一段控制等。上、下微分指令的编程如图 4-14 所示。

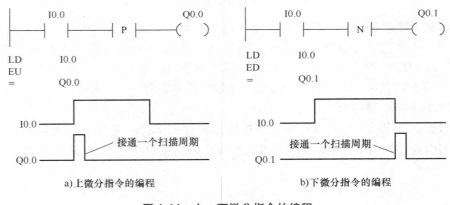

图 4-14　上、下微分指令的编程

4.1.2　定时器和计数器指令

定时器和计数器是 PLC 的重要元件，在 S7-200 PLC 中，接通延时定时器（On-Delay Timer，TON）、断开延时定时器（Off-Delay Timer，TOF）、记忆接通延时定时器（Retentive On-Delay Timer，TONR）三种定时器分布于整个 T 区；增计数器（Counter Up，CTU）、减计数器（Counter Down，CTD）、增减计数器（Counter Up/Down，CTUD）三种计数器分布于整个 C 区。

1. 定时器操作指令

定时器指令在编程中需要设置预置值以确定定时时间。程序运行中，定时器不断累计时间，直到与定时值相等，定时器发生动作，实现各种定时逻辑控制工作。S7-200 PLC 提供接通延时（TON）、断开延时（TOF）、记忆接通延时（TONR）三种定时器，分辨率（时基）也有三种，分别为 1ms、10ms、100ms。分辨率是指定时器中能够区分的最小时间增量，即精度，定时时间 T 由预置值 PT 和分辨率的乘积决定，例如设置预置值 PT = 1000，选用分辨率为 10ms，则定时时间为 $T = 10ms \times 1000 = 10s$。分辨率由定时器号（0～255）决定，见表4-4。

表4-4　定时器各类型所对应定时器号及分辨率

定时器类型	分辨率/ms	最大计时范围/s	定时器号
TONR	1	32.767	T0，T64
	10	327.67	T1～T4，T65～T68
	100	3276.7	T5～T31，T69～T95
TON、TOF	1	32.767	T32，T96
	10	327.67	T33～T36，T97～T100
	100	3276.7	T37～T63，T101～T255

定时器编号由定时器名称和常数（0～255）表示，即 Tn，如 T32。定时器有当前值和定时器位两个变量信息，当前值用于存储定时器当前所累计的时间，是一个16位（字）存储器，存储16位带符号的整数，最大计数值为32767。

接通延时定时器 TON 与断开延时定时器 TOF 分配的是相同的定时器号，表示该部分定时器号能做两种定时器使用。但要注意，同一个定时器号在一个程序中不能既作为接通延时定时器 TON，又作为断开延时定时器 TOF。

对于 TONR 和 TON，当定时器的当前值等于或大于预置值时，定时器位置1，对应定时器触点闭合；对于 TOF，当输入 IN 接通时，定时器位置1，当输入信号由高变低负跳变时启动定时器，达到预定值 PT 时，定时器位断开。

定时器梯形图由标识符（接通延时 TON/断开延时 TOF/记忆接通延时 TONR）、启动电平输入端IN、时间设定值输入端PT 和编号 Tn 构成。定时器语句表由标识符（TON/TOF/TONR）、编号 Tn 和时间设定值 PT 构成。定时器指令格式见表4-5，操作数说明见表4-6。

表4-5　定时器指令的梯形图、指令表格式

名　称	接通延时定时器	记忆接通延时定时器	断开延时定时器
定时器类型	TON	TONR	TOF
指令表	TON　Tn，PT	TONR　Tn，PT	TOF　Tn，PT
梯形图	Tn -IN　TON -PT　???ms	Tn -IN　TONR -PT　???ms	Tn -IN　TOF -PT　???ms

表4-6 定时器指令的操作数说明

输入/输出	可用操作数
Tn	编号常数（0～255）
IN	使能能流
PT	IW、QW、VW、MW、SW、SMW、LW、AIW、T、C、AC、常数、＊VD、＊AC、＊LD

三种类型定时器的工作原理分析如下：

1）接通延时定时器（TON）使能端输入有效时，定时器开始计时，当前值从0开始递增，大于或等于预置值时，定时器输出状态位置1（输出触点有效），当前值的最大值为32767；使能端无效时，定时器复位（当前值清零，输出状态位置0），如图4-15所示。

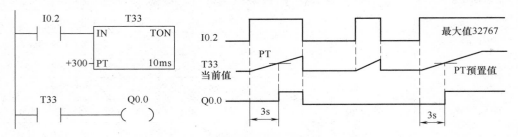

图4-15 接通延时定时器 TON 的工作原理

2）断开延时定时器（TOF）使能端（IN）输入有效时，定时器输出状态位立即置1，当前值复位；使能端断开时，开始计时，当前值从0递增，当前值达到预置值时，定时器状态位复位置0，并停止计时，当前值保持；复位后要再启动，需在允许输入端有一个负跳变（由 ON 到 OFF）的输入信号启动计时，如图4-16所示。

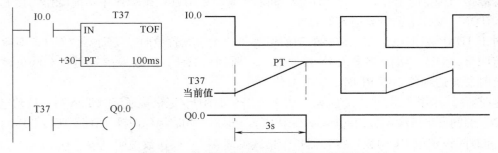

图4-16 断开延时定时器 TOF 的工作原理

3）记忆接通延时定时器（TONR）使能端（IN）输入有效时，定时器开始计时，当前值递增，当前值大于或等于预置值（PT）值，输出状态位置1；使能端输入无效时，当前值保持，使能端再次接通有效时，在原记忆值基础上递增计时；记忆接通延时定时器只能通过复位指令（R）进行复位操作，当复位线圈有效时，定时器当前值清零，定时器位断开，如图4-17所示。

不同分辨率的定时器当前值的刷新周期是不同的。1ms 或 10ms 或 100ms 分辨率定时器启动后，对 1ms 或 10ms 或 100ms 的时间间隔进行计时，每隔 1ms 或 10ms 或 100ms 刷新一次定时器位和定时器当前值，不与扫描周期同步，也就是说定时器位和定时器当前值在扫描

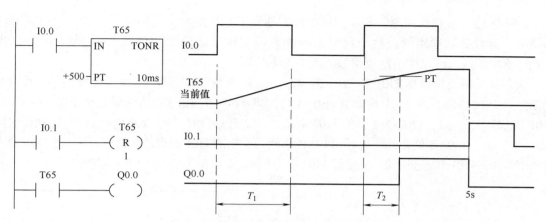

图4-17　记忆接通延时定时器 TONR 的工作原理

周期大于 1ms 或 10ms 或 100ms 的一个周期中要刷新几次。由于定时器在 1ms 或 10ms 或 100ms 内可在任何地方启动预设值必须大于最小需要时间间隔，例如使用 1ms 或 10ms 或 100ms 定时器要确保至少 56ms、140ms 或 2100ms 的时间间隔，预设值应该设为 57、15 或 22，如图 4-18 所示。

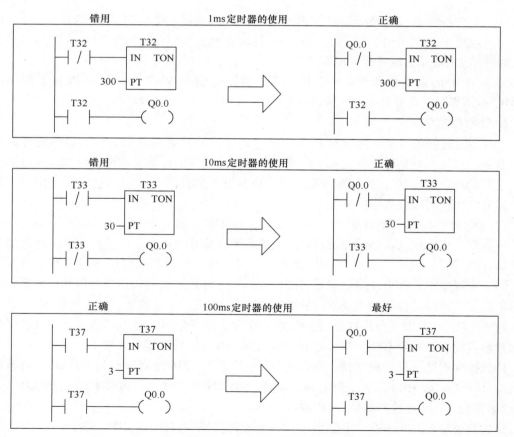

图4-18　自动触发一次定时器举例

【例 4-3】 自制脉冲源。实际应用中经常遇到需要产生一个周期确定、占空比可调的脉冲系列，这样的脉冲用两个接通延时定时器即可实现。试设计一个周期为 10s、占空比为 0.4 的脉冲系列，该脉冲的产生由输入端 I15.7 控制。

自制脉冲源由定时器 T101 和 T102 组成，如图 4-19 所示。当 I15.7 由 0 变为 1 时，因 T102 动断触点是接通的，故 T101 启动并开始计时，当 T101 当前值 PV 达到设定值 PT1（6s）时，T101 状态由 0 变为 1，T101 为 1 又使 T102 启动，T102 开始计时，当 T102 当前值 PV 达到设定值 PT2（4s）时，T102 瞬间由 0 变为 1，T102 的瞬间为 1 使得 T101 的启动信号变为 0，则 T101 的当前值 PV = 0，T101 状态变为 0，又使得 T102 变为 0，重新启动 T101 开始下一周期的运行。

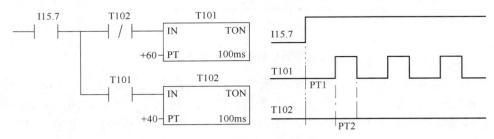

图 4-19 自制脉冲源的编程

从以上分析可知，T102 计时开始到 T102 的 PV 值达到 PT2 期间 T101 的状态为 1，这个脉冲宽度取决于 T102 的 PT 值 PT2，而 T101 计时开始到达设定值期间 T101 的状态为 0，两个定时器的 PT 值相加就是脉冲周期。

如果 T101 的设定值由 VW0 提供，T102 的设定值由 VW2 提供，就组成了周期 $T = (VW0) + (VW2)$，占空比 $\tau = (VW2)/[(VW0) + (VW2)]$ 的脉冲序列。

2. 计数器指令

定时器对时间的计量是通过对 PLC 内部时钟脉冲的计数实现的，计数器的运行原理和定时器基本相同，只是计数器是对外部或内部由程序产生的计数脉冲进行计数。计数器运行时，先要设置预置值 PV，检测输入端信号的正跳变个数作为当前值，达到预置值时，计数器状态发生动作，完成相应控制任务。

S7-200 PLC 提供了增计数器（Counter Up，CTU）、减计数器（Counter Down，CTD）、增减计数器（Counter Up/Down，CTUD）三种类型，总共 256 个。计数器编号由计数器名称和常数（0～255）组成，表示为 Cn，如 C99。三种计数器使用同样的编号，在使用时要注意，同一个程序中，每个计数器编号只能出现一次。计数器编号包括当前值和计数器位两个变量信息，当前值是存储的当前累计的脉冲数，是 16 位带符号整数，最大计数值为 32767。

对于 CTU、CTUD，当计数器当前值等于或大于预置值时，计数器位被置为 1，对应的计数器触点闭合；对于 CTD，当计数器当前值减为 0 时，计数器位才置 1。

计数器梯形图由标识符（增计数器 CTU/减计数器 CTD/增减计数器 CTUD）、计数脉冲输入端（增 CU/减 CD）、复位信号输入端 R（对增计/增减计）或装载输入端 LD（对减计）、设定值 PV 和计数器编号 Cn 构成。

计数器语句表由操作码、计数器编号 Cn 和设定值 PV 构成，即 CTU Cn，PV；CTD Cn，PV；CTUD Cn，PV。

计数器指令的梯形图、语句表归总见表 4-7；计数器指令的操作数范围见表 4-8。

表4-7　计数器指令的梯形图、语句表

名　称	增 计数器	减计数器	增减计数器
计数器类型	CTU	CTD	CTUD
语 句 表	CTU　　Cn, PV	CTD　　Cn, PV	CTUD　　Cn, PV
梯 形 图	Cn CU CTU R PV	Cn CD CTD LD PV	Cn CU CTUD CD R PV

表4-8　计数器指令的操作数

输入/输出	可用操作数
Cn	常数（0~255）
CU、CD、LD、R	能流
PV	IW、QW、VW、MW、SW、SMW、LW、AIW、T、C、AC、常数、∗VD、∗AC、∗LD

下面简单分析三种计数器的工作原理：

1）增计数器是通过获取计数输入信号的上升沿来进行加法计数的。增计数器在复位端信号为1时，计数器当前值 $SV=0$，计数器状态也为0；当复位端的号为0时，计数器可以工作，每当一个输入脉冲到来时，计数器当前值进行加1操作，即 $SV=SV+1$；若当前值大于等于设定值（$SV \geqslant PV$），计数器位变为1，再来计数脉冲时，当前值仍不断累加，直到 $SV=32767$，停止计数；直到复位信号到来，计数器 SV 值等于零，计数器位变为0。

增计数器（CTU）指令的LAD、STL和FBD应用编程如图4-20所示。

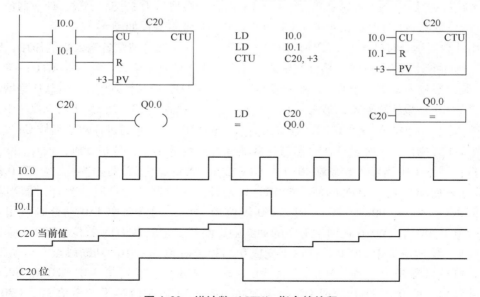

图4-20　增计数（CTU）指令的编程

2）减计数器通过获取计数输入信号的上升沿来进行减法计数。当装载输入信号为1时，计数器设定值 PV 装入当前值寄存器，此时 SV = PV，计数器位为 0；LD 端信号为 0 时，计数器开始工作，每当一个输入脉冲到来时，当前值减 1，即 SV = SV – 1，直到 SV = 0 时，计数器位变为 1，停止计数；若 LD 端又变为 1，再次装入 PV 值，计数器位变为 0，重新计数。

减计数器（CTD）指令的 LAD、STL 和 FBD 应用编程如图 4-21 所示。

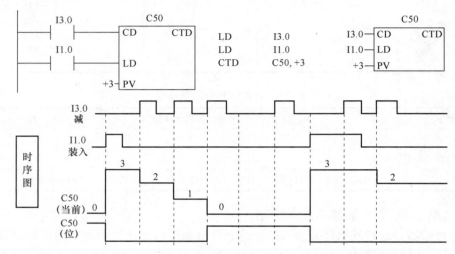

图 4-21　减计数器（CTD）指令的 LAD、FBD 和 STL 应用编程

3）增减计数器具有加计数与减计数两个输入端，通过获取对应计数输入信号的上升沿，进行加法、减法计数。增减计数器在复位端信号为 1 时，当前值 SV = 0，计数器位也为 0；当复位端信号为 0 时，计数器可以工作；每来一个增计数脉冲，SV 值就加 1，直到 SV = 32767，每来一个减计数脉冲，SV 值就减 1，当 SV≥PV 时，计数器位为 1，SV < PV，计数器位为 0。

增/减计数器（CTUD）指令的 LAD、FBD 和 STL 应用编程如图 4-22 所示。

应用计数器指令时应注意：①使用语句表编程时，一定要分清楚各输入端的作用，顺序不能颠倒。例如增计数第一个 LD 是计数输入，第二个 LD 是复位输入，然后是 CTU；减计数第一个 LD 是计数输入，第二个 LD 是装载输入，然后是 CTD；增减计数器第一个 LD 是增计数输入、第二个 LD 是减计数输入，第三个 LD 是复位输入，然后是 CTUD。②在用户程序中，既可访问计数器位（BOOL），又可访问计数器当前值（WORD），都是通过计数器编号 Cn 实现。

【例4-4】　图 4-23 所示是计时器与计数器综合应用的例子，分析并画出时序图。

分析：网络 1 中当输入控制端 I0.0 由 OFF 变成 ON 时，能流通过它并流经 M0.0 动断触点（M0.0 未启动）到达 TON 的使能端 IN，接通延时定时器开始计时，当计时器当前值等于设定值 300（300×100ms = 30s）时，T50 置位为"1"；网络 2 中 T50 动合触点闭合，启动中间继电器 M0.0，M0.0 在网络 1 中的动断触点断开，定时器 TON 复位，T50（位）旋即由 1 变成 0，使网络 2 中 M0.0 旋即由 1 变成 0，M0.0 在网络 1 中的动断触点又启动 TON 重新计时，可见只要 I0.0 存在，M0.0 每隔 30s 产生一个正脉冲；网络 3 中 C20 对 M0.0 产生的正脉冲计数，I0.0 由 OFF 变成 ON 后第 300s 时，C20 当前值等于设定值 10，C20（位）由 0 变成 1；若 I0.0 由 ON 变 OFF，则其在网络 1 中的动合触点断开使 T50 复位、在网络 3 中的动断触点接通使 C20 复位为 0。根据这一分析画出时序图如图 4-24 所示。

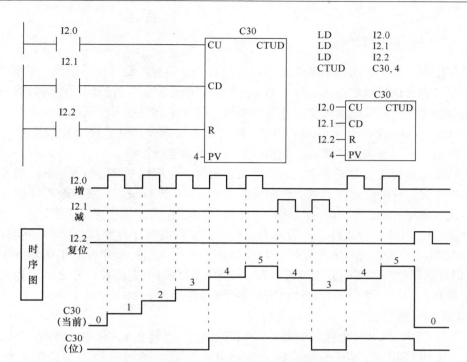

图4-22 增/减计数器（CTUD）指令的 LAD、FBD 和 STL 应用编程

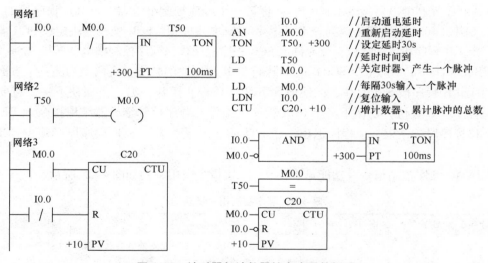

图4-23 计时器与计数器综合应用的例子

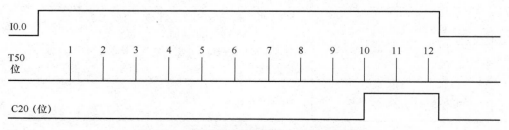

图4-24 计时器与计数器综合应用之时序图

4.1.3　顺序控制继电器指令

在工业控制工程中，用梯形图或语句表的一般指令编程，程序简洁但需一定编程技巧，特别是工艺过程比较复杂的控制系统，如一些顺序控制过程，各过程间的逻辑关系、内部连锁关系复杂，梯形图冗长，通常要由熟练的电气工程师才能编制出控制程序。此时，利用顺序功能图（Sequential Function Chart，SFC）语言来编制顺序控制程序会比较简单。所谓顺序控制，是使生产过程按工艺要求事先安排的顺序自动进行控制。

顺序功能图编程语言是基于工艺流程的高级语言，顺序控制继电器（SCR）指令是基于SFC的编程方式。它依据被控对象的顺序功能图（SFC）进行编程，将控制程序进行逻辑分段，从而实现顺序控制。用SCR指令编制的顺序控制程序清晰、直观、明了，统一性强。

各种型号的PLC编程软件，一般都为用户提供了一些顺序控制指令。S7-200 PLC的编程软件有LSCR、SCRT、SCRE三条顺序控制继电器指令，结合顺序控制继电器S（称状态元件），即可用顺序功能图的方法进行编程。应用可以是对单支流程、分支流程和选择性分支流程的控制，用顺控指令编程允许线圈的多重输出。

1. SCR 指令的功能

SCR指令包括LSCR（程序段开始）、SCRT（程序段转换）、SCRE（程序段结束）指令，从LSCR到SCRE的所有指令组成一个SCR程序段，并对应顺序功能图中的一个顺序步。

装载顺序控制继电器指令LSCR S_bit标记一个顺序控制继电器（SCR）程序段的开始，把S位（例如S0.1）的值装载到SCR堆栈和逻辑堆栈栈顶。SCR堆栈值决定该SCR段是否执行，当SCR程序段S位置位，就允许该SCR程序段工作。顺序控制继电器转换（Sequential Control Relay Transition）指令SCRT S_bit执行SCR程序段的转换，有两个功能：一方面使当前激活的SCR程序段S位复位，以使该SCR程序段停止工作；另一方面使下一个将要执行的SCR程序段S置位，以便下一个SCR程序段工作。顺序控制继电器结束指令SCRE表示一个SCR程序段的结束，使程序退出一个激活的SCR程序段，SCR程序段必须由SCRE指令结束。

SIMATIC顺序控制指令及功能见表4-9，SCR指令应用举例如图4-25所示。

表4-9　顺序控制指令及功能

梯形图（LAD）	语句表（STL）	说　明	数据类型及操作数
开始　S bit SCR	LSCR　S_bit	LSCR指令标记一个顺序控制继电器（SCR）段开始。当输入为"1"时，允许该SCR段工作	Bool, S
转移　S bit （SCRT）	SCRT　S_bit	SCET指令执行SCE段的转移，当输入为"1"时，对下一个SCR使能位（S位）置位，同时对本SCR使能位（S位）复位，使本SCR段停止工作	Bool, S
结束　（SCRE）	SCRE	SCRE指令标示一个SCR段结束	

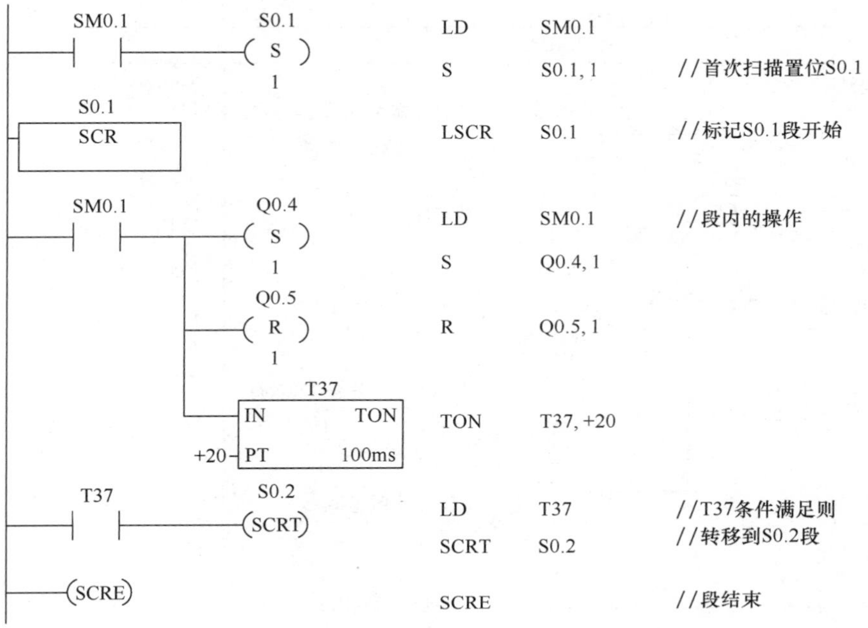

图 4-25　SCR 指令应用举例

2. 使用 SCR 指令的限制

同地址的 S 位不可用于不同的程序分区，例如 S0.5 不可同时用于主程序和子程序中；在 SCR 段中不能使用 JMP、LBL、FOR、NEXT、END 指令，但可在 SCR 段外使用 JMP、LBL 指令。

3. SCR 指令的应用

SCR 指令应用可以是对单支流程、分支流程和选择性分支流程的控制，用顺控指令编程允许线圈的多重输出。

（1）单支流程的控制

顺序控制继电器指令（SCR）在应用中，每一个状态（即每一顺序步）由三个要素组成，即①驱动输出，即这一步要做什么；②转移条件，即满足该条件时退出这一步；③转移目标，即下一步状态是什么。

【例 4-5】　顺序控制继电器指令（SCR）的单支流程控制的应用，十字路口交通灯梯形图及语句表部分程序如图 4-26 所示。

特殊存储器位 SM0.0 始终为"1"，SM0.1 在程序首次扫描时为 1。初始脉冲 SM0.1 在开机后首次扫描周期将顺序控制继电器（状态）S0.1 置位（激活），这是第一步。在第一步中，要求驱动输出：置位 Q0.4、复位 Q0.5 和 Q0.6；工作时间为 2s，由定时器 T37 计时。当 2s 时间到，即转移条件满足，将 S0.2 置位、原状态 S0.1 复位，从而转移到第二步。在第二步中，要求驱动输出：置位 Q0.2；工作时间 25s，由定时器 T38 计时。当 25s 时间到，转移到第三步：置位 S0.3，将原状态 S0.2 复位。

对于上述程序，可画出其对应的状态转移图（即每一个状态起动的条件和所要完成的任务）如图 4-27 所示。

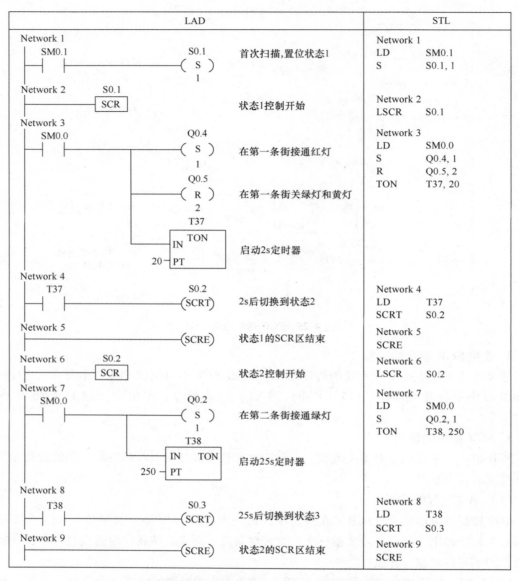

图 4-26　顺序控制继电器指令（SCR）单支流程控制的应用

（2）分支流程的控制

1）顺序控制状态流的分支。在实际应用中，常将一个顺序控制状态流分成两个或多个不同分支控制状态流。当一个控制状态流分离成多个分支时，所有分支控制状态流必须同时激活。在同一转移条件允许下，使用多条 SCRT（状态转移）指令，可在一段 SCR 程序中实现控制流分支，如图 4-28 所示。其示例如图 4-29 所示。

图中当 M3.2 和 I2.2 均为"1"时，原状态 S3.4 被分离成状态 S3.5 和 S6.5，即状态 M 和 N 同时被激活，同时停止原状态 L 的工作。

2）顺序控制状态流的合并。当多个（并行）控制流产生类似结果时，应重新汇合，称

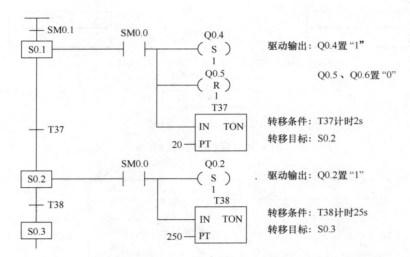

图4-27　顺序控制继电器指令（SCR）单支流程控制状态转移图

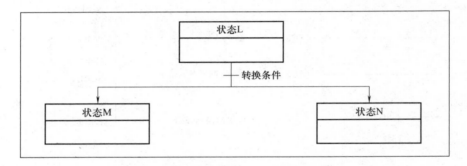

图4-28　控制状态流的分支

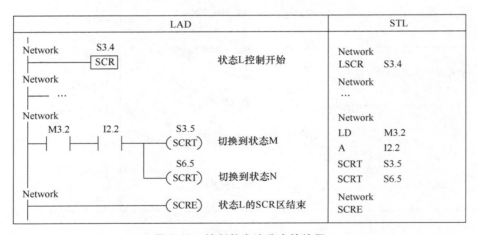

图4-29　控制状态流分支的编程

为控制状态流的合并。在合并控制流时，所有的控制流必须都是已完成的。此时，当转移条件满足，才能转去执行下一个状态，如图4-30所示。其示例如图4-31所示。

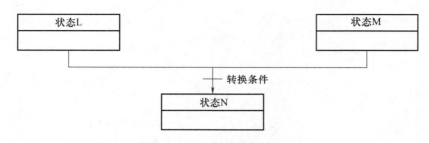

图 4-30 控制状态流的合并

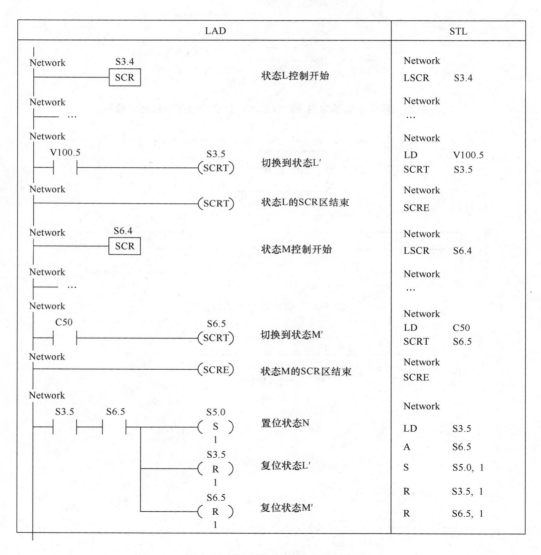

图 4-31 控制状态流合并的编程

在此示例中，通过从状态 L 转移到状态 L′，从状态 M 转移到状态 M′的方法实现状态流的合并。当状态 L′和 M′的 SCR 使能位为"1"时，即可激活状态 N。

（3）选择性分支流程（条件转换）的控制

在有些情况下，一个控制状态流可以转入多个可能的控制状态流中的某一个，到底进入哪一个，取决于控制状态流前面的转移条件，哪一个条件首先为真，即转入该控制流，此即为条件转换，如图4-32所示。对应的SCR程序示例如图4-33所示。

图4-32　选择性分支流程（条件转换）的控制

LAD		STL
Network　S3.4 ―［ SCR ］　状态L控制开始 Network ―　… Network M3.2　S3.5 ―| |―（SCRT）　转换到状态M Network I3.3　S6.5 ―| |―（SCRT）　转换到状态N Network ―（SCRE）　状态L的SCR区结束		Network LSCR　S3.4 Network 　… Network LD　M3.2 SCRT　S3.5 Network LD　I3.3 SCRT　S6.5 Network SCRE

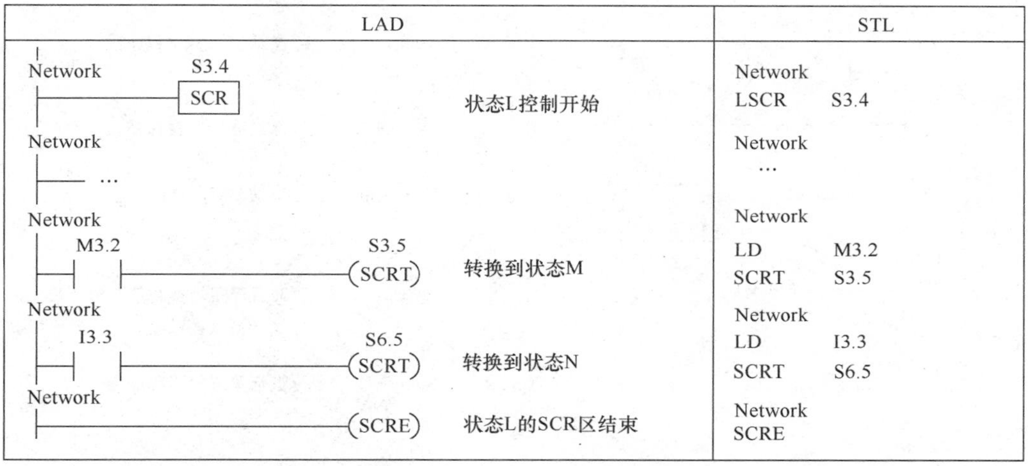

图4-33　选择性分支流程（条件转换）的SCR程序

在图4-33中，当条件满足M3.2="1"时，转移到状态M；当条件满足I3.3="1"时，则转移到状态N，一旦转移，即关闭原状态L。

重申一下：在使用SCR指令时，不能把同一个S位用于不同的程序中。比如，在主程序中用了S0.1，在子程序中就不能再使用此地址。

【例4-6】　根据舞台灯光效果的要求控制红、绿、黄三色灯。要求：红灯先亮，2s后绿灯亮，再过3s后黄灯亮。待红、绿、黄灯全亮3min后，全部熄灭。试用SCR指令设计其控制程序，如图4-34所示。

【例4-7】　使用传送带将大小球分类。大小球分拣传送机械示意图如图4-35所示，图中的左上角为机械原点，其动作顺序为：下降→吸球→上升→右行→下降→释放→上升→左行返回。另外，机械臂下降（设定下降时间为2s）时，当电磁铁压着大球时，下限开关LS2断开，压着小球时LS2接通。

下面，分别用S7-200 PLC的顺序控制指令和基本指令对该例进行编程。顺控指令在该例中是选择性分支和汇合流程的典型应用。

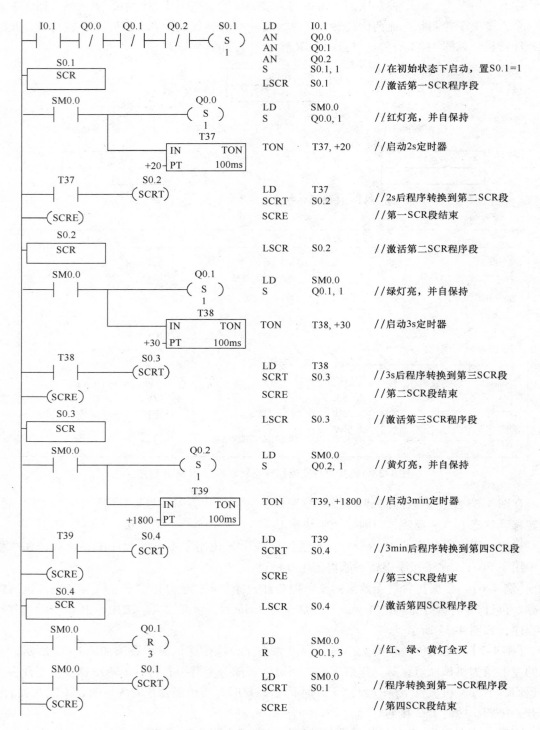

LD	I0.1
AN	Q0.0
AN	Q0.1
AN	Q0.2
S	S0.1, 1 //在初始状态下启动，置S0.1=1
LSCR	S0.1 //激活第一SCR程序段
LD	SM0.0
S	Q0.0, 1 //红灯亮，并自保持
TON	T37, +20 //启动2s定时器
LD	T37
SCRT	S0.2 //2s后程序转换到第二SCR段
SCRE	//第一SCR段结束
LSCR	S0.2 //激活第二SCR程序段
LD	SM0.0
S	Q0.1, 1 //绿灯亮，并自保持
TON	T38, +30 //启动3s定时器
LD	T38
SCRT	S0.3 //3s后程序转换到第三SCR段
SCRE	//第二SCR段结束
LSCR	S0.3 //激活第三SCR程序段
LD	SM0.0
S	Q0.2, 1 //黄灯亮，并自保持
TON	T39, +1800 //启动3min定时器
LD	T39
SCRT	S0.4 //3min后程序转换到第四SCR段
SCRE	//第三SCR段结束
LSCR	S0.4 //激活第四SCR程序段
LD	SM0.0
R	Q0.1, 3 //红、绿、黄灯全灭
LD	SM0.0
SCRT	S0.1 //程序转换到第一SCR程序段
SCRE	//第四SCR段结束

图 4-34　舞台灯光 SCR 指令编程

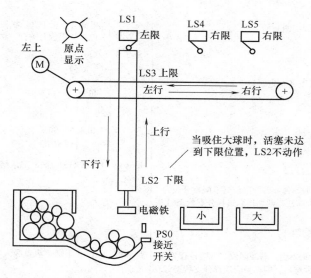

图4-35 大小球分拣及传送机械示意图

用顺序控制指令编程的过程如下：

1）I/O编址，见表4-10。

表4-10 大小球分拣及传送控制系统顺序控制指令编程 I/O 编址

输　　入	输　　出	顺 控 元 件
I0.0——启动	Q0.0——下降	
I0.1——左限 LS1	Q0.1——吸盘	S0.1 ~ S0.6
I0.2——下限 LS2	Q0.2——上升	
I0.3——上限 LS3	Q0.3——右移	分支顺控
I0.4——右限（小球）LS4	Q0.4——左移	S1.0 ~ S1.1
I0.5——右限（大球）LS5	Q0.5——原位显示	S2.0 ~ S2.1

2）梯形图，如图4-36所示。

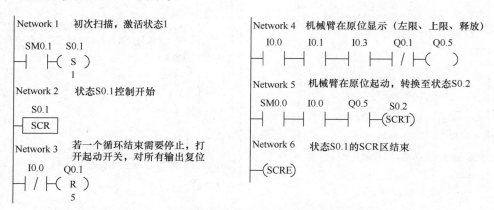

图4-36 大小球分拣及传送控制系统 SCR 指令编程

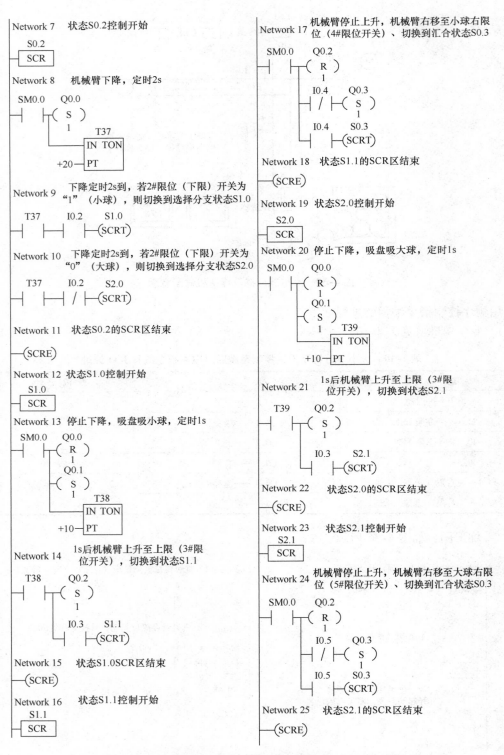

Network 7　状态S0.2控制开始

S0.2
SCR

Network 8　机械臂下降，定时2s

SM0.0　Q0.0
(S)
1
T37
IN TON
+20 — PT

Network 9　下降定时2s到，若2#限位（下限）开关为
"1"（小球），则切换到选择分支状态S1.0

T37　I0.2　S1.0
(SCRT)

Network 10　下降定时2s到，若2#限位（下限）开关为
"0"（大球），则切换到选择分支状态S2.0

T37　I0.2　S2.0
/ (SCRT)

Network 11　状态S0.2的SCR区结束

(SCRE)

Network 12　状态S1.0控制开始

S1.0
SCR

Network 13　停止下降，吸盘吸小球，定时1s

SM0.0　Q0.0
(R)
1
Q0.1
(S)
1
T38
IN TON
+10 — PT

Network 14　1s后机械臂上升至上限（3#限
位开关），切换到状态S1.1

T38　Q0.2
(S)
1
I0.3　S1.1
(SCRT)

Network 15　状态S1.0SCR区结束

(SCRE)

Network 16　状态S1.1控制开始
S1.1
SCR

Network 17　机械臂停止上升，机械臂右移至小球右限
位（4#限位开关）、切换到汇合状态S0.3

SM0.0　Q0.2
(R)
1
I0.4　Q0.3
/ (S)
1
I0.4　S0.3
(SCRT)

Network 18　状态S1.1的SCR区结束

(SCRE)

Network 19　状态S2.0控制开始

S2.0
SCR

Network 20　停止下降，吸盘吸大球，定时1s

SM0.0　Q0.0
(R)
1
Q0.1
(S)
1
T39
IN TON
+10 — PT

Network 21　1s后机械臂上升至上限（3#限
位开关），切换到状态S2.1

T39　Q0.2
(S)
1
I0.3　S2.1
(SCRT)

Network 22　状态S2.0的SCR区结束

(SCRE)

Network 23　状态S2.1控制开始
S2.1
SCR

Network 24　机械臂停止上升，机械臂右移至大球右限
位（5#限位开关）、切换到汇合状态S0.3

SM0.0　Q0.2
(R)
1
I0.5　Q0.3
/ (S)
1
I0.5　S0.3
(SCRT)

Network 25　状态S2.1的SCR区结束

(SCRE)

图 4-36　大小球分拣及传送控制系统 SCR 指令编程（续）

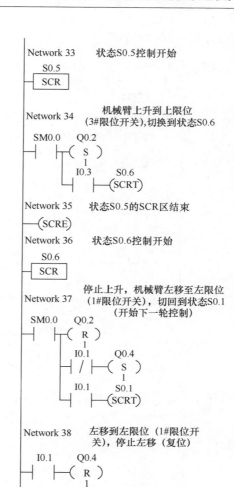

Network 26　汇合状态S0.3控制开始

S0.3
SCR

Network 27　停止右移，机械臂下降至下限位
（2#限位开关），切换到状态S0.4

SM0.0　　Q0.3
　　　　　（R）
　　　　　　1
　　　　　Q0.0
　　　　　（S）
　　　　　　1
　　　　　I0.2　　S0.4
　　　　　　　　（SCRT）

Network 28　状态S0.3的SCR区结束

（SCRE）

Network 29　状态S0.4控制开始

S0.4
SCR

Network 30　机械臂停止下降，释放大
小球，释放时间定时1s

SM0.0　　Q0.0
　　　　　（R）
　　　　　　1
　　　　　Q0.1
　　　　　（R）
　　　　　　1　　T40
　　　　　　　IN TON
　　　　+10─PT

Network 31　释放完毕，切换到状态S0.5

T40　　S0.5
　　　（SCRT）

Network 32　状态S0.4的SCR区结束

（SCRE）

Network 33　状态S0.5控制开始

S0.5
SCR

Network 34　机械臂上升到上限位
（3#限位开关），切换到状态S0.6

SM0.0　　Q0.2
　　　　　（S）
　　　　　　1
　　　　　I0.3　　S0.6
　　　　　　　　（SCRT）

Network 35　状态S0.5的SCR区结束

（SCRE）

Network 36　状态S0.6控制开始

S0.6
SCR

Network 37　停止上升，机械臂左移至左限位
（1#限位开关），切回到状态S0.1
（开始下一轮控制）

SM0.0　　Q0.2
　　　　　（R）
　　　　　　1
　　　　　I0.1　　Q0.4
　　　　　─/─　（S）
　　　　　　　　　1
　　　　　I0.1　　S0.1
　　　　　　　　（SCRT）

Network 38　左移到左限位（1#限位开
关），停止左移（复位）

I0.1　　Q0.4
　　　　（R）
　　　　　1

Network 39　状态S0.6的SCR区结束

（SCRE）

图4-36　大小球分拣及传送控制系统 SCR 指令编程（续）

用基本指令编程的过程如下：

1）I/O 编址，见表4-11。

表4-11　大小球分拣及传送控制系统基本指令编程 I/O 编址

输　　入	输　　出	中间继电器
I0.0——启动	Q0.0——下降	M0.0
I0.1——左限 LS1	Q0.1——吸盘	M1.0
I0.2——下限 LS2	Q0.2——上升	M2.0
I0.3——上限 LS3	Q0.3——右移	M3.0
I0.4——右限（小球）LS4	Q0.4——左移	
I0.5——右限（大球）LS5	Q0.5——原位显示	
I1.0——关闭		

2）梯形图，如图 4-37 所示。

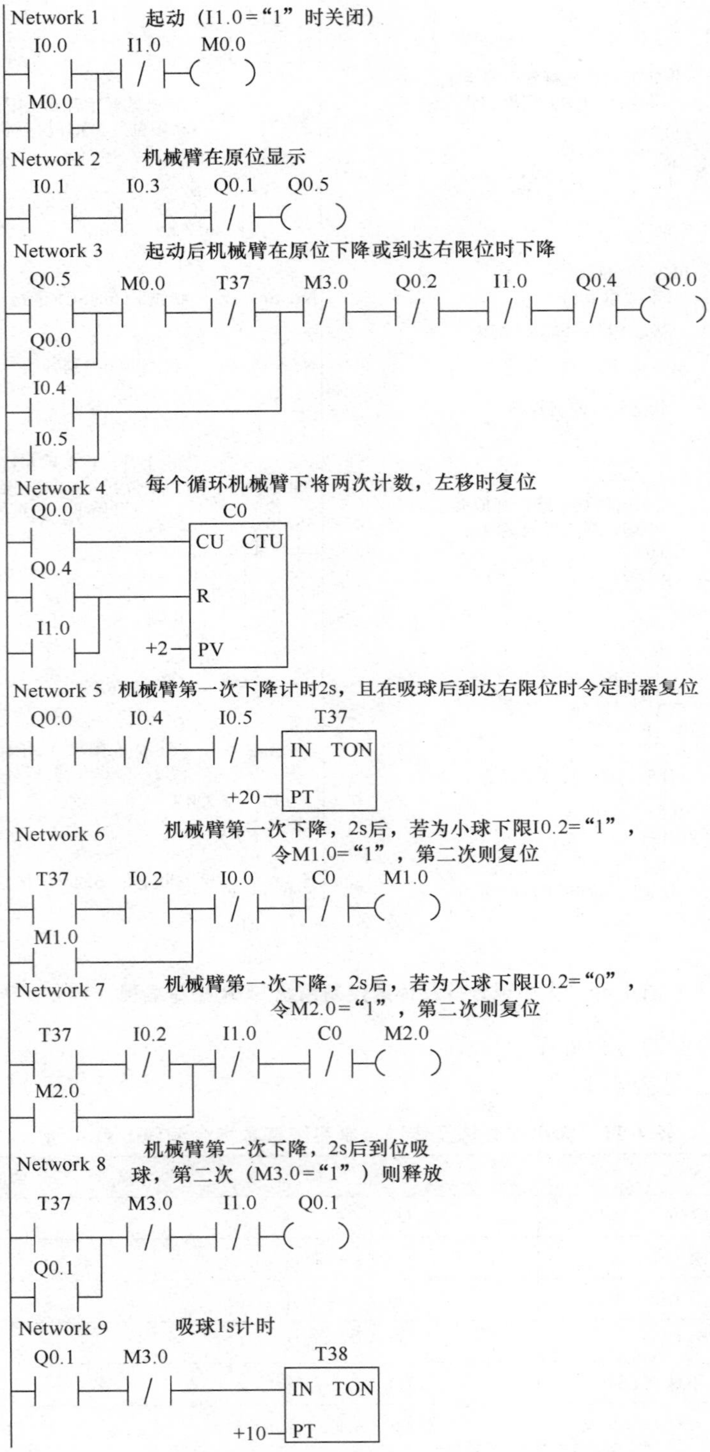

Network 1   起动（I1.0＝"1"时关闭）
```
   I0.0     I1.0     M0.0
   ─┤├──────┤/├─────(   )
   M0.0
   ─┤├─
```

Network 2   机械臂在原位显示
```
   I0.1     I0.3     Q0.1     Q0.5
   ─┤├──────┤├──────┤├──────┤/├──(   )
```

Network 3   起动后机械臂在原位下降或到达右限位时下降
```
   Q0.5   M0.0   T37    M3.0   Q0.2   I1.0   Q0.4   Q0.0
   ─┤├────┤├─────┤├──┬──┤/├───┤/├────┤/├────┤/├───(   )
   Q0.0              │
   ─┤├──             │
   I0.4              │
   ─┤├───────────────┘
   I0.5
   ─┤├─
```

Network 4   每个循环机械臂下将两次计数，左移时复位
```
   Q0.0          C0
   ─┤├────┬───CU  CTU
   Q0.4   │
   ─┤├────┘
   I1.0        R
   ─┤├─────────
          +2──PV
```

Network 5   机械臂第一次下降计时2s，且在吸球后到达右限位时令定时器复位
```
   Q0.0   I0.4   I0.5        T37
   ─┤├────┤/├────┤/├──────IN  TON
                     +20──PT
```

Network 6   机械臂第一次下降，2s后，若为小球下限I0.2＝"1"，
              令M1.0＝"1"，第二次则复位
```
   T37    I0.2   I0.0   C0     M1.0
   ─┤├──┬─┤├─────┤/├────┤/├───(   )
   M1.0 │
   ─┤├──┘
```

Network 7   机械臂第一次下降，2s后，若为大球下限I0.2＝"0"，
              令M2.0＝"1"，第二次则复位
```
   T37    I0.2   I1.0   C0     M2.0
   ─┤├──┬─┤/├────┤/├────┤/├───(   )
   M2.0 │
   ─┤├──┘
```

Network 8   机械臂第一次下降，2s后到位吸
              球，第二次（M3.0＝"1"）则释放
```
   T37    M3.0   I1.0   Q0.1
   ─┤├──┬─┤/├────┤/├───(   )
   Q0.1 │
   ─┤├──┘
```

Network 9   吸球1s计时
```
   Q0.1   M3.0               T38
   ─┤├────┤/├──────────IN  TON
                    +10──PT
```

图 4-37　大小球分拣及传送控制系统基本指令编程

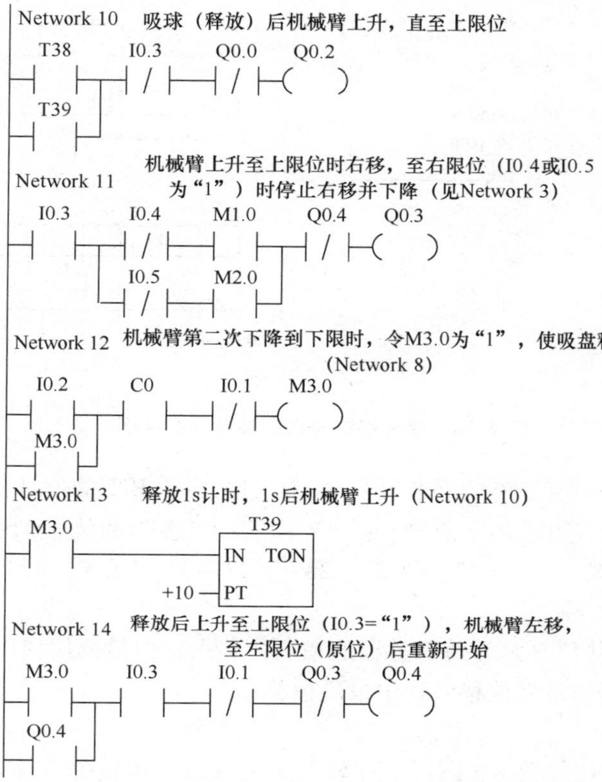

Network 10　吸球（释放）后机械臂上升，直至上限位

T38　　I0.3　　Q0.0　　Q0.2

T39

Network 11　机械臂上升至上限位时右移，至右限位（I0.4或I0.5
　　　　　　　为"1"）时停止右移并下降（见Network 3）

I0.3　　I0.4　　M1.0　　Q0.4　　Q0.3

I0.5　　M2.0

Network 12　机械臂第二次下降到下限时，令M3.0为"1"，使吸盘释放
　　　　　　　　　　　　　　（Network 8）

I0.2　　C0　　I0.1　　M3.0

M3.0

Network 13　释放1s计时，1s后机械臂上升（Network 10）

M3.0　　　　　　T39
　　　　　　IN　TON
　　+10—PT

Network 14　释放后上升至上限位（I0.3="1"），机械臂左移，
　　　　　　　　至左限位（原位）后重新开始

M3.0　　I0.3　　I0.1　　Q0.3　　Q0.4

Q0.4

图4-37　大小球分拣及传送控制系统基本指令编程（续）

比较两种指令的程序可以看出，顺序控制指令编程工艺过程清楚、结构层次明确、逻辑简单、各动作按控制状态依次完成，且允许双重或多重输出，但程序冗长，需 39 个"Network"；而用基本指令编程，逻辑关系比较复杂，需要一定的编程技巧，但程序简洁紧凑，仅需 14 个"Network"便可实现。

4.1.4　移位寄存器指令和比较操作指令

1. 移位寄存器指令

移位寄存器指令梯形图由操作符（SHRB）、自定义移位使能信号（EN）、移入数值（DATA）、起始位（S_BIT）、移位长度 N 和方向构成。每次使能输入有效时，整个移位寄存器移动 1 位。指令中指定的长度 N，没有字节型、字型、双字型之分，最大值为 64 位，可正可负。语句表由操作码（SHRB）、移入数值（DATA）、起始位（S_BIT）、移位长度 N 和方向构成，即 SHRB DATA, S_BIT, N。

移位寄存器指令用来进行顺序控制、物流及数据流控制。当自定义移位条件满足时，位数据 DATA 填入移位寄存器移位的最低位（S_BIT），移位长度为 N 的绝对值、移位方向为 N 的符号，每次移一位，第 N 位溢出到 SM1.1 中。图 4-38 为移位寄存器指令编程及时序图。

移位寄存器的最低位由 S_BIT 决定，最高位 MSB. b 可由最低位 S_BIT 和长度 N 决定。

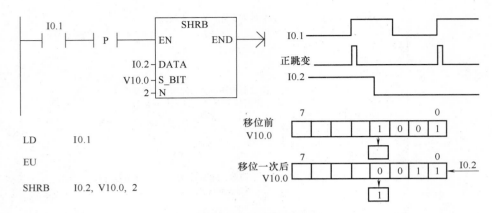

图 4-38 移位寄存器指令编程及时序图

MSB.b 的字节号 = $\{$(S_BIT 的字节号) + [(N−1) + (S_BIT 的位号)]/8$\}$ 的商；

MSB.b 的位号 = $\{$(S_BIT 的字节号) + [(N−1) + (S_BIT 的位号)]/8$\}$ 的余数。

例如，S_BIT = V28.3，N = 27，计算 [28 + (27 − 1 + 3)/8] = 31 余 5，故 MSB.b = V31.5。

当 N < 0 时为反向移位（从移位寄存器的最高位移入，由最低位移出）；当 N > 0 时为正向移位（从移位寄存器的最低位移入，由最高位移出）。

2. 比较指令

比较指令梯形图由比较数 1（IN1）、比较数 2（IN2）、比较关系符和比较触点构成。语句表由比较操作码（LD/A/O + B/W/D/R）、比较关系符（=、>、<、< >、> =、< =）、比较数 1（IN1）和比较数 2（IN2）构成，共有 $C_3^1 \times C_4^1 \times C_6^1 = 72$ 种语句。

当梯形图中比较数 1 和比较数 2 的关系符合比较关系符的条件时，比较触点就闭合，否则比较触点断开。换言之，比较触点相当于一个有条件的动合触点，当比较关系成立时，触点闭合；不成立时，触点断开。语句表中比较触点使用 LD 指令时，比较条件成立则将堆栈栈顶置 1，使用 A/O 指令时，比较条件成立则在堆栈栈顶执行 AND/OR 操作，并将结果放入栈顶。各类比较指令见表 4-12。

表 4-12 各类比较指令

	字 节 比 较	整 数 比 较	双字整数比较	实 数 比 较
LAD （只给出了 "等于"比 较关系）	IN1 —| ==B |— IN2	IN1 —| == I |— IN2	IN1 —| ==D |— IN2	IN1 —| ==R |— IN2
STL	LDB = IN1, IN2 AB = IN1, IN2 OB = IN1, IN2	LDW = IN1, IN2 AW = IN1, IN2 OW = IN1, IN2	LDD = IN1, IN2 AD = IN1, IN2 OD = IN1, IN2	LDR = IN1, IN2 AR = IN1, IN2 OR = IN1, IN2
	LDB < > IN1, IN2 AB < > IN1, IN2 OB < > IN1, IN2	LDW < > IN1, IN2 AW < > IN1, IN2 OW < > IN1, IN2	LDD < > IN1, IN2 AD < > IN1, IN2 OD < > IN1, IN2	LDR < > IN1, IN2 AR < > IN1, IN2 OR < > IN1, IN2

（续）

	字节比较	整数比较	双字整数比较	实数比较
STL	LDB > =　IN1，IN2 AB > =　IN1，IN2 OB > =　IN1，IN2	LDW > =　IN1，IN2 AW > =　IN1，IN2 OW > =　IN1，IN2	LDD > =　IN1，IN2 AD > =　IN1，IN2 OD > =　IN1，IN2	LDR > =　IN1，IN2 AR > =　IN1，IN2 OR > =　IN1，IN2
	LDB < =　IN1，IN2 AB < =　IN1，IN2 OB < =　IN1，IN2	LDW < =　IN1，IN2 AW < =　IN1，IN2 OW < =　IN1，IN2	LDD < =　IN1，IN2 AD < =　IN1，IN2 OD < =　IN1，IN2	LDR < =　IN1，IN2 AR < =　IN1，IN2 OR < =　IN1，IN2
	LDB >　IN1，IN2 AB >　IN1，IN2 OB >　IN1，IN2	LDW >　IN1，IN2 AW >　IN1，IN2 OW >　IN1，IN2	LDD >　IN1，IN2 AD >　IN1，IN2 OD >　IN1，IN2	LDR >　IN1，IN2 AR >　IN1，IN2 OR >　IN1，IN2
	LDB <　IN1，IN2 AB <　IN1，IN2 OB <　IN1，IN2	LDW <　IN1，IN2 AW <　IN1，IN2 OW <　IN1，IN2	LDD <　IN1，IN2 AD <　IN1，IN2 OD <　IN1，IN2	LDR <　IN1，IN2 AR <　IN1，IN2 OR <　IN1，IN2

比较指令操作数范围如下：

① 字节比较 IN1/IN2：IB、QB、MB、SMB、VB、SB、LB、AC、常数、*VD、*AC、*LD。

② 字比较 IN1/IN2：IW、QW、MW、SMW、T、C、VW、LW、AIW、AC、常数、*VD、*AC、*LD。

③ 双字比较 IN1/IN2：ID、QD、MD、SMD、VD、LD、HC、AC、常数、*VD、*AC、*LD。

④ 实数比较 IN1/IN2：ID、QD、MD、SMD、VD、LD、AC、常数、*VD、*AC、*LD。

【例 4-8】 调整模拟电位器，改变 SMB10 字节数值，当 SMB10 的数值小于或等于 50 时，Q0.0 输出，状态指示灯打开；当 SMB10 数值大于或等于 150 时，Q0.1 输出，状态指示灯打开。梯形图程序和语句表程序如图 4-39 所示。

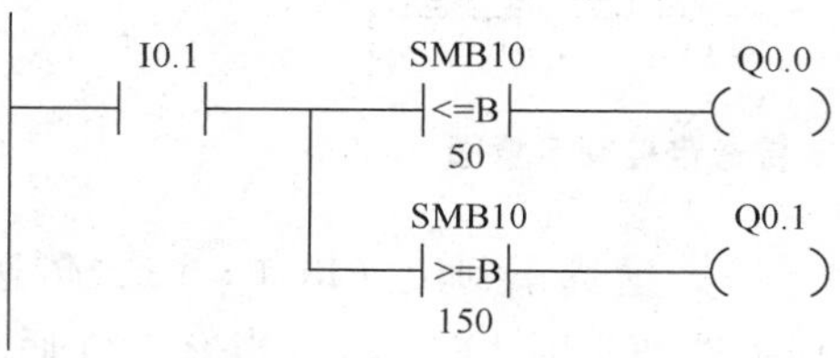


```
LD      I0.1
LPS
AB<=    SMB10, 50
=       Q0.0
LPP
AB>=    SMB10, 150
=       Q0.1
```

图 4-39　模拟电位器改变 SMB10 以控制状态指示灯 Q0.0、Q0.1

【例 4-9】 应用比较指令控制要求：某自动仓库存放某种货物，需对所存的货物进出计数。货物多于 1000 箱，灯 L1 亮；货物多于 5000 箱，灯 L2 亮。其中，L1 和 L2 分别受 Q0.0 和 Q0.1 控制，数值 1000 和 5000 分别存储在 VW22 和 VW32 字存储单元中。其梯形图和语句表程序如图 4-40 所示。

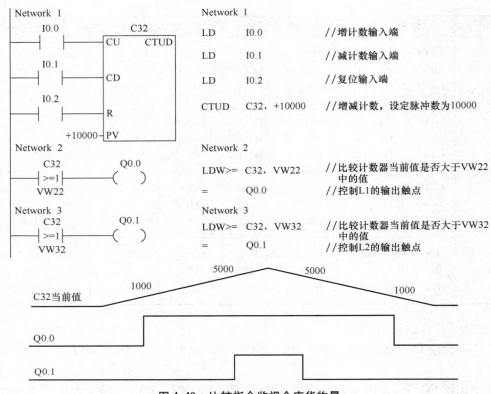

Network 1

LD	I0.0	//增计数输入端
LD	I0.1	//减计数输入端
LD	I0.2	//复位输入端
CTUD	C32，+10000	//增减计数，设定脉冲数为10000

Network 2

LDW>= C32，VW22   //比较计数器当前值是否大于VW22
                    中的值
=   Q0.0   //控制L1的输出触点

Network 3

LDW>= C32，VW32   //比较计数器当前值是否大于VW32
                    中的值
=   Q0.1   //控制L2的输出触点

图 4-40 比较指令监视仓库货物量

【例 4-10】 完成如图 4-41 所示进行传送带控制的设计。

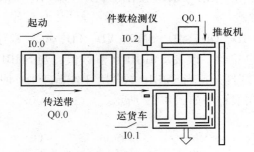

图 4-41 传送带控制示意图

1）控制要求：起动开关闭合（I0.0 = 1），运货车到位（I0.1 = 1），传送带（由 Q0.0 控制）开始传送工件，件数检测仪在没有工件通过时 I0.2 = 1，当有工件通过时 I0.2 = 0。当件数检测仪检测到 3 个工件时，推板机（由 Q0.1 控制）推动工件到运货车，此时传送带停止传送，当工件到达运货车（行程可由时间控制）时推板返回，传送带又开始传送，计数器复位，并准备重新计数。运货车的控制过程暂不考虑。

2）程序设计如下：

主程序·OB1·

Network 1   //传送带起动条件为系统起动（I0.0）、运货车（I0.1）到位、推板机

　　　　　　　　　（Q0.1）停止

LD	I0.0	//按下起动开关,I0.0 = 1
A	I0.1	//运货车到位,I0.1 = 1
AN	Q0.1	//推板机停止,Q0.1 = 0
=	Q0.0	//传送带工作,Q0.0 = 1

Network 2　//设置件数检测信号计数器 C3

LD	I0.0	//起动开关已按下,I0.0 = 1
A	I0.2	//工件通过检测仪,I0.2 由 0 变为 1 之后又回为 0
ED		//I0.2 的下微分形成计数器的输入脉冲
LD	I0.0	//起动开关已按下,I0.0 = 1
EU		//按下起动开关时刻出现的一个脉冲
LD	Q0.1	//推板机推板出现的脉冲
OLD		//按下起动开关或推板机推板,形成计数器的复位信号
CTU	C3 , +3	//C3 为工件计数器,PV = 3

Network 3　//设定推板机 Q0.1 的起动为 C3 的当前值等于 3

LDW = C3 , +3		//计数器 C3 的计数值 = 3
EU		//上微分
S	Q0.1,1	//传送带通过 3 个工件,推板机推板

Network 4　//设定推板机推板的行程,由定时器 T101(20s)确定

LD	Q0.1	//推板机动作,Q0.1 = 1
TON	T101 , +200	//T101 延时 20s

Network 5　//设定定时器 T101 延时(20s)到,推板机返回

LD	T101	//T101 时间到
R	Q0.1,1	//复位推板机(推板机退回)

梯形图程序如图 4-42 所示。

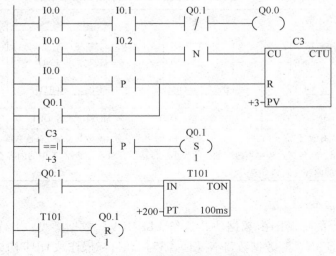

图 4-42　传送带控制梯形图

3）程序注释。其中 Network1 的功能是：设定传送带（Q0.0）起动条件为系统起动开关（I0.0）闭合、运货车（I0.1）到位、推板机（Q0.1）停止；Network2 的功能是：设定计数器 C3 的计数脉冲为件数检测仪信号 I0.2 由 1 变为 0，计数器复位信号为起动信号 I0.0 由 0 变为 1 或运货车起动（Q0.1 = 1），设定 C3 为增计数器、设定值为 3；Network3 的功能是：设定推板机 Q0.1 的起动条件为 C3 的当前值等于 3；Network4 的功能是：设定推板机的行程由定时器 T101 的延时（20s）来确定；Network5 的功能是：定时器 T101 延时时间（20s）到，推板机返回（Q0.1 = 0）。

4.2 S7-200 PLC 的功能指令

功能指令又称应用指令，包括数据处理、算术/逻辑运算、表功能、转换、中断、高速处理等指令，应用于复杂控制系统。因涉及数据类型多，S7-200 PLC 不支持完全数据类型检查，编程时应确保操作数所选数据类型与指令标识符匹配，并应保证操作数在规定范围内。

4.2.1 数据传送指令

数据传送指令有字节、字、双字和实数的单个传送指令，还有以字节、字、双字为单位的数据块的成组传送指令，来实现各存储器单元之间数据的传送和复制。

1. 单一数据传送指令

单一数据传送指令的梯形图由传送符 MOV、数据类型（B/W/DW/R）、使能信号 EN、源操作数 IN 和目标操作数 OUT 构成。语句表由操作码 MOV、数据类型（B/W/DW/R）、源操作数 IN 和目标操作数 OUT 构成。单一数据传送指令把输入端（IN）指定的数据传送到输出端（OUT），数据值保持不变。按操作数的数据类型可分为字节传送（MOVB）、字传送（MOVW）、双字传送（MOVD）、实数传送（MOVR）指令，见表 4-13。

表 4-13　单一数据传送指令的梯形图、语句表与功能

类　型	字　节	字、整数	双字、双整数	实　数
LAD	MOV_B EN　ENO IN　OUT	MOV_W EN　ENO IN　OUT	MOV_DW EN　ENO IN　OUT	MOV_R EN　ENO IN　OUT
STL	MOVB IN, OUT	MOVW IN, OUT	MOVD IN, OUT	MOVR IN, OUT
功能	使能输入有效（EN = 1）时，将一个输入 IN 的字节、字/整数、双字/双整数或实数送到 OUT 指定的存储器输出。在传送过程中不改变数据的大小，传送后，输入存储器 IN 中的内容不变，"传送"实质上是把 IN 中的内容复制到 OUT 中			

2. 数据块传送指令

数据块传送指令的梯形图由数据块传送符 BLKMOV、数据类型（B/W/D）、使能信号 EN、源数据起始地址 IN、源数据数目 N（1～255）和目标操作数 OUT 构成。语句表由数据块传送操作码 BM、数据类型（B/W/D）、源操作数起始地址 IN、目标数据起始地址 OUT 和

源数据数目 N（1～255）构成，见表4-14。

表4-14　数据块传送指令的梯形图、语句表

类　型	字　节　块	字、整数块	双字、双整数、实数块
LAD	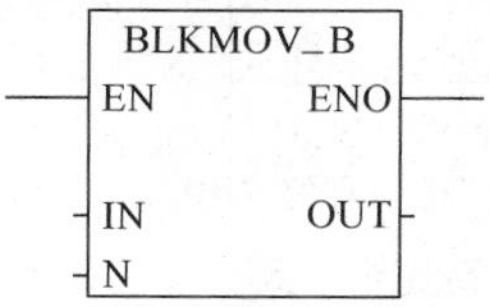 BLKMOV_B EN　ENO IN　OUT N	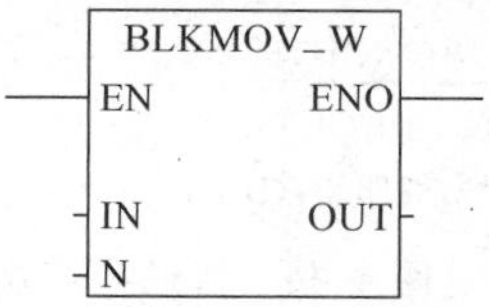 BLKMOV_W EN　ENO IN　OUT N	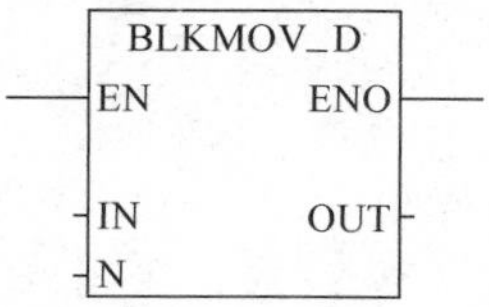 BLKMOV_D EN　ENO IN　OUT N
STL	BMB　IN, OUT, N	BMW　IN, OUT, N	BMD　IN, OUT, N
功能	使能输入 EN 有效时，把从源操作数起始地址 IN 开始的 N 个字节、字或双字数据传送到目标操作数 OUT 开始的 N 个字节、字或双字的存储器中，ENO 为传送状态位		

【例4-11】　使用块传送指令，把 VB4 到 VB8 四个字节的内容传送到 VB90 到 VB93 单元中，启动信号为 I2.0，即已知 IN 数据为 VB4、N 为 4、OUT 数据为 VB90，如图4-43 所示。

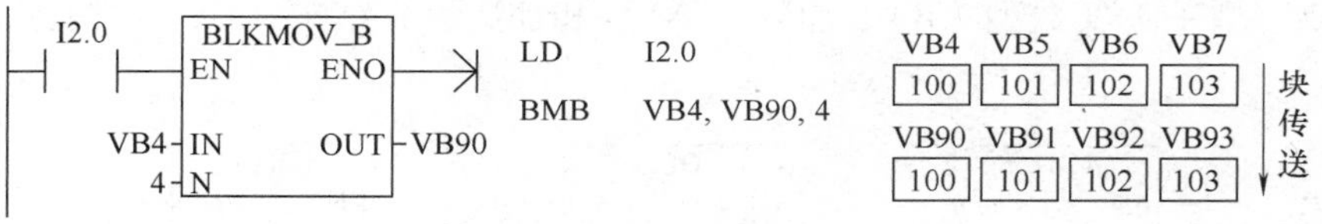

```
       I2.0    BLKMOV_B              LD    I2.0
      ┤ ├──────EN    ENO────( )      BMB   VB4, VB90, 4
                                          VB4  VB5  VB6  VB7      块
       VB4──IN    OUT──VB90              [100][101][102][103]     传
         4──N                                                     送
                                          VB90 VB91 VB92 VB93     ↓
                                          [100][101][102][103]
```

图4-43　数据块传送指令的应用编程

3. 字节交换指令

字节交换指令的梯形图由标识符 SWAP、使能信号 EN、数据字地址 IN 构成。语句表由操作码 SWAP 和数据字地址 IN 构成，如图4-44 所示。

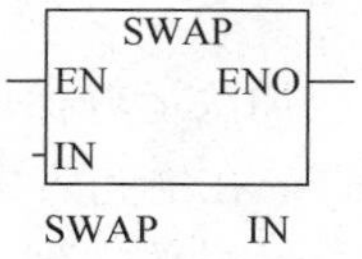

当使能信号 EN = 1 时，字节交换（SWAP）指令执行交换字节的功能，把输入（IN）指定字的高字节内容与低字节内容互相交换，交换结果仍存放在输入（IN）指定的地址中，ENO 为传送状态位。

```
      SWAP
    ─EN    ENO─
    ─IN
```

图4-44　字节交换指令

【例4-12】　字节交换指令应用举例如图4-45 所示。

指令执行前 VW20 中的字为：D6 C3，当 I0.0 为 1 时，SWAP 指令执行高低字节交换，之后 VW20 中的字为：C3 D6。

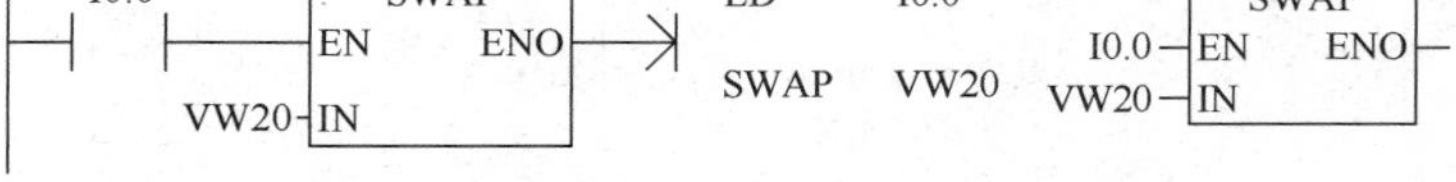

```
       I0.0      SWAP                LD     I0.0              SWAP
      ┤ ├──────EN    ENO────( )      SWAP   VW20      I0.0─EN    ENO
                                                      VW20─IN
       VW20──IN
```

图4-45　VW20 的高字节与低字节实行交换

4. 传送字节立即读、写指令

传送字节立即读（BIR）指令，读取输入端（IN）指定字节地址的物理输入点（IB）的值，并写入输出端（OUT）指定字节地址的存储单元中。传送字节立即写（BIW）指令，读取输入端（IN）指定字节地址的内容写入输出端（OUT）指定字节地址的物理输出点（QB）。

传送字节立即读、写指令（Move By Immediate）如图 4-46 所示，其操作数数据类型为字节型。

a) 传送字节立即读（BIR）　　b) 传送字节立即写（BIW）

图 4-46　传送字节立即读、写指令

4.2.2　数学运算指令

1. 四则运算指令

（1）加法运算指令

加法运算指令的梯形图由加法运算符（ADD）、数据类型符（I、DI、R）、使能信号（EN）、加数 1（IN1）、加数 2（IN2）和加运算结果（OUT）构成。语句表由加法操作码（整型 +I/双字型 +D/实数型 +R）、加数（IN1）和加法运算结果（OUT）构成，如图 4-47 所示。

a) 整数加法　　　　　b) 双整数加法　　　　　c) 实数加法

图 4-47　加法运算指令

加法运算梯形图中，当使能信号 EN = 1 时，被加数 IN1 与加数 IN2 相加，结果传送至 OUT。在语句表中，先将一个加数 IN2 送至 OUT，然后把 OUT 中的数据和 IN1 中的数据相加，结果传送到 OUT 中，即 IN1 + OUT = OUT。

【例 4-13】　图 4-48 所示是整数加法的例子，在梯形图编程时，I1.2 = 1，累加器 AC3 的内容与 AC1 的内容相加，并将运算结果传送到 AC1 中。

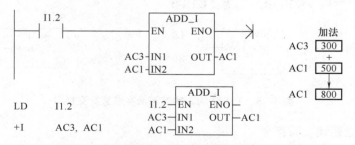

图 4-48　加法运算的工作原理

原 AC3 中为 16 位整数 300，AC1 中为 16 位整数 500，运算结果 800 存在 AC1 中。

语句表编程与用梯形图稍有不同，如果被加数不在 OUT 中，需要用传送指令把被加数传送到 OUT 中，然后把 OUT 中的内容与加数相加，结果再存入 OUT 中。

（2）减法运算指令

减法运算指令的梯形图由运算符（SUB：Subtract）、数据类型符（I、DI、R）、使能信号（EN）、被减数（IN1）、减数（IN2）和减运算结果（OUT）构成。语句表由操作码（整型-I/双字型-D/实数型-R）、减数（IN1）和减运算结果（OUT）构成，如图4-49所示。

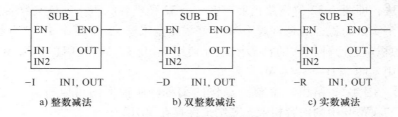

图4-49　减法运算指令

减法运算指令梯形图中，当使能信号 EN = 1 时，被减数 IN1 与减数 IN2 相减，结果传送到地址 OUT 中。语句表中，要先将被减数送到 OUT 中，然后把 OUT 中的数据和减数（IN1）相减，结果传送到 OUT 中，即 OUT – IN1 = OUT。

【例4-14】　图4-50给出一个整数减法操作的编程，从梯形图可以看到，在 I1.2 = 1 时，VW30 中的内容与 VW20 中的内容相减，结果保存在 VW10 中。

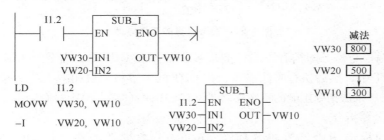

图4-50　减法运算的工作原理

注意语句表编程与梯形图稍有不同，如果被减数不在 OUT 中，首先要利用传送指令把被减数传送到 OUT 中（如本例 MOVW　VW30，VW10），然后再执行减法操作，把 OUT 的内容与减数 IN1 相减，结果再存入 OUT 中。

（3）乘法运算指令

乘法运算指令梯形图由运算符（MUL：Multiply）、数据类型符（I、DI、R）、使能信号（EN）、被乘数（IN1）、乘数（IN2）和乘运算结果（OUT）构成。语句表由操作码（整数乘法 *I/双整数乘法 *D/实数乘法 *R/整数完全乘法或称常规乘法 MUL）、乘数（IN1）和乘运算结果（OUT）构成，如图4-51所示。

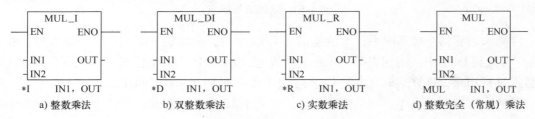

图4-51　乘法运算指令

在乘法运算指令梯形图中，当使能信号 EN = 1 时，被乘数 IN1 与乘数 IN2 相乘，结果传送到 OUT 中。在语句表中，要先将被乘数送到 OUT 中，然后把 OUT 中的数据和 IN1 中的数据进行相乘，结果传送到 OUT 中，OUT × IN1 = OUT。

乘法运算有四种操作：一是整数乘法，即两个 16 位整数相乘产生一个 16 位整数的积；二是双整数乘法，即两个 32 位整数相乘产生一个 32 位整数的积；三是实数乘法，即两个实数相乘产生一个实数的积；四是常规乘法（整数完全乘法），即两个 16 位整数相乘产生一个 32 位整数的积。这四种操作的梯形图中分别用 MUL_I、MUL_DI、MUL_R、MUL 表示，语句表中分别用 *I、*D、*R、MUL 表示。

【例 4-15】 图 4-52 给出一个乘法操作的编程。从梯形图可以看到，在 I1.2 = 1 时，AC3 中的内容与 VW30 中的内容相乘，其结果保存在 VD12 中。

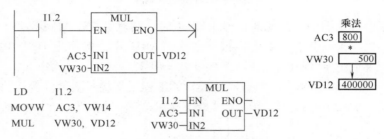

图 4-52　乘法运算的工作原理

用语句表编程与梯形图稍有不同，如果被乘数不在 OUT 中，首先要利用传送指令把被乘数传送到 OUT 中，然后执行乘法操作，把 OUT 的内容与乘数相乘，结果存入 OUT 中。

加法、减法、乘法指令影响的特殊存储器位有 SM1.0（零）、SM1.1（溢出）、SM1.2（负）。

（4）除法运算指令

除法运算的梯形图由运算符（DIV: Divide）、数据类型符（I、DI、R）、使能信号（EN）、被除数（IN1）、除数（IN2）和除运算结果（OUT）构成；语句表由操作码（整数除法/I、双整数除法/D、实数乘法/R、整数完全乘法或称常规乘法 DIV）、除数（IN1）和除运算结果（OUT）构成，如图 4-53 所示。

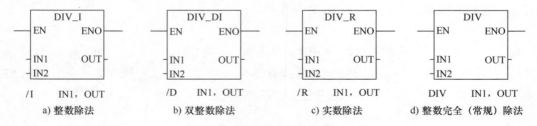

图 4-53　除法运算指令

在除法运算指令梯形图中，当使能信号 EN = 1 时，被除数 IN1 与除数 IN2 相除，结果（商）传送到 OUT 中。语句表中，先将被除数送到 OUT 中，然后把 OUT 中的数据和 IN1 中的数据进行相除，运算结果（商）传送到 OUT 中，即 OUT/IN1 = OUT。

除法运算有四种操作：一是整数除法，即两个 16 位整数相除产生一个 16 位整数的商；二是双整数除法，即两个 32 位整数相除产生一个 32 位整数的商；三是实数除法，即两个实数相除产生一个实数的商；四是常规除法（整数完全除法），即两个 16 位整数相除产生一个 32 位整数，其中高 16 位是余数，低 16 位是商。四种操作的梯形图分别用 DIV_I、DIV_DI、DIV_R、DIV 表示；语句表中分别用/I、/D、/R、DIV 表示。除法指令影响的特殊存储器位：SM1.0（零）、SM1.1（溢出）、SM1.2（负）、SM1.3（除数为 0）。

【例 4-16】　图 4-54 给出一个除法操作的编程。从梯形图可以看到，在 I1.2 = 1 时，VW24 的内容与 VW20 中的内容相除，结果保存在 VD8 中。

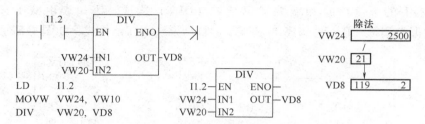

图 4-54　除法运算的工作原理

用语句表编程与梯形图稍有不同，如果被除数不在 OUT 中，首先要利用传送指令把被除数传送到 OUT 中，然后执行除法操作，把 OUT 的内容与除数相除，其结果存入 OUT 中。

（5）加 1 运算指令

加 1 运算指令的梯形图由加 1 运算符（INC）、数据类型符（B、W、DW）、使能信号（EN）、被加 1 数（IN）和加 1 运算结果（OUT）构成。语句表由加 1 操作码（INC）、数据类型符（B、W、DW）和加 1 运算结果（OUT）构成，如图 4-55 所示。

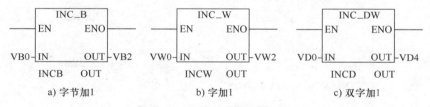

图 4-55　加 1 运算指令

在加 1 运算梯形图中，当使能信号 EN = 1 时，IN 加 1，结果传送到 OUT 中。在语句表中，OUT 被加 1，结果传送到 OUT 中。

应用加 1 运算指令应该注意，在梯形图中，被加 1 数 IN 与结果的地址可以不同，而在语句表中两者必须相同。

【例 4-17】　图 4-56 给出了一个加 1 操作的编程。从梯形图可以看到，在 I1.2 = 1 时，

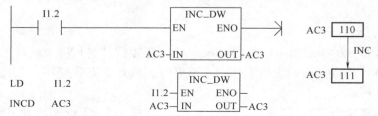

图 4-56　加 1 运算的工作原理

AC3 的内容被加 1，结果保存在 AC3 中。

当 IN 单元与 OUT 单元不相同时，用语句表编程与梯形图稍有不同，首先要利用传送指令把 IN 单元的内容传送到 OUT 单元中去，然后执行加 1 操作，把 OUT 单元的内容加 1，其结果存入 OUT 中。

（6）减 1 运算指令

减 1 运算指令的梯形图由减 1 运算符（DEC）、数据类型符（B、W、DW）、使能信号（EN）、被减 1 的数（IN）和减 1 运算结果（OUT）构成。语句表由减 1 运算操作码（DEC）、数据类型符（B、W、DW）和减 1 运算结果（OUT）构成，如图 4-57 所示。

图 4-57　减 1 运算指令

在减 1 运算梯形图中，当使能信号 EN = 1 时，IN 减去 1，结果传送到 OUT 中；在语句表中，数 OUT 被减去 1，结果传送到 OUT 中。

【例 4-18】　图 4-58 给出了一个减 1 操作的编程。从梯形图可以看到，在 I1.2 = 1 时，VD8 的内容被减 1，结果保存在 VD0 中。

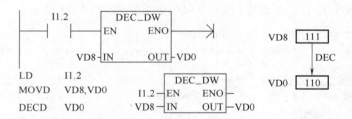

图 4-58　减 1 运算的工作原理

当 IN 单元与 OUT 单元不相同时，用语句表编程与梯形图稍有不同，首先要利用传送指令把 IN 单元的内容传送到 OUT 单元中去，然后执行减 1 操作，把 OUT 单元的内容减 1，结果存入 OUT 中。

2. 数学功能指令

数学功能指令包括平方根、自然对数、自然指数、三角函数指令，数学功能指令的操作数均为实数（REAL）。

（1）开平方运算指令

开平方运算指令的梯形图由运算符（SQRT）、使能信号（EN）、被开平方数（IN）和运算结果（OUT）构成。语句表由操作码（SQRT）、被开平方数（IN）和结果（OUT）构成，如图 4-59a 所示。

在开平方运算梯形图中，当使能信号 EN = 1 时，把一个 32 位实数 IN 开平方，得到 32 位实数结果传送到 OUT 中。在语句表中，操作数 IN 被开平方，结果传送到 OUT 中。

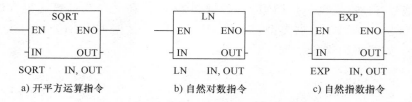

图 4-59　开平方运算、自然对数和自然指数指令

（2）自然对数指令

自然对数指令的梯形图由运算符（LN）、使能信号（EN）、输入端（IN）的 32 位实数和运算结果（OUT）构成。语句表由操作码（LN）、输入端（IN）的 32 位实数和运算结果（OUT）构成，如图 4-59b 所示。

在自然对数梯形图中，当使能信号 EN = 1 时，将输入端（IN）的 32 位实数取自然对数，得到 32 位实数结果传送到 OUT 中。在语句表中，对操作数 IN 取自然对数，结果传送到 OUT 指定的存储单元中。

求常用对数（lgX）时，只需将自然对数（lnX）除以 2.302585 即可。

（3）自然指数指令

自然指数（Natural Exponential，EXP）指令的梯形图和语句表表示如图 4-59c 所示。自然指数指令将输入端（IN）的 32 位实数取以 e 为底的指数，结果存放到输出端（OUT）指定的存储单元中。

自然指数指令与自然对数指令相配合，可完成以任意实数为底的指数运算，例如

$$5^3 = \exp^{3 \times \ln 5} = 125$$

$$\sqrt[3]{125} = \exp^{\frac{1}{3} \times \ln 125} = 5$$

（4）正弦、余弦、正切指令

正弦 SIN、余弦 COS、正切 TAN 指令，将一个 32 位长的实数弧度值 IN 分别取正弦、余弦、正切，各得到 32 位的实数结果，存入如图 4-60 所示的输出端（OUT）指定的存储单元。如果已知输入值为角度，要先将角度值转化为弧度值，方法上使用 MUL_R（∗R）指令用角度值乘以 π/180°即可。

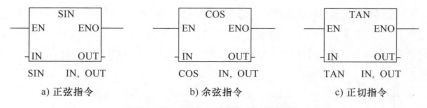

图 4-60　正弦、余弦、正切指令

数学功能指令影响的特殊存储器位有 SM1.0（零）、SM1.1（溢出）、SM1.2（负数）。

4.2.3　逻辑运算指令

逻辑运算指令的操作数均为无符号数。

1. 逻辑"与"运算指令

逻辑"与"运算指令的梯形图由"与"运算符（WAND）、数据类型符（B、W、

DW）、使能信号（EN）、数据 1（IN1）、数据 2（IN2）和"与"运算结果（OUT）构成。语句表由操作码（AND）、数据类型符（B、W、DW）、数据 1（IN1）和"与"运算结果（OUT）构成，如图 4-61 所示。

a) 字节"与"指令   b) 字"与"指令   c) 双字"与"指令

图 4-61 逻辑"与"运算指令

在逻辑"与"运算的梯形图中，当使能信号 EN = 1 时，数据 1（IN1）和数据 2（IN2）按位"与"，结果传送到 OUT 中；在语句表中，IN1 和 OUT 按位"与"，结果传送到 OUT 中。

【例 4-19】 图 4-62 给出了一个逻辑"与"操作的编程。从梯形图可以看到，在 I1.2 = 1 时，VW12 中的内容与 VW8 中的内容对应位分别相与，结果存入 VW20 中。当 IN1 单元与 OUT 单元不相同时，用语句表编程较梯形图稍有不同，可首先利用传送指令把 IN1 的内容传送到 OUT 中，然后把 OUT 的内容与 IN2 的内容执行逻辑"与"操作，结果存入 OUT 中。

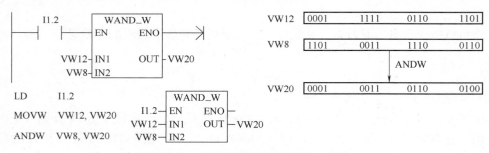

图 4-62 逻辑"与"运算的工作原理

2. 逻辑"或"运算指令

逻辑"或"运算指令的梯形图由"或"运算符（WOR）、数据类型符（B、W、DW）、使能信号（EN）、数据 1（IN1）、数据 2（IN2）和结果（OUT）构成。语句表由操作码（OR）、数据类型符（B、W、DW）、数据 1（IN1）和结果（OUT）构成，如图 4-63 所示。

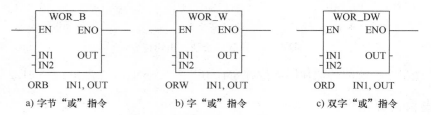

a) 字节"或"指令   b) 字"或"指令   c) 双字"或"指令

图 4-63 逻辑"或"运算指令

在逻辑"或"运算的梯形图中，当使能信号 EN = 1 时，数据 1（IN1）和数据 2（IN2）按位"或"，结果传送到 OUT 中；语句表中，IN1 和 OUT 按位"或"，结果传送到 OUT 中。

【例4-20】 图4-64给出了一个逻辑"或"操作的编程。从梯形图可以看到，在I1.2 = 1时，VW12中的内容与VW8中的内容对应位分别逻辑"或"，结果存入VW20中。当IN1单元与OUT单元不相同时，用语句表编程较梯形图稍有不同，可先利用传送指令把IN1的内容传送到OUT中，然后把OUT的内容与IN2的内容执行逻辑"或"操作，结果存入OUT中。

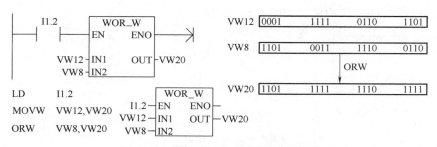

图4-64 逻辑"或"运算的工作原理

3. 逻辑"异或"运算指令

逻辑"异或"运算指令的梯形图由运算符（WXOR）、数据类型符（B、W、DW）、使能信号（EN）、数据1（IN1）、数据2（IN2）和运算结果（OUT）构成。语句表由操作码（XOR）、数据类型符（B、W、D）、数据1（IN1）和结果（OUT）构成，如图4-65所示。

a) 字节"异或"指令 　　 b) 字"异或"指令 　　 c) 双字"异或"指令

图4-65 逻辑"异或"运算指令

在逻辑"异或"运算的梯形图中，当使能信号EN = 1时，数据1（IN1）和数据2（IN2）按对应位分别"异或"，结果传送到OUT中。在语句表中，IN1和OUT按对应位"异或"，结果传送到OUT中。

【例4-21】 图4-66给出了一个逻辑"异或"操作（两个逻辑变量不同，"异或"为1；两个逻辑变量相同，"异或"为0）的编程。从梯形图可以看到，在I1.2 = 1时，VW12中的内容与VW8中的内容对应位分别执行逻辑"异或"，结果存入VW20中。当IN1单元与

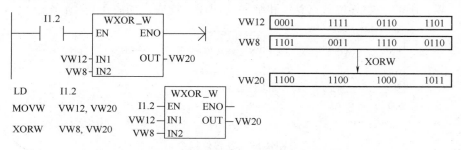

图4-66 逻辑"异或"运算指令的工作原理

OUT 单元不相同时，用语句表编程较梯形图稍有不同，可先用传送指令把 IN1 的内容传送到 OUT 中，然后 OUT 的内容与 IN2 的内容执行逻辑"异或"操作，结果存入 OUT 中。

4. 取反运算指令

取反运算指令的梯形图由运算符（INV：Inverse）、数据类型符（B、W、DW）、使能信号（EN）、数据（IN）和结果（OUT）构成。语句表由操作码（INV）、数据类型符（B、W、DW）和结果（OUT）构成，如图 4-67 所示。

a) 字节"取反"指令 b) 字"取反"指令 c) 双字"取反"指令

图 4-67 取反运算指令

在取反运算的梯形图中，当使能信号 EN = 1 时，把数据（IN）取反，结果传送到 OUT 中。在语句表中，将 OUT 中的数据取反，结果保存在 OUT 中。

【例 4-22】 图 4-68 给出了一个取反操作的编程。从梯形图可以看到，在 I1.2 = 1，将 VW12 中的内容取反，结果保存在 AC3 中。当 IN 单元与 OUT 单元不相同时，语句表编程时先用传送指令把 IN 的内容传送到 OUT 中，然后把 OUT 的内容取反，结果存入 OUT 中。

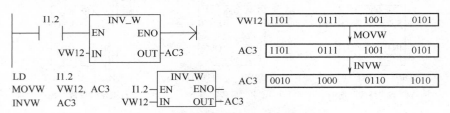

图 4-68 取反运算的工作原理

4.2.4 移位操作指令

移位和循环移位指令均为无符号数操作。

1. 左移位指令

左移位指令的梯形图由操作符（SHL）、数据类型（B、W、DW）、使能信号（EN）、被左移数（IN）、左移位数（N）和左移结果（OUT）构成。语句表由操作码（SL）、数据类型（B、W、DW）、左移位数（N）和结果（OUT）构成，如图 4-69 所示。

a) 字节左移 b) 字左移 c) 双字左移

图 4-69 左移位指令

在左移位指令的梯形图中，当使能信号 EN = 1 时，被左移数 IN 左移 N 位，最右边移走数的位依次用 0 填充，结果传送到 OUT 中。在语句表中，OUT 中的数据被左移 N 位，最右边移走数的位依次用 0 填充，结果仍保存于 OUT 中。

【例 4-23】 图 4-70 给出了一个左移位操作的编程。从梯形图中可以看到，在 I1.2 = 1 时，VB12 中的内容左移 4 位（N = 4），被移走的位由 0 填充，结果保存在 VB8 中。当 IN 单元与 OUT 单元不相同时，语句表编程要先用传送指令把 IN 的内容传送到 OUT 中，然后把 OUT 的内容左移，结果存入 OUT 中。

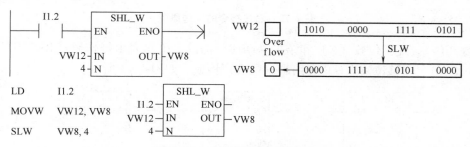

图 4-70　左移指令的工作原理

字节、字、双字移位指令的实际最大可移位数分别为 8、16、32；右移位和左移位指令，对移位后的空白自动补零；移位后溢出位（SM1.1）的值就是最后一次移出的位值；如果移位的结果是 0，零存储器（SM1.0）就置位。

2. 右移位指令

右移位指令的梯形图由操作符（SHR）、数据类型（B、W、DW）、使能信号（EN）、被右移数（IN）、右移位数（N）和右移结果（OUT）构成。语句表由操作码（SR）、数据类型（B、W、DW）、右移位数（N）和结果（OUT）构成，如图 4-71 所示。

图 4-71　右移位指令

在右移位指令的梯形图中，当使能信号 EN = 1 时，被右移数 IN 右移 N 位，最左边移走数的位依次用 0 填充，结果传送到 OUT 中；在语句表中，OUT 被右移 N 位，最左边移走数的位依次用 0 填充，结果传送到 OUT 中。

【例 4-24】 图 4-72 给出一个右移位操作的编程，从梯形图中可以看到，在 I1.2 = 1 时，VB12 中的内容右移 2 位（N = 2），被移走的位由 0 填充，结果保存在 VB8 中。IN 单元与 OUT 单元不相同时，如用语句表编程，先用传送指令把 IN 的内容传送到 OUT 中，然后把 OUT 的内容右移，结果存入 OUT 中。

3. 循环左移指令

循环左移指令的梯形图由操作符（ROL）、数据类型（B、W、DW）、使能信号（EN）、

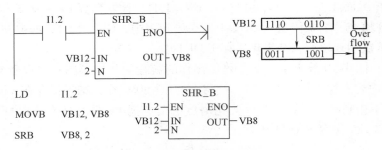

图 4-72　右移指令的工作原理

被左移数（IN）、左移位数（N）和结果（OUT）构成。语句表由操作码（RL）、数据类型（B、W、DW）、左移位数（N）和结果（OUT）构成，如图 4-73 所示。

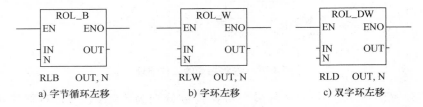

图 4-73　循环左移位指令

在循环左移位指令的梯形图中，当使能信号 EN = 1 时，被左移数 IN 左移 N 位，从左边移出的位送到 IN 的最右边，结果传送到 OUT 中。在语句表中，OUT 被左移 N 位，从左边移出的位送到 OUT 的最右边，结果保存在 OUT 中。

【例 4-25】　图 4-74 给出了一个循环左移位操作的编程。从梯形图中可以看到，在 I1.2 = 1 时，VB12 中的内容左移 4 位（N = 4），从左边移出的位送到 IN 的最右边，结果保存在 VB8 中。当 IN 单元与 OUT 单元不相同时，语句表编程要先用传送指令把 IN 的内容传送到 OUT 中，然后把 OUT 的内容循环左移，结果存入 OUT 中。

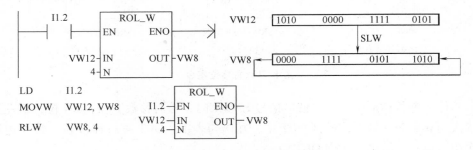

图 4-74　循环左移位指令的工作原理

对于字节、字、双字循环移位指令，如果所需移位次数 N 大于或等于 8、16、32，那么在执行循环移位前，先对 N 取以 8、16、32 为底的模，结果 0 ~ 7、0 ~ 15、0 ~ 31 为实际移动位数；执行循环移位后溢出位（SM1.1）的值就是最后一次循环移出位的值；如果移位的结果是 0，零存储器（SM1.0）置位；移位和循环移位指令影响的特殊存储器位：SM1.0（零）、SM1.1（溢出）。

4. 循环右移指令

循环右移指令的梯形图由操作符（ROR）、数据类型（B、W、DW）、循环右移允许信号（EN）、被右移数（IN）、右移位数（N）和右移结果（OUT）构成。语句表由操作码（RR）、数据类型（B、W、DW）、右移位数（N）和右移结果（OUT）构成，如图4-75所示。

图4-75 循环右移位指令

在循环右移位指令的梯形图中，当使能信号 EN=1 时，被右移数 IN 右移 N 位，从右边移出的位送到 IN 的最左边，结果传送到 OUT 中。在语句表中，OUT 被右移 N 位，从右边移出的位送到 OUT 的最左边，结果保存在 OUT 中。

【例4-26】 图4-76 给出了一个循环右移位操作的编程。从梯形图中可以看到，在 I1.2=1 时，VW12 中的内容右移 4 位（N=4），右端被移走的位又被填充到左端，结果保存在 VW4 中。当 IN 单元与 OUT 单元不相同时，语句表编程要先用传送指令把 IN 的内容传送到 OUT 中，然后把 OUT 的内容循环右移，结果存入 OUT 中。

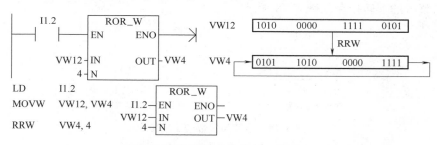

图4-76 循环右移指令的工作原理

5. 自定义位移位指令

自定义位移位指令就是上节介绍过的移位寄存器指令，N<0 时右移位，N>0 时左移位。

4.2.5 数据转换操作指令

1. BCD 码与整数的互转

BCD（Binary- Coded Decimal）码又叫 8421 码，也称二进制编码的十进制数。就是将十进制的数以 8421 的形式展开成二进制，是用 4 位二进制码的组合代表十进制数的 0~9 十个数符，BCD 码遇 1001 就产生进位。

（1）BCD 码转换为整数指令

BCD 码转换成整数指令的梯形图由指令助记符 BCD_I、使能信号 EN、BCD 码输入端 IN 和整数输出端 OUT 构成。语句表由操作码 BCDI、BCD 码输入 IN 和整数输出 OUT 构成。如

图 4-77a 所示。

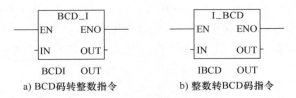

a) BCD码转整数指令   b) 整数转BCD码指令

图 4-77　BCD 码与整数的互转

BCD 码转换为整数指令可将 0 ~ 9999 范围内的 BCD 码转换成整数，当转换允许时，BCD 码 IN 被转换成整数，结果传送到 OUT 中。若是语句表，BCD 码 OUT 被转换成整数，结果保存在 OUT 中。

（2）整数转换为 BCD 码指令

整数转换成 BCD 码指令的梯形图由助记符 I_BCD、使能信号 EN、整数输入端 IN 和 BCD 码输出端 OUT 构成。语句表由操作码 IBCD 和 BCD 码输出端 OUT 构成，如图 4-77b 所示。

整数转换成 BCD 码指令可将 0 ~ 9999 范围内的整数转换成 BCD 码，当转换允许时，整数 IN 被转换成 BCD 码，结果传送到 OUT 中。若是语句表，整数 OUT 被转换成 BCD 码，结果保存在 OUT 中。

2. 字节与整数的互转

字节与整数的互转指令如图 4-78 所示。

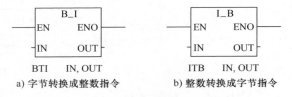

a) 字节转换成整数指令   b) 整数转换成字节指令

图 4-78　字节与整数的互换指令

（1）字节转换成整数指令

字节转换成整数指令的梯形图由助记符 B_I、使能输入 EN、字节输入端 IN 和整数输出端 OUT 构成。语句表由操作码 BTI、字节输入 IN 和整数输出 OUT 构成，如图 4-78a 所示。

字节转换成整数指令可以将字节转换成整数，由于字节是没有符号的，无须进行符号扩展，当字节转换成整数允许时，字节 IN 被转换成整数，结果传送到 OUT 中。

（2）整数转换成字节指令

整数转换成字节指令的梯形图由助记符 I_B、使能输入 EN、整数输入端 IN 和字节输出端 OUT 构成。语句表由操作码 ITB、整数输入 IN 和字节输出 OUT 构成，如图 4-78b 所示。

整数转换成字节指令用于将整数转换成字节，当整数范围不在 0 ~ 255 时，会有溢出（SM1.1 置位），且输出不变，当整数转换成字节允许时，整数 IN 被转换成字节，结果传送到 OUT 中。

3. 整数与双整数的互转

整数与双整数的互转指令如图 4-79 所示。

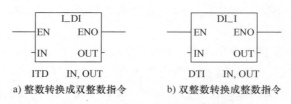

a) 整数转换成双整数指令　　　　　b) 双整数转换成整数指令

图4-79　整数与双整数的互换指令

（1）整数转换成双整数指令

整数转换成双整数指令的梯形图由助记符 I_DI、使能输入 EN、整数输入端 IN 和双字整数输出端 OUT 构成。语句表由操作码 ITD、整数输入 IN 和双字整数输出 OUT 构成，如图4-79a所示。

整数转换成双整数指令可以将整数转换成双整数，并进行符号扩展。

欲将整数转换为实数，可先用 ITD 指令把整数转换为双整数，然后再用 DTR 指令把双整数转换为实数。

（2）双整数转换成整数指令

双整数转换成整数指令的梯形图由助记符 DI_I、使能输入 EN、双字输入端 IN 和整数输出端 OUT 构成，语句表由操作码 DTI、双字整数输入端 IN 和整数输出端 OUT 构成。其指令如图4-79b所示。

双整数转换成整数指令可以将双整数转换成整数，如果要转换的数据太大，溢出位被置位且输出保持不变，当转换允许时，双整数 IN 被转换成整数，结果传送到 OUT 中。

4. 双字整数与实数的互转

双整数与实数的互转指令有三种，其中实数转换成双整数有两种方式，如图4-80所示。

a) 双字整数　　　　b) 实数转换成双整数　　　c) 实数转换成双整数
转换成实数指令　　　（四舍五入）指令　　　　（舍去尾数）指令

图4-80　双字整数与实数的互换指令

（1）双字整数转换为实数指令

双整数转换为实数指令的梯形图由助记符 DI_R、使能信号 EN、整数输入端 IN 和实数输出端 OUT 构成。语句表由操作码 DTR、整数输入 IN 和实数输出 OUT 构成，如图4-80a所示。

双整数转换为实数指令可以将32位有符号整数转换成32实数，当使能信号 EN = 1 时，双整数 IN 被转换成实数，结果传送到 OUT 中。

（2）实数转换成双字整数指令之四舍五入取整

实数转换成双字整数（四舍五入）指令的梯形图由助记符 ROUND、使能输入 EN、32位实数输入端 IN 和双整数输出端 OUT 构成。语句表由操作码 ROUND、实数输入 IN 和双整数输出 OUT 构成，如图4-80b所示。

实数转换成双字整数（四舍五入）指令可以将实数转换成32位有符号整数，如果小数部分大于等于 0.5 就进一位,当实数转换成双整数允许时,实数 IN 被转换成有符号整数,结果传送到 OUT 中。

(3) 实数转换成双字整数指令之舍去尾数取整

实数转换成双字整数（舍去尾数）指令的梯形图由助记符 TRUNC（Truncate）、使能输入 EN、32 位实数输入端 IN 和 32 位整数输出端 OUT 构成。语句表由操作码 TRUNC、32 位实数输入 IN 和双整数输出 OUT 构成,如图 4-80c 所示。

实数转换成双字整数之舍去尾数指令可以将 32 位实数转换成 32 位有符号整数,小数部分被舍去,当实数转换成整数允许时,32 位实数 IN 被转换成有符号 32 位整数,结果传送到 OUT 中。

【例 4-27】 图 4-81 给出了数据转换指令的应用。计数器 C40 的计数值为现场测得的以英寸（in）为单位表示的长度,现在要把这个长度单位改为厘米,且把该长度的整数部分保存。

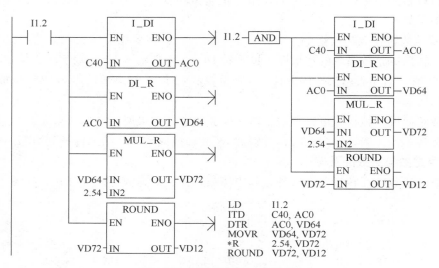

图 4-81 数字转换指令的编程

因为 1in≈2.54cm,需把 C40 的计数值乘以 2.54,这是一个实数运算,需先把整数转换成实数,再进行实数运算;得到的乘积是一个实数,为了得到整数值,又进行实数到整数的转换。

在梯形图中,第一条指令是把计数器 C40 的计数值（一个 16 位无符号整数）转换成双字整数并存入 AC0 中（AC0 的高 16 位用 0 填充）;第二条指令是把双整数 AC0 的内容转换成实数存入 VD64 中;第三条指令是把实数 VD64 的内容与 2.54 相乘,结果存储在 VD72 中;最后一条指令把实数 VD72 的内容四舍五入转换成双字整数存储在 VD12 中。

5. 译码、编码指令

译码、编码指令如图 4-82 所示。

(1) 译码指令

译码指令的梯形图由助记符 DECO（Decode）、使能输入 EN、译码字节输入端 IN 和译码字输出端 OUT 构成。语句表由操作码 DECO、译码字节输入 IN 和译码字输出 OUT 构成。如图 4-82a 所示。

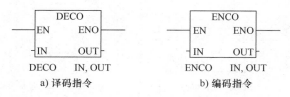

图4-82　译码、编码指令

译码指令可根据译码输入字节 IN 的低四位（半个字节）的二进制值所对应的十进制数（0~15）所表示的位号，置输出字 OUT 的相应位为1，而 OUT 的其他位置0。

【例4-28】　如图4-83所示，AC3 中存放错误码5，译码指令使 VW100 的第5位置1，其他位置0。

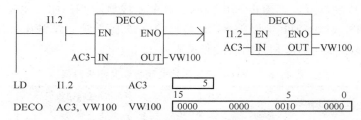

图4-83　译码指令的工作原理

（2）编码指令

编码指令的梯形图由助记符 ENCO、使能输入端 EN、编码字输入端 IN 和编码字节输出端 OUT 构成。语句表令由操作码 ENCO、编码字输入 IN 和编码字节输出 OUT 构成，如图4-82b 所示。

编码指令将编码输入字 IN 中值为1的最低有效位的位号编码成4位二进制数，写入输出字节 OUT 的低四位。

【例4-29】　如图4-84所示是一个编码指令编程的例子，当 I1.2 = 1 时，对 VW12 中内容（1000 0001 0000 1000）进行编码，因为 VW12 中的数据为1的位共有三位，即第15、第8、第3位。这三位中位数最低的是第3位，位号为3。经编码后，由 VB4 储存这个数。

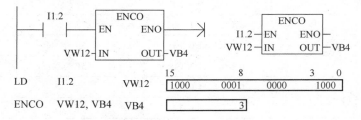

图4-84　编码指令的工作原理

6. 段码指令

段码指令的梯形图由助记符 SEG、使能输入端 EN、字节数据输入端 IN 和段码输出端 OUT 构成。语句表由操作码 SEG、字节数据输入 IN 和段码输出 OUT 构成，如图4-85a 所示。

段码指令可以将字节数据转换成7段段码输出，当转换允许时，把输入字节数据 IN 低

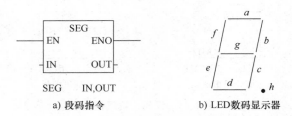

图 4-85　段码指令与 LED 数码显示器

4 位的有效值转换成 7 段显示码，结果传送到 OUT 中。

通常使用的 LED 是由 7 个发光二极管排列组成的，七段 LED 的阳极连在一起称为共阳极接法，而阴极接在一起的称为共阴极接法。每段 LED 的笔画分别称为 a、b、c、d、e、f、g，另外有一段构成小数点，如图 4-85b 所示。每个七段显示码占用一个字节，用它显示一个字符，如 74LS48 或 CD4511 可以把 8421 编码的十进制译成七段输出，用以驱动共阴极 LED。LED 数码显示器共阴极和共阳极段码见表 4-15。

表 4-15　LED 数码显示器共阴极和共阳极段码

存储器地址	显示数字	OUT ·g f e　d c b a	共阴极接法段码 （十六进制数）	共阳极接法段码 （十六进制数）
SEG	0	0 0 1 1　1 1 1 1	3F	40
SEG + 1	1	0 0 0 0　0 1 1 0	06	79
SEG + 2	2	0 1 0 1　1 0 1 1	5B	24
SEG + 3	3	0 1 0 0　1 1 1 1	4F	30
SEG + 4	4	0 1 1 0　0 1 1 0	66	19
SEG + 5	5	0 1 1 0　1 1 0 1	6D	12
SEG + 6	6	0 1 1 1　1 1 0 1	7D	02
SEG + 7	7	0 0 0 0　0 1 1 1	07	78
SEG + 8	8	0 1 1 1　1 1 1 1	7F	00
SEG + 9	9	0 1 1 0　0 1 1 1	67	18
SEG + 10	A	0 1 1 1　0 1 1 1	77	08
SEG + 11	B	0 1 1 1　1 1 0 0	7C	03
SEG + 12	C	0 0 1 1　1 0 0 1	39	46
SEG + 13	D	0 1 0 1　1 1 1 0	5E	21
SEG + 14	E	0 1 1 1　1 0 0 1	79	06
SEG + 15	F	0 1 1 1　0 0 0 1	71	0E

【例 4-30】　图 4-86 是一个段码指令编程的例子。当 I1.2 = 1 时启动段码指令，VB12 中的数值（0 ~ 15）被译成点亮 7 段显示器的数据，利用这个数据可以驱动 7 段显示器。如图中原 VB12 中的内容为 05，执行段码指令以后，在 OUT 单元中（AC3）被译成 0110 1101（6D），该信号可以使 7 段显示器点亮 "5"。

7. ASCII 码与十六进制的互转

鉴于信息交换的重要性和为统一文字符号的编码标准，使不同厂家/机型的计算机皆能

I1.2
SEG
EN
ENO
VB12
IN
OUT
AC3
VB12
05
AC3
6D
LD I1.2
SEG VB12, AC3
SEG
I1.2
EN
ENO
VB12
IN
OUT
AC3

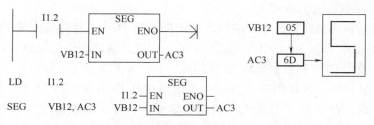

图 4-86 段码指令的工作原理

使用同一套标准化信息交换码。美国标准局制定了 ASCII 码（America Standard Code for Information Interchange）作为数据传输的标准码。早期使用 7 个位来表示英文字母、数字 0 ~ 9 及其他符号，现在则使用 8 个位，共可表示 256 个不同的文字与符号，是目前各计算机系统中使用最普遍也最广泛的英文标准码。相对于 ASCII 码，中文系统使用最广泛的内码则为 Big-5 码。ASCII 码与 16 进制数的互转指令如图 4-87 所示。

ATH
EN
ENO
IN
OUT
LEN
ATH IN, OUT, LEN
HTA
EN
ENO
IN
OUT
LEN
HTA IN, OUT, LEN

a) ASCII码转换为十六进制数指令　b) 十六进制数转换为ASCII码指令

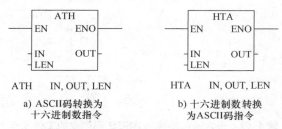

图 4-87 ASCII 码与十六进制的互转指令

（1）ASCII 码转换为十六进制数

ASCII 码转换为十六进制（Hex）数指令的梯形图由助记符 ATH、使能输入端 EN、ASCII 码起始字节 IN、字符长度 LEN（Length）和十六进制数的输出端 OUT 构成。语句表由操作符 ATH、A 码起始字节地址 IN、16 进制数输出地址 OUT 和字符长度 LEN 构成，如图 4-87a 所示。

ASCII 码转换为十六进制数指令当 EN = 1 时，把从 IN 开始、以 LEN 为长度的 ASCII 码转换成十六进制数，结果存放于 OUT 开始的单元中。

【例 4-31】 图 4-88 是一个 ASCII 码转换为十六进制指令编程的例子，当 I1.2 = 1 时，以 VB12 为开始地址的连续 3（LEN = 3）个单元 VB12、VB13、VB14 中的 ASCII 字符串 33、45、41 被转换成十六进制（3E 和 Ax)，放入 VB24 和 VB25 中，其中 x 表示 VB25 的“半字节”即低四位的值未改变。把 ASCII 码转换成十六进制时，是从高位到低位依次存储到单元中的。

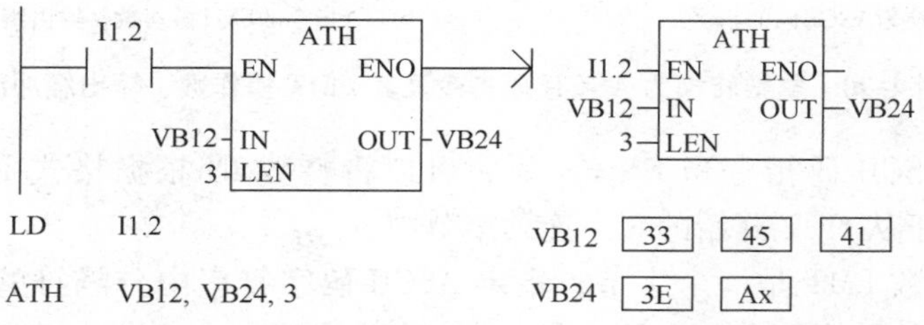

I1.2
ATH
EN
ENO
VB12
IN
OUT
VB24
3
LEN
ATH
I1.2
EN
ENO
VB12
IN
OUT
VB24
3
LEN
LD I1.2
ATH VB12, VB24, 3
VB12
33
45
41
VB24
3E
Ax

图 4-88 ASCII 码转换为十六进制数指令的工作原理

（2）十六进制数转换为 ASCII 码

十六进制数转换为 ASCII 码指令的梯形图由助记符 HTA、使能输入端 EN、十六进制数输入端 IN、数据长度 LEN 和 ASCII 码输出端 OUT 构成。语句表由操作码 HTA、十六进制数输入 IN、ASCII 输出 OUT 和数据长度 LEN 构成，如图 4-87b 所示。

十六进制数转换为 ASCII 码指令当 EN = 1 时，把从 IN 开始、以 LEN 为长度的十六进制数转换成 ASCII 码，存于 OUT 开始的连续地址单元中。LEN 的取值范围为 0 ~ 255；十六进制数（0 ~ F）对应的合法的 ASCII 码字符为 30 ~ 39 和 41 ~ 46。指令影响的特殊存储器标志位：SM1.7（非法 ASCII 码）。

【例 4-32】 图 4-89 是一个十六进制转换为 ASCII 码指令编程的例子，当 I1.2 = 1 时，以 VB12 为开始地址的连续 2（LEN = 2）个单元 VB12、VB13 字节中的十六进制数（43、65）被转换成 ASCII 码（34、33、36、35），结果存入以 VB24 为开始地址的连续单元 VB24、VB25、VB26、VB27 中。

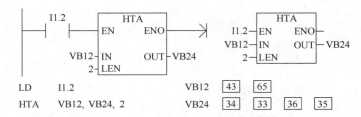

图 4-89　十六进制转换为 ASCII 码指令的工作原理

8. 整数、双整数、实数转为 ASCII 码指令

（1）整数转换为 ASCII 码指令

整数转换为 ASCII 码指令的梯形图由助记符 ITA、使能输入端 EN、整数输入端 IN、格式输入端 FMT 和 ASCII 码输出端 OUT 构成。语句表由操作码 ITA、整数输入地址 IN、ASCII 码输出地址 OUT 和格式输入 FMT 构成，如图 4-90a 所示。

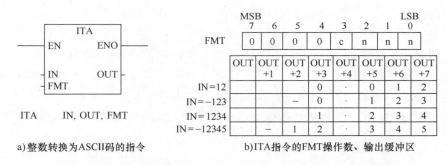

a) 整数转换为 ASCII 码的指令　　b) ITA 指令的 FMT 操作数、输出缓冲区

图 4-90　整数转换为 ASCII 码指令及其 FMT 操作数、输出缓冲区

整数转换为 ASCII 码指令当 EN = 1 时，可以将整数 IN 根据格式 FMT 要求，转换成 ASCII 码，结果置于从 OUT 开始的 8 个连续字节内。

注意格式操作数 FMT 是一个字节，指定 ASCII 码字符串中分隔符的位置和表示方法，即指定小数点右侧的转换精度以及是否将小数点表示为逗号或点号。其中各位的含义定义如

图 4-90b 所示。①高 4 位必须是 0；②指定整数和小数之间的分隔符（c = 1 用 "," ; c = 0 用 "."）；③输出缓冲器总共为 8 字节（可表示 8 个 ASCII 码字符），输出缓冲器内小数点右侧的位数由 n 区指定，n 区的有效范围 0 ~ 5，nnn = 0 则无小数，nnn > 5 为非法格式无输出。图 4-90b 中 FMT = 3（0011），将整数（INT）- 12345 转换为 ASCII 码 - 12. 345。

输出缓冲区格式化的规则如下：①正值不带符号写入缓冲区；②负值带负号写入输出缓冲区；③对小数点左边的无效零进行删除处理；④在缓冲区中数值采用右对齐。

（2）双整数转换为 ASCII 码指令

双整数转换为 ASCII 码指令的梯形图由助记符 DTA、使能输入 EN、双整数输入端 IN、格式输入端 FMT 和 ASCII 输出端 OUT 构成。语句表由操作码 DTA、双整数输入地址 IN、ASCII 输出地址 OUT 和格式输入 FMT 构成，如图 4-91 所示。

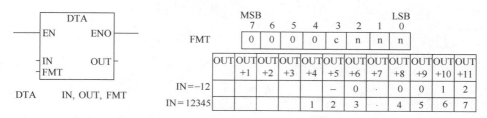

a) 双整数转换为ASCII码的指令　　　　b) DTA指令的FMT操作数、输出缓冲区

图 4-91　双整数转换为 ASCII 码指令及其 FMT 操作数、输出缓冲区

双整数转换为 ASCII 指令当 EN = 1 时，可将双整数 IN 根据格式 FMT 要求，转换成 ASCII 码，结果置于从 OUT 开始的 12 个连续字节内。

DTA 指令的输出缓冲区为 12 个字节，指令格式操作数（FMT）的定义和输出缓冲区格式化的规则与 ITA 指令相同。图 4-91b 中，指令格式操作数 FMT = 4（0100）、c = 0、nnn = 100（二进制），采用小数点作为整数和小数之间的分割符、小数点右边有 4 位数字。

（3）实数转换为 ASCII 码指令

实数转换为 ASCII 码指令的梯形图由助记符 RTA、使能输入 EN、实数输入端 IN、格式输入端 FMT 和 ASCII 输出端 OUT 构成。语句表由助记符 RTA、实数输入地址 IN、ASCII 码输出地址 OUT 和格式输入 FMT 构成，如图 4-92a 所示。

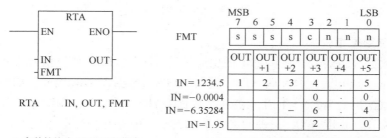

a) 实数转换为ASCII码的指令　　　　b) RTA指令的FMT操作数、输出缓冲区

图 4-92　实数转换为 ASCII 码指令及其 FMT 操作数、输出缓冲区

实数转换为 ASCII 码指令当 EN = 1 时，可将输入端 IN 的实数（REAL）根据格式 FMT 要求，转换成 ASCII 字符串，结果置于从 OUT 开始的 3 ~ 15 个连续字节内。

该指令的格式操作数 FMT 的定义如图 4-92b 所示，FMT 操作数占用一个字节，高 4 位 ssss 区的值指定输出缓冲区的大小（3 ~ 15 个字节）；规定输出缓冲区的大小应大于输入实数小数点右边的位数，如实数 - 6.35284，小数点右边有 5 位，ssss 应大于 5，至少为 6，即输出缓冲区应至少为 6 个字节；c 位及 nnn 区的值的定义与 ITA 指令相同。

输出缓冲区格式化的规则：①ITA 指令输出缓冲区格式化的 4 条规则都适用；②转换前的实数的小数部分的位数若大于 nnn 区的值，用四舍五入的方法删去多余的小数部分；③输出缓冲区的大小必须不小于 3 个字节，还要大于输入实数小数点右边的位数。

在图 4-92b 中，指令格式操作数（FMT）的高 4 位取 ssss = 0110，缓冲区的大小是 6 个字节；FMT 的低 4 位取：c = 0、nnn = 001。那么格式化的数据格式是：用小数点作为整数和小数之间的分割符；小数点右边留一位数字。实数 - 6.35284 的小数部分有 5 位，多于 nnn 区的值 001，用四舍五入的方法删去多余的 4 位，转换结果为 - 6.4。

4.2.6　表操作指令

表操作指令有五种，如图 4-93 所示。

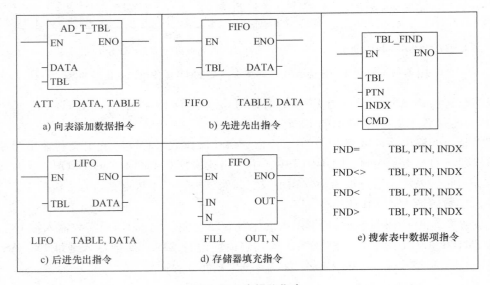

图 4-93　表操作指令

1. 向表添加数据指令

向表添加数据（填表）指令的梯形图由运算符 AD_T_TBL、使能信号 EN、数据 DATA、数据表 TBL 构成。语句表由操作码 ATT、数据 DATA、数据表 TBL 构成，如图 4-93a 所示。

向表添加数据指令当 EN = 1 时，将一个数据 DATA 添加到表 TBL 的末尾。TBL 表中第一个字表示最大允许长度（TL）；表的第二个字表示表中现有的数据项的个数（EC），每次将新数据添加到表中时，EC 的数值自动加 1。

【例 4-33】　图 4-94 给出一个填表指令的编程例子，当 I1.2 = 1 时 VW20 中的数据 1234 被填到表的最后（d2），这时最大填表数 TL 未变（TL = 6），实际填表数 EC 加 1（EC = 3），表中的数据项由 d0、d1 变为 d0、d1、d2。

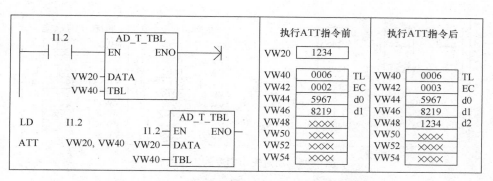

图4-94 向表添加数据指令的工作原理

2. 先进先出指令

先进先出指令的梯形图由运算符 FIFO、使能信号 EN、数据 DATA、数据表 TBL 构成。语句表由操作符 FIFO、字型数据 DATA、数据表 TABLE 构成，如图4-93b 所示。

先进先出指令允许执行时，将表 TBL 的第一个数据项（不是第一个字）移出，并将它送到 DATA 指定的存储单元中，表中其余的数据项都向前移动一个位置，同时 EC 的值减1。

【例4-34】 图4-95 给出了一个填表指令的编程例子，当 I1.2 = 1 时以 VW40 为起始地址的表（TBL）中的数据 d0、d1、d2 中的第 1 项 d0 被移到 VW80（即 DATA）中，这时最大填表数 TL 未变（TL = 6），实际填表数 EC 减 1（EC = 2），表中的数据项由 d0、d1、d2 变为 d0、d1，只不过现在的 d0、d1 的地址与执行 FIFO 前已有不同。

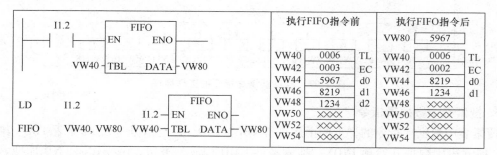

图4-95 先进先出指令的工作原理

3. 后进先出指令

后进先出指令的梯形图由运算符 LIFO、使能输入端 EN、数据 DATA、数据表 TBL 构成。语句表由操作符 FIFO、字型数据 DATA、数据表 TABLE 构成，如图4-93c 所示。

后进先出指令允许执行时，将表 TBL（或 TABLE）的最后一个数据项剪切并将它送到 DATA 指定的存储单元中，同时 EC 的值减1。

【例4-35】 图4-96 给出了一个后进先出指令的编程例子。当 I1.2 = 1 时，以 VW40 为起始地址的表（TBL）中的数据 d2 被移到 VW80（即 DATA）中，这时最大填表数 TL 未变（TL = 6），实际填表数 EC 减 1（EC = 2），表中的数据项由 d0、d1、d2 变为 d0、d1，而且现在 d0、d1 的地址与执行 LIFO 前相同。

4. 存储器填充指令

存储器填充指令 FILL 的梯形图由助记符 FIIL_N、使能信号 EN、输入值 IN、字节型整

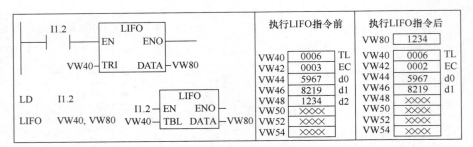

图 4-96　后进先出指令的工作原理

数 N（1～255）和填充输出起始字型地址 OUT 构成。语句表由操作码 FIIL、填充输出起始字型地址 OUT 和表示连续字型输出的字节型整数 N 构成，如图 4-93d 所示。

存储器填充指令用输入值（IN）填充从输出 OUT 开始的 N 个字的内容（N 为 1～255 的字节型整数）。

【例 4-36】　如图 4-97 所示，执行 FILL 指令后，VW100、VW102、VW104、VW106、VW108、VW110、VW112、VW114、VW116、VW118 均被清零。

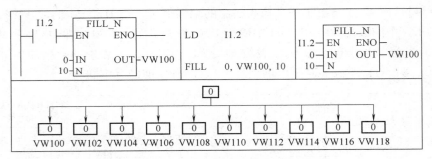

图 4-97　存储器填充指令的工作原理

5. 搜索表中数据项指令

搜索表中数据项指令的梯形图由运算符 TBL_FIND、使能信号 EN、搜索表 TBL、给定值 PTN、搜索表中数据开始项 INDX、搜索条件 CMD 构成。语句表由操作码 FND 加搜索条件（=、＜＞、＜、＞）、搜索表 TBL、给定值 PTN、搜索表中数据开始项 INDX 构成，如图 4-93e 所示。

当搜索表中数据项指令梯形图中 EN = 1 时，从搜索表 TBL 中由 INDX 设定的数据开始项开始，依据给定值 PTN 和搜索条件 CMD（值为 1 表示等于、值为 2 表示不等于、值为 3 表示小于、值为 4 表示大于）进行搜索，每搜索一个数据项，INDX 自动加 1；如果找到一个符合条件的数据项，则 INDX 指向表中该数据的编号（区域为 0～99）；如果一个符合条件的数据项也找不到，则 INDX 的值等于数据表的长度 EC；为了搜索下一个符合条件的数据项，在再次使用 TBL_FIND 指令之前，必须先将 INDX 加 1。在语句表中，从搜索表 TBL 中，由 INDX 设定的数据开始项开始，依据给定值 PTN 和搜索条件 =、＜＞、＜、＞进行搜索，搜索过程同上。

【例 4-37】　图 4-98 给出了一个搜索表中数据项指令的编程例子。当 I1.2 = 1 时 FND 指令开始查找数据表中等于 16#3625 的数据（CMD = 1）。TBL 的数据为 VW62，从 VW64 单元开始即为表中数据。实际上表中共有 6 项数据，VW62 的内容为 EC（此例 EC = 6）。

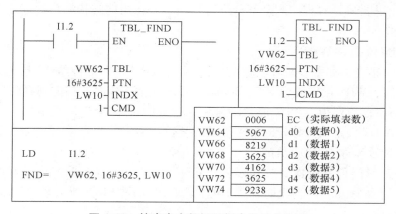

图 4-98　搜索表中数据项指令的工作原理

如果从 LW10 置 0，表示从头查找；当 I1.2 = 1 时，从头搜索表中含有数值为 16#3625 的数据项，搜索完成之后 LW10 的数据为 2，表明找到一个数据，位置在 VW68；如果继续往下查找，可以令 LW10 数据加 1，再执行一次搜索，搜索完成之后 LW10 的数据为 4，表明又找到一个数据，其位置在 VW72，再继续搜索，令 LW10 数据加 1，搜索完成之后 LW10 的数据为 6，搜索结束。

4.2.7　程序控制指令

程序控制类指令用于程序运行状态的控制，包括系统控制、跳转、循环、子程序调用，及前面介绍过的顺序控制等指令。

1. 结束指令 END

结束指令由结束条件、指令助记符 END 构成，它根据先前逻辑条件终止用户程序。如图 4-99 所示为结束指令及其编程。当满足 I1.2 = 1 的条件时，结束主程序。

$$\begin{array}{ccc} \text{I1.2} & & \text{LD}\quad\text{I1.2} \\ \dashv\ \vdash\ —(\text{END}) & & \text{END} \quad\quad \text{I1.2}—\boxed{\text{END}} \end{array}$$

图 4-99　结束指令及其编程

结束指令只能在主程序内使用，不可在子程序或中断程序内使用；STEP 7-Micro/WIN32 软件在主程序结尾处自动生成无条件结束指令 MEND，不需要用户自己添加，否则编译会出错；在调试程序时，适当插入 MEND 指令可以实现程序的分段调试。

2. 暂停指令 STOP

暂停指令由暂停条件、助记符 STOP 构成，使能输入有效时，使 PLC 从运行模式 RUN 切换到停止模式 STOP，并立即终止程序的执行。如图 4-100 所示是暂停指令及其编程，SM5.0 为 I/O 错误继电器，当出现 I/O 错误时，SM5.0 = 1，强迫 CPU 进入停止模式。

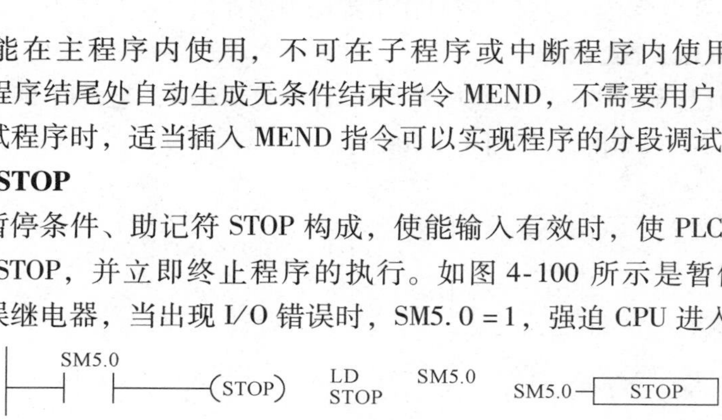

$$\begin{array}{ccc} \text{SM5.0} & & \text{LD}\quad\text{SM5.0} \\ \dashv\ \vdash\ —(\text{STOP}) & & \text{STOP} \quad\quad \text{SM5.0}—\boxed{\text{STOP}} \end{array}$$

图 4-100　暂停指令及其编程

注意，如果在中断程序内执行暂停指令，中断程序会立即终止，忽略全部等待执行的中断（即忽略所有挂起），对程序剩余部分进行扫描，并在当前扫描结尾处完成从运行模式到停止模式的转换。

3. 看门狗复位指令 WDR

看门狗复位指令也称警惕时钟刷新指令，由复位条件、助记符 WDR 构成。用于监视扫描周期是否超时，WDT 设定值为 100～300ms。系统正常工作时，扫描到看门狗定时器 WDT 的时间小于 WDT 的设定值，WDT 能自动复位，警戒时钟不起作用。系统某些故障情况下，扫描时间大于 WDT 设定值，该定时器不能及时复位，则报警并停止 CPU 运行，同时复位输入、输出，这种故障称为 WDT 故障。

图 4-101 是看门狗复位指令及其编程。M5.7 是程序中需要扩大扫描时间的标志，当 M5.7 = 1 时，重新触发看门狗定时器 WDR，从而可使 WDR 重新启动运行而增加本次扫描时间。

图 4-101 看门狗复位指令及其编程

4. 跳转与标号指令 JMP、LBL

跳转和标号指令由跳转条件、助记符 JMP 和标记号 n（0～255）构成；标号指令由助记符 LBL 和标号 n 构成，如图 4-102 所示。

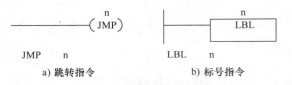

a) 跳转指令   b) 标号指令

图 4-102 跳转与标号指令

在程序执行时，可能由于条件不同，产生一些分支，需要跳转操作，由跳转指令和标号指令两部分构成。跳转指令在使能输入有效时，程序跳转到程序内指定标号（n）处执行，使能输入无效时，程序顺序执行；标号指令 LBL 标记跳转目的位置（n）。

跳转指令和标号指令必须配对，同时在主程序内或在同一子程序内、同一中断程序内。

5. 循环指令 FOR、NEXT

循环指令由助记符 FOR、使能输入端 EN、计数器 INDX、起始值 INIT、结束值 FINAL 和循环结束助记符 NEXT 构成，如图 4-103 所示。

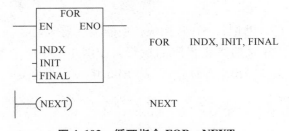

图 4-103 循环指令 FOR、NEXT

循环开始指令 FOR 标记循环体（指 FOR 与 NEXT 之间的程序段）的开始；循环结束指令 NEXT 标记循环体的结束，并置堆栈栈顶值为1。必须为 FOR 指令设定当前循环次数的计数器 INDX、初值 INIT 和终值 FINAL，使能输入 EN 有效时，循环体开始执行，到 NEXT 指令时返回，每执行一次循环体，当前计数值增加1，若超过终值，则停止循环。

使能启动 FOR/NEXT 循环，将直到结束，还可在循环执行时修改终值；若使能重新有效，自动将各参数复位（含初值 INIT 和终值 FINAL，并将初值拷贝到计数器 INDX 中）；每个 FOR 指令要求与一个 NEXT 指令配套，可在 FOR/NEXT 循环内再设 FOR/NEXT 循环，最多嵌套 8 层。

6. 子程序调用指令

程序模块化是结构化程序设计方法的核心思想，通过程序块组合可完成复杂应用程序的编写。S7-200 程序结构分为主程序（OB1）、子程序（SBRn）和中断程序（INTn）。实际应用中可把反复使用的程序编成一个独立程序块，存放在程序某一个区域中，根据需要来调用。这类程序块叫子程序，具有特定功能。子程序由标号开始，到返回指令结束，STEP 7-Micro/WIN32 编程软件能为每个子程序自动加入子程序标号和返回指令。

（1）建立子程序

系统默认 SBR_0 为子程序，也可采用下列方法建立子程序：

1）从"编辑"菜单中选择"插入"→"子程序"。

2）在"指令树"中用鼠标右键单击"程序块"图标，并从弹出菜单选择"插入"→"子程序"。

3）从"程序编辑器"窗口中用鼠标右键单击，并从弹出菜单选择"插入"→"子程序"。

只要插入了子程序，程序编辑器底部会出现一个新标签（SBR_n），标志新的子程序，此时可对新的子程序编程。

（2）子程序调用与返回指令

子程序调用指令的梯形图由调用助记符 SBR、使能端 EN 和标号 n 构成；返回指令由返回助记符 RET 构成，如图 4-104 所示。

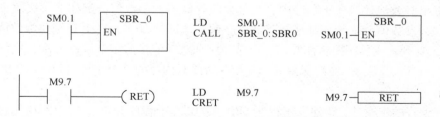

图4-104 子程序调用与返回指令

主程序用 CALL 来调用一个子程序，调用后程序控制权就交给了子程序 SBR_n，程序扫描将转到子程序入口处执行，子程序结束后，必须返回主程序。每个子程序必须以无条件返回指令 RET 作为结束，STEP 7-Micro/WIN32 能自动添加 RET；有条件子程序返回指令 CRET，在使能端有效时，终止子程序 SBR_n。子程序执行完毕，控制程序回到主程序中子程序调用指令 CALL 的下一条指令。

调用子程序时，系统保存当前逻辑堆栈，保存后再置栈顶值为1，堆栈其他值为零，把控制权交给被调用的子程序；子程序执行完毕，通过 RET 自动恢复逻辑堆栈原值，控制权交还调用程序。主程序和子程序公用累加器，调用子程序时无须对累加器作存储及重装操作。中断程序、子程序中也可调用子程序，但不能调用自己。子程序嵌套深度为 8 层。

（3）带参数的子程序（可移动子程序）调用

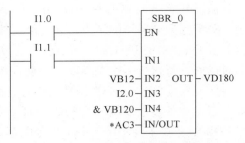

图 4-105　带参数调用的子程序指令

子程序调用可带参数也可不带参数，如带参数可附上调用时所需的参数。子程序返回有条件和无条件之分。图 4-105 所示为带参数调用的子程序指令。

为了移动子程序，应避免使用任何全局变量/符号（I、Q、M、SM、AI、AQ、V、T、C、S、AC 内存中的绝对地址），这样能导出子程序到另一个项目。子程序参数（变量和数据）在子程序与调用程序间传递，由地址符号名、参数名称（最多 8 个字符）、变量类型和数据类型来描述，在子程序局部变量表中定义，最多传递 16 个参数，见表 4-16。

表 4-16　STEP 7-Micro/WIN32 局部变量表

SIMATIC LAD				SIMATIC LAD			
局部变量	参数名称	变量类型	数据类型	局部变量	参数名称	变量类型	数据类型
	EN	IN	BOOL	LD3	IN4	IN	DWORD
L0.0	IN1	IN	BOOL	LW7	IN/OUT	IN/OUT	WORD
LB1	IN2	IN	BYTE	LD9	OUT	OUT	DWORD
L2.0	IN3	IN	BOOL	LD11	OUT	OUT	REAL

局部变量表使用局部变量存储器，当在局部变量表中加入一个参数时，系统自动给该参数分配局部变量存储空间。子程序传递的参数放在子程序的局部存储器（L）中，局部变量表最左侧的一列是系统指定的每个传递参数的局部存储器地址。当子程序调用时，输入参数值复制到子程序的局部变量存储器；当子程序完成时，从局部变量存储器区复制输出参数值到指定的输出参数地址。在子程序中，局部变量存储器的参数值分配如下：按照子程序指令的调用顺序，参数值分配给局部变量存储器，起始地址是 L0.0，1～8 连续位参数值分配一个字节，从 Lx.0 到，成程序挖名称 Lx.7；字节、字和双字值按照字节顺序分配在局部变量存储器中（LBx、LWx、LDx）。系统保留局部变量存储器 L 内存的 4 个字节（LB60～LB63），用于调用参数。

子程序编程的步骤是：①建立子程序 SBR_n；②在子程序 SBR_n 中编写应用程序；③在主程序或其他子程序或中断程序中编写调用子程序 SBR_n 指令。

4.3　S7-200 PLC 的特殊功能指令

4.3.1　中断操作指令

S7-200 PLC 设置了中断功能，用于实时控制、高速处理、通信和网络等复杂和特殊控制任务。中断就是使系统暂时终止当前正在运行的程序，去执行为立即响应的信号而编制的中断服务程序，处理那些急需处理的事件，执行完毕再返回原先终止的程序并继续执行。

　　S7-200 PLC 可引发中断的事件（称为中断源）共有 5 大类 34 项，其中输入信号中断源 8 项、通信口中断源 6 项、定时器中断源 4 项、高速计数器中断源 14 项、脉冲输出指令中断源 2 项。系统给每个中断源都分配一个编号，称为中断事件号，见表 4-17。

表 4-17　S7-200 PLC 中断事件表

源　号	中断描述	CPU221	CPU222	CPU224	CPU226
0	I0.0 上升沿	有	有	有	有
1	I0.0 下降沿	有	有	有	有
2	I0.1 上升沿	有	有	有	有
3	I0.1 下降沿	有	有	有	有
4	I0.2 上升沿	有	有	有	有
5	I0.2 下降沿	有	有	有	有
6	I0.3 上升沿	有	有	有	有
7	I0.3 下降沿	有	有	有	有
8	端口 0 接收字符	有	有	有	有
9	端口 0 发送字符	有	有	有	有
10	定时中断 0（SMB34）	有	有	有	有
11	定时中断 1（SMB35）	有	有	有	有
12	HSC0 当前值＝预置值	有	有	有	有
13	HSC1 当前值＝预置值			有	有
14	HSC1 输入方向改变			有	有
15	HSC1 外部复位			有	有
16	HSC2 当前值＝预置值			有	有
17	HSC2 输入方向改变			有	有
18	HSC2 外部复位		有	有	有
19	PLS0 脉冲数完成中断	有	有	有	有
20	PLS1 脉冲数完成中断	有	有	有	有
21	T32 当前值＝预置值	有	有	有	有
22	T96 当前值＝预置值	有	有	有	有
23	端口 0 接收信息完成	有	有	有	有
24	端口 1 接收信息完成				有
25	端口 1 接收字符				有
26	端口 1 发送字符				有
27	HSC0 输入方向改变	有	有	有	有
28	HSC0 外部复位	有	有	有	有
29	HSC4 当前值＝预置值	有	有	有	有
30	HSC4 输入方向改变	有	有	有	有
31	HSC4 外部复位	有	有	有	有
32	HSC3 当前值＝预置值	有	有	有	有
33	HSC5 当前值＝预置值	有	有	有	有

1. 全局中断允许、全局中断禁止指令

全局中断允许指令 ENI，又称开中断指令，全局性地允许所有被连接的中断事件。全局中断禁止指令 DISI，又称关中断指令，全局性地禁止所有中断事件，中断事件的每次出现均被排队等候，直至使用全局开中断指令重新启用中断。

PLC 转换到 RUN（运行）模式时，中断开始时被禁用，可以通过执行开中断指令，允许所有中断事件。执行关中断指令会禁止处理中断，但是现有中断事件将继续排队等候。

中断允许和中断禁止指令的梯形图、语句表如图 4-106 所示。

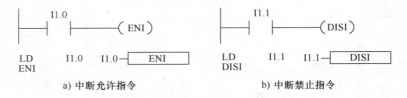

图 4-106 中断允许指令和中断禁止指令

2. 中断连接指令、中断分离指令

在启动中断程序之前，需使用中断连接指令 ATCH 建立中断事件（EVNT：0～33）与中断程序号（INT：0～127）之间的联系。将中断事件连接于中断程序时，该中断自动启动。根据指定事件优先级组，PLC 按照先来先服务的顺序进行中断。

任何时刻只能激活一个中断，若有其他中断正在处理，CPU 发出中断暂时入队、等待处理的指令。若请求中断的数目过多，队列无法处理，则设定队列溢出状态位，当队列空出时重置。

使用中断分离指令 DTCH 可取消某中断事件 EVNT（0～33）与所有中断程序之间的连接，因而关闭单个中断事件；中断分离指令使中断返回未激活或被忽略状态。

中断连接和中断分离指令的梯形图、语句表如图 4-107 所示。

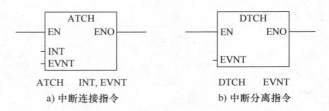

图 4-107 中断连接指令和中断分离指令

注意，一个中断事件只能连接一个中断程序，但多个中断事件可以调用一个中断程序。

3. 中断返回指令

如图 4-108 所示，有条件中断返回（CRETI）指令可根据控制条件从中断程序中返回到主程序。用中断程序入口处的中断程序标号来识别不同的中断程序，在响应与之关联的内部或外部中断事件时执行，用无条件中断返回指令 RETI 或有条件中断返回指令 CRETI 退出中断程序，从而将控制权交还给主程序。在中断程序中必须用 RETI 指令来结束，程序编译时，由软件自动在中断程序结尾加上 RETI 指令。

图 4-108 中断返回指令

中断处理要快速响应，中断程序"越短越好"。在中断程序中不能改写其他程序使用的存储器，最好使用局部变量。所有中断程序必须放在主程序的无条件结束指令之后，且程序中不能使用 DISI、ENI、HDEF、LSCR、END 等指令。

中断前后，系统保存和恢复逻辑堆栈、累加寄存器、特殊存储器标志位（SM），从而避免了中断程序返回后对用户主程序执行现场所造成的破坏。

【例 4-38】 如图 4-109 所示为中断指令的编程。PLC 开机后首次扫描 SM0.1 为 1，标号为 0 的中断事件（即 I0.0 上升沿）引发连接 4 号中断程序 INT_4，程序执行转入中断程序 INT_4，如有 I/O 错误则 SM5.0 置 1，返回中断并取消 0 号中断事件与中断程序的联系；若 M5.0 = 1 则全局性地关闭所有中断事件。

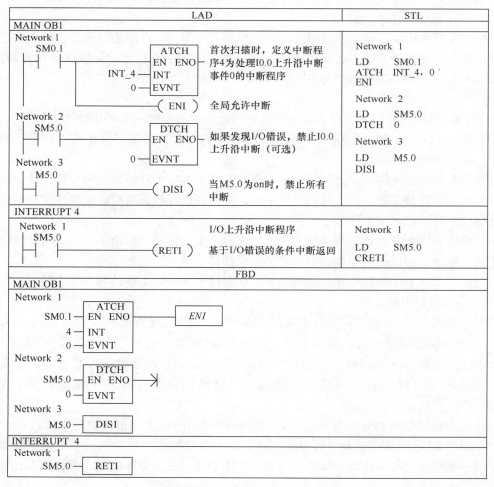

图 4-109 中断指令的编程

4. 中断中几个问题的说明

（1）关于中断程序的建立

1）S7-200 可以在梯形图编辑器内的任何位置单击鼠标右键，并选择插入中断。

2）S7-200 也可以从指令树，用鼠标右键单击程序块图标，并从弹出菜单中选择插入中断。

3）S7-200 还可以从程序编辑器窗口的菜单中选择插入中断。一旦一个新中断被建立，会在程序编辑器的底部出现新的标签，代表新建立的中断程序。

（2）关于在中断中调用子程序

中断程序不由用户程序调用，而由操作系统调用，可以从中断程序中调用一个子程序，累加器和逻辑堆栈在中断程序和被调用的子程序中是共用的。

（3）关于共享数据

用户主程序和一个或多个中断程序间可共享数据。如果用户程序共享数据，必须考虑中断事件异步特性的影响，这是因为中断事件会在用户主程序执行的任何地方出现，共享数据一致性的解决要依赖于主程序被中断事件中断时中断程序的操作。

（4）关于通信口中断

PLC 的串行通信接口可由梯形图或语句表程序来控制，即自由端口模式。用户通过编程控制通信端口的事件为通信中断，用来设置波特率、每个字符位数、奇偶校验和通信协议，利用接收和发送中断可简化程序对通信的控制。

（5）关于 I/O 中断

I/O 中断包括外部输入上升/下降沿中断、高速计数器中断和脉冲串输出（PTO）中断。S7-200 用输入（I0.0、I0.1、I0.2 或 I0.3）上升/下降沿产生中断，这些输入点用于捕获在发生时必须立即处理的事件。

高速计数器中断允许响应诸如当前值等于预置值、相应于轴转动方向变化的计数器计数方向改变和计数器外部复位等事件而产生中断，每种高速计数器可对高速事件实时响应，而PLC 扫描速率对这些高速事件是不能控制的。

脉冲串输出中断是指预定数目脉冲输出完成而产生的中断，给出了已完成指定脉冲数输出的指示，脉冲串输出的一个典型应用是步进电动机。

可以通过将一个中断程序连接到相应的 I/O 事件上来允许上述的每一个中断。

（6）关于时基中断

时基中断包括定时中断和定时器 T32/T96 中断。CPU 支持定时中断，指定一个周期性活动，以 1ms 为增量单位，周期为 5～255ms。对定时中断 0，把周期写入 SMB34；对定时中断 1，周期写入 SMB35。每当定时器溢出时，定时中断事件把控制权交给相应中断程序，通常可用定时中断以固定时间间隔去控制模拟量输入的采样或者执行一个 PID 回路。

一旦允许定时中断就会连续地运行，指定时间间隔的每次溢出时执行被连接的中断程序，如果退出 RUN 模式或分离定时中断，则定时中断被禁止；如果执行了全局中断禁止指令，定时中断事件会继续出现，每个出现定时中断事件将进入中断队列，直到中断允许或队列满，如图 4-110 所示。

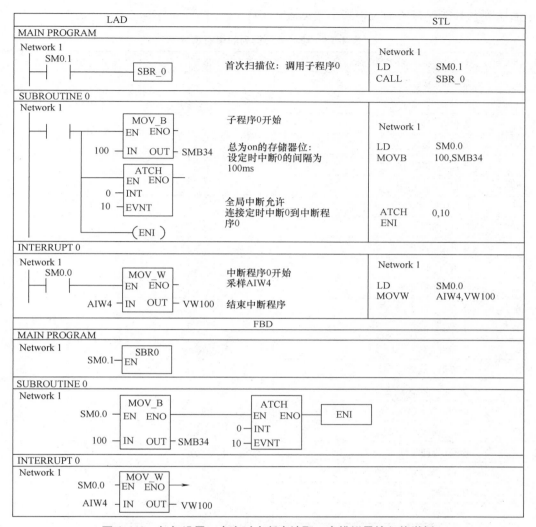

图4-110　如何设置一个定时中断去读取一个模拟量输入值举例

定时器 T32/T96 中断允许 CPU 及时地响应一个给定时间间隔的中断，这些中断只支持 1ms 分辨率的延时接通定时器（TON）和延时断开定时器（TOF），如 T32 和 T96，T32 和 T96 定时器在其他方面工作正常。一旦允许中断，当有效定时器的当前值等于预置值时，在 CPU 的正常 1ms 定时刷新中，执行被连接的中断程序。首先把一个中断程序连接到 T32/T96 中断事件上，然后允许定时中断。

（7）关于中断优先级和排队

优先级是指多个中断事件同时发出中断请求时，CPU 对中断事件响应的优先顺序。表4-18给出了中断事件优先级和分配的事件号。

一个程序中总共可有 128 个中断，S7-200 在任何时刻都只能执行一个中断程序，在中断各自的优先级组内按照先来先服务的原则处理。一旦中断程序开始执行，要一直执行到结束，而且不会被别的中断程序甚至是更高优先级的中断程序打断；中断程序执行中，新的中断请求按优先级排队等候，中断队列能保存的中断个数也是有限的，若超出则产生溢出，三个中断队列及其能保存的最大中断个数见表4-19。

表4-18　按优先级排列的中断事件

事 件 号	中 断 描 述	优 先 组	优先组中的优先级
8	端口 0：接收字符	通信（最高）	0
9	端口 0：发送完成		0
23	端口 0：接收信息完成		0
24	端口 1：接收信息完成		1
25	端口 1：接收字符		1
26	端口 1：发送完成		1
19	PTO 0 完成中断	I/O（中等）	0
20	PTO 1 完成中断		1
0	上升沿，I0.0		2
2	上升沿，I0.1		3
4	上升沿，I0.2		4
6	上升沿，I0.3		5
1	下降沿，I0.0		6
3	下降沿，I0.1		7
5	下降沿，I0.2		8
7	下降沿，I0.3		9
12	HSC0 CV = PV（当前值 = 预置值）		10
27	HSC0 输入方向改变		11
28	HSC0 外部复位		12
13	HSC1 CV = PV（当前值 = 预置值）		13
14	HSC1 输入方向改变		14
15	HSC1 外部复位		15
16	HSC2 CV = PV		16
17	HSC2 输入方向改变		17
18	HSC2 外部复位		18
32	HSC3 CV = PV（当前值 = 预置值）		19
29	HSC4 CV = PV（当前值 = 预置值）		20
30	HSC4 输入方向改变		21
31	HSC4 外部复位		22
33	HSC5 CV = PV（当前值 = 预置值）		23
10	定时中断 0	定时（最低）	0
11	定时中断 1		1
21	定时器 T32 CT = PT 中断		2
22	定时器 T96 CT = PT 中断		3

表 4-19 中断队列和每个队列的最大中断数

队 列	CPU 221	CPU 222	CPU 224	CPU 226
通信中断队列	4	4	4	8
I/O 中断队列	16	16	16	16
定时中断队列	8	8	8	8

中断队列溢出位见表 4-20，只能在中断程序中使用这些位，因为在队列变空或控制返回到主程序时这些位会复位。

表 4-20 用于中断队列溢出的特殊存储器位的定义

描述（0 = 不溢出，1 = 溢出）	SM 位
通讯中断队列溢出	SM4.0
I/O 中断队列溢出	SM4.1
定时中断队列溢出	SM4.2

5. 中断程序编程步骤

① 建立中断程序 INT_n（同建立子程序方法相同）；②在中断程序 INT_ n 中编写其应用程序；③编写中断连接指令 ATCH；④允许中断 ENI；⑤如果需要，编写中断分离指令 DTCH。

【例 4-39】 编程完成采样工作，要求每 10ms 采样一次 。

分析：完成每 10ms 采样一次，需用定时中断。定时中断 0 的中断事件号为 10。因此在主程序中将采样周期（10ms） 即定时中断的时间间隔写入定时中断 0 的特殊存储器 SMB34，并将中断事件 10 和 INT_0 连接，全局开中断。在中断程序 0 中，将模拟量输入信号读入，程序如图 4-111 所示。

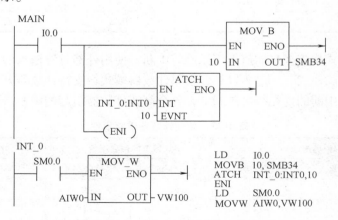

图 4-111 运用中断设置模拟量采样周期的编程

4.3.2 高速计数器操作指令

计数器指令的计数速度受扫描周期的影响，对于比 CPU 扫描频率高的脉冲输入，就不能满足控制要求了。为此，S7-200 PLC 设计了高速计数功能，累计 CPU 扫描速率不能控制的高速脉冲输入事件，利用产生的中断完成预定的操作。

高速计数器常用于距离测量、电动机转速检测、高速运动控制，当前值等于预设值或发生重置时，提供中断。

1. 高速计数器介绍

S7-200 系列 PLC 设计了高速计数功能（HSC），计数自动进行不受扫描周期的影响，最高计数频率取决于 CPU 类型，CPU 22x 最高计数频率为 30kHz，用于捕捉比 CPU 扫描速率更快的事件，并产生中断，执行中断程序，完成预定操作。高速计数器地址编号用 HC0 ~ 5 表示（有时用 HSC n），HC（HSC）表示编程元件名称为高速计数器，数字（n）为编号。

不同型号的 PLC 主机，高速计数器的数量与编号范围见表 4-21。

表 4-21　高速计数器的数量与编号表

主 机 型 号	CPU 221	CPU 222	CPU 224	CPU 226
可用 HSC 数量	4		6	
HSC 编号范围	HC0，HC3，HC4，HC5		HC0 ~ HC5	

（1）高速计数器输入端的连接

每个高速计数器对它所支持的时钟、方向控制、复位和启动都有如表 4-22 所示的专用输入点，通过中断控制完成预定操作。同一个输入端不能用于两种不同的功能，但是高速计数器当前模式未使用的输入端均可用于其他用途。

表 4-22　高速计数器专用的输入点

高速计数器	使用的输入端子	高速计数器	使用的输入端子
HSC0	I0.0，I0.1，I0.2	HSC3	I0.1
HSC1	I0.6，I0.7，I1.0，I1.1	HSC4	I0.3，I0.4，I0.5
HSC2	I1.2，I1.3，I1.4，I1.5	HSC5	I0.4

全部计数器模式均支持当前值等于预设值中断，使用外部重置输入的计数器模式支持外部重置激活中断。除模式 0、1、2 以外，全部计数器模式均支持计数器方向改变中断。每个高速计数器的 3 种中断的优先级由高到低，各个高速计数器引起的中断事件见表 4-23。

表 4-23　高速计数器中断事件

高速计数器	当前值等于预设值		计数方向改变中断		外部信号复位中断	
	事件号	优先级	事件号	优先级	事件号	优先级
HSC0	12	10	27	11	28	12
HSC1	13	13	14	14	15	15
HSC2	16	16	17	17	18	18
HSC3	32	19	无	无	无	无
HSC4	29	20	30	21	31	22
HSC5	33	23	无	无	无	无

（2）高速计数器的工作模式

高速计数器有 12 种工作模式，模式 0～2 采用单路脉冲输入的内部方向控制加/减计数，只有一个计数输入端，是要么增计数、要么减计数的单向计数器；模式 3～5 采用单路脉冲输入的外部方向控制加/减计数，也只有一个计数输入端，也是单相计数器；模式 6～8 采用两路脉冲输入的加/减计数，两个计数输入端，一为增计数，另一减计数，是可增可减的双向计数器；模式 9～11 采用两路脉冲输入的双相正交计数，两个时钟脉冲输入端 A 相和 B 相，当 A 相时钟超前 B 相时钟时进行增计数，而当 A 相时钟滞后 B 时钟时进行减计数，在正交模式下可选择 1 倍（1×）或 4 倍（4×）最大计数速率。

HSC0 和 HSC4 有模式 0、1、3、4、6、7、8、9、10；HSC1 和 HSC2 有模式 0、1、2、3、4、5、6、7、8、9、10、11；HSC3 和 HSC5 只有模式 0，见表 4-24。

表4-24　高速计数器的工作模式和输入端子的关系

HSC 编号及其对应的输入端子	功能及说明	占用的输入端子及其功能			
	HSC0	I0.0	I0.1	I0.2	×
	HSC4	I0.3	I0.4	I0.5	×
	HSC1	I0.6	I0.7	I1.0	I1.1
	HSC2	I1.2	I1.3	I1.4	I1.5
	HSC3	I0.1	×	×	×
HSC 模式	HSC5	I0.4	×	×	×
0	单路脉冲输入的内部方向控制加/减计数	脉冲输入端	×	×	×
1	控制字SM37.3＝0，减计数		×	复位端	×
2	SM37.3＝1，加计数		×	复位端	起动
3	单路脉冲输入的外部方向控制加/减计数	脉冲输入端	方向控制端	×	×
4	方向控制端＝0，减计数			复位端	×
5	方向控制端＝1，加计数			复位端	起动
6	两路脉冲输入的单相加/减计数	加计数脉冲输入端	减计数脉冲输入端	×	×
7	加计数有脉冲输入，加计数			复位端	×
8	减计数端脉冲输入，减计数			复位端	起动
9	两路脉冲输入的双相正交计数	A 相脉冲输入端	B 相脉冲输入端	×	×
10	A 相脉冲超前 B 相脉冲，加计数			复位端	×
11	A 相脉冲滞后 B 相脉冲，减计数			复位端	起动

（3）高速计数器的控制字和状态字

定义了计数器和工作模式之后，还要设置高速计数器的有关控制字节，它决定了计数器的计数允许或禁用，方向控制（仅限模式 0、1 和 2）或对所有其他模式的初始化计数方向、装载当前值和预置值。控制字节每个控制位的说明见表 4-25。

每个高速计数器都有一个状态字节，每一位都反映这个计数器的工作状态。状态字节的状态位 SM36.0～SM36.4（HSC0）、SM46.0～SM46.4（HSC1）、SM56.0～SM56.4（HSC2）、SM136.0～SM136.4（HSC3）、SM146.0～SM146.4（HSC4）、SM156.0～SM156.4（HSC5）

未使用。其余见表 4-26。

表 4-25　高速计数器的控制字节

HSC0	HSC1	HSC2	HSC3	HSC4	HSC5	说　明
SM37.0	SM47.0	SM57.0		SM147.0		复位有效电平控制： 0＝复位信号高电平有效；1＝低电平有效
SM37.1	SM47.1	SM57.1		SM147.1		起动有效电平控制： 0＝起动信号高电平有效；1＝低电平有效
SM37.2	SM47.2	SM57.2		SM147.2		正交计数器计数速率选择
SM37.3	SM47.3	SM57.3	SM137.3	SM147.3	SM157.3	计数方向控制位：0＝减计数；1＝加计数
SM37.4	SM47.4	SM57.4	SM137.4	SM147.4	SM157.4	向 HSC 写入计数方向：0＝无更新；1＝更新
SM37.5	SM47.5	SM57.5	SM137.5	SM147.5	SM157.5	向 HSC 写入预置值：0＝无更新；1＝更新
SM37.6	SM47.6	SM57.6	SM137.6	SM147.6	SM157.6	向 HSC 写入新当前值：0＝无更新；1＝更新
SM37.7	SM47.7	SM57.7	SM137.7	SM147.7	SM157.7	HSC 允许：0＝禁用 HSC；1＝启用 HSC

表 4-26　高速计数器状态字节的状态位

HSC0	HSC1	HSC2	HSC3	HSC4	HSC5	说　明
SM36.5	SM46.5	SM47.0	SM136.5	SM146.5	SM156.5	当前计数方向状态位：0＝减计；1＝加计
SM36.6	SM46.6	SM56.6	SM136.6	SM146.6	SM156.6	当前值等于预置值状态位：0＝不等；1＝相等
SM36.7	SM46.7	SM56.7	SM136.7	SM146.7	SM156.7	当前值大于预置值状态位：0 为≤；1 为＞

（4）高速计数器的当前值和预置值

各高速计数器均有 32 位当前值，为带符号整数值，欲向高速计数器装载新的当前值，必须设定包含当前值的控制字节及特殊内存字节，然后执行 HSC 指令，使新数值传输至高速计数器。表 4-27 列举了用于装入新当前值的特殊内存字节。

表 4-27　高速计数器的当前值

高速计数器	HSC0	HSC1	HSC2	HSC3	HSC4	HSC5
新当前值	SMD38	SMD48	SMD58	SMD138	SMD148	SMD158

每个高速计数器均有一个 32 位的预设值，为带符号整数值。欲向计数器内装载新的预置值，必须设定包含预置值的控制字节及特殊内存字节，然后执行 HSC 指令，将新数值传输至高速计数器，表 4-28 描述了用于容纳预置值的特殊内存字节。

表 4-28　高速计数器的预置值

高速计数器	HSC0	HSC1	HSC2	HSC3	HSC4	HSC5
新预置值	SMD42	SMD52	SMD62	SMD142	SMD152	SMD162

2. 高速计数器指令及应用

（1）高速计数器指令

高速计数器有高速计数器定义指令 HDEF 和高速计数器编程指令 HSC，见表 4-29。

表4-29　高速计数器指令格式

梯 形 图	HDEF EN ENO ????-HSC ????-MODE	HSC EN ENO ????-N
语句表	HDEF HSC, MODE	HSC N
功能说明	高速计数器定义指令 HDEF	高速计数器使用指令 HSC
操作数	HSC：高速计数器的编号，为常量 (0~5) 数据类型：字节 MODE 工作模式，为常量 (0~11) 数据类型：字节	N：高速计数器的编写，为常量 (0~5) 数据类型：字
ENO=0 的出错条件	SM4.3 (运行时间)，0003 (输入点冲突)，0004 (中断中的非法指令)，000A (HSC 重复定义)	SM4.3 (运行时间)，0001 (HSC 在 HDEF 之前)，0005 (HSC/PLS 同时操作)

高速计数器定义指令允许时，计数器号 HSC 及工作模式 MODE 被确定。应注意的是 HDEF 指令只能用一次（如对某高速计数器执行两次 HDEF 将生成运行错误而且不会改变第一次执行 HDEF 指令后对计数器的设定）。

高速计数器编程指令允许时，对高速计数器 N 进行一系列的新操作，将被 S7-200 编程，高速计数器新的功能生效。

（2）高速计数器指令的使用

1）每个高速计数器都有一个 32 位当前值和一个 32 位预置值（见表4-27 和表4-28），当前值和预设值均为带符号的整数值。要设置高速计数器的新当前值和新预置值，必须设置控制字节，令其第五位和第六位为 1，允许更新预置值和当前值，新当前值和新预置值写入特殊内部标志位存储区。然后执行 HSC 指令，将新数值传输到高速计数器。

2）执行 HDEF 指令之前，必须将高速计数器控制字节的位设置成需要的状态，否则将采用默认设置。默认设置为：复位和起动输入高电平有效，正交计数速率选择 4 × 模式。执行 HDEF 指令后，不能再改变计数器的设置，除非 CPU 进入停止模式。

3）执行 HSC 指令时，CPU 检查控制字节和有关的当前值和预置值。

（3）高速计数器指令的初始化

高速计数器指令的初始化的步骤如下：

1）用首次扫描时接通一个扫描周期的特殊内部存储器 SM0.1 去调用一个子程序，完成初始化操作。因为采用了子程序，在随后的扫描中，不必再调用这个子程序，以减少扫描时间，优化程序结构。

2）在初始化的子程序中，根据控制需要设置控制字。

3）执行 HDEF 指令，设置 HSC 的编号（0~5），设置工作模式（0~11）。如 HSC 的编号设置为 1，工作模式输入设置为 11，则为既有复位又有起动的正交计数工作模式。

4）用新的当前值写入 32 位当前值寄存器（SMD38、SMD48、SMD58、SMD138、SMD148、SMD158）。如写入 0，则清除当前值，用指令 MOVD 0，SMD48 实现。

5）用新的预置值写入 32 位预置值寄存器（SMD42、SMD52、SMD62、SMD142、SMD152、SMD162）。如执行指令 MOVD 1000，SMD52，则设置预置值为 1000。若写入预置值为 16#00，则高速计数器处于不工作状态。

6）设置中断。为了捕捉当前值等于预置值的事件，将条件 CV = PV 中断事件（事件 13）与一个中断程序相联系，对中断进行编程；为了捕捉计数方向的改变，将方向改变的中断事件（事件 14）与一个中断程序相联系，对中断进行编程；为了捕捉外部重置复位事件，将外部复位中断事件（事件 15）与一个中断程序相联系，对中断进行编程。

7）执行全局中断允许指令（ENI）允许 HSC 中断。

8）执行 HSC 指令使 S7-200 对高速计数器进行编程。

9）结束子程序。

【**例 4-40**】 高速计数器的应用举例。

（1）主程序

如图 4-112 上部 MAIN OB1 所示，用首次扫描时接通一个扫描周期的特殊内部存储器 SM0.1 去调用一个子程序，完成初始化操作。

```
LD     SM0.1              //首次扫描时，
CALL   SBR_0              //调用子程序 SBR_0
```

（2）初始化的子程序

如图 4-112 中部 SUBROUTIME 0 所示，第一条指令设置 SMB47 = 16#F8，设定高速计数器为允许计数、更新当前值、更新预置值、更新计数方向为加计数、设定启动输入和复位输入为高电平有效、正交计数设为 4×模式；第二条指令是定义 HSC1 的工作模式为模式 11（两路脉冲输入的双相正交计数，具有复位和起动输入功能）；第三条指令是对 SMD48 送零，这是清除 HSC1 的当前值；第四条指令是设定 HSC1 的预置值 SMD52 = 50；第五条指令是当前值 = 预设值时产生中断（中断事件 13），中断事件 13 连接中断程序 INT_0；第六条指令是设定全局开中断；第七条指令是对 HSC1 编程。

（3）中断程序

如图 4-113 下部 INTERRUPT 0 所示，第一条指令是把 0 送到 SMD48 中，对 HSC1 当前值清零；第二条指令把 16#C0 送入 SMB47，是设定 HSC1 允许更新当前值；第三条指令是对 HSC1 编程。后面还可以增加指令用以记录中断次数，或者说记录 HSC1 从 0 计数到 50 的次数。

4.3.3 高速脉冲指令

高速脉冲输出指令 PLS 可使 PLC 某些输出端产生高速脉冲，用来驱动负载实现精确控制，例如对步进电动机的控制。

高速脉冲输出指令梯形图由助记符 PLS、使能输入端 EN 和高速脉冲输出端 Q0.x 构成；语句表由操作码 PLS 和高速脉冲输出端地址操作数 Q0.x 构成，如图 4-113 所示。

使能输入端 EN = 1 时，高速脉冲输出指令 PLS 检测为脉冲输出端（Q0.0 或 Q0.1）所设置的特殊存储器位，然后激活由特殊存储器位定义的 PWM 或 PTO 操作。

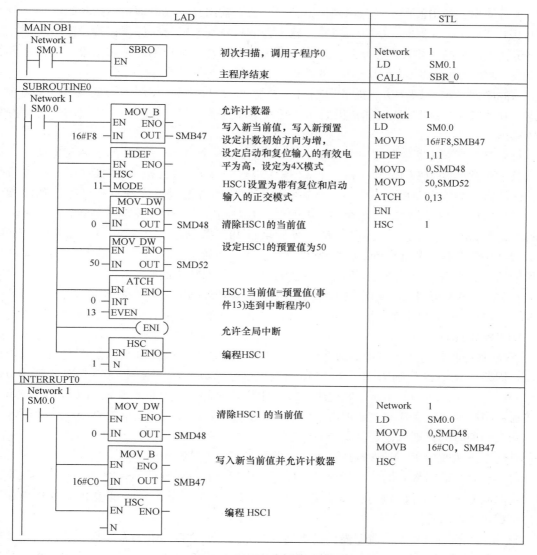

图4-112　高速计数器的应用

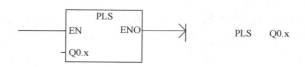

图4-113　高速脉冲输出指令

S7-200每个CPU有两个PTO/PWM生成器，分别输出高速脉冲序列（脉冲串）及脉宽调制（宽度可调）波形，一个生成器指定给数字输出点Q0.0，另一个生成器指定给数字输出点Q0.1。

PTO/PWM生成器及输出映像寄存器共同使用Q0.0及Q0.1，当Q0.0或Q0.1被设定为PTO或PWM功能时，由PTO/PWM生成器控制其输出，并禁止输出点数字量输出的通用功能的正常使用，输出波形不受输出映像寄存器状态、输出强置或立即输出指令的影响；当不使用 PTO/PWM 生成器时，Q0.0 或 Q0.1 输出控制权转交给输出映像寄存器，输出映像寄存器决定输出波形的初始及最终状态，以高电平或低电平产生波形的起始和结束。建议在启动 PTO 或 PWM 之前，将 Q0.0 及 Q0.1 的映像寄存器设定为 0。

脉冲序列（串）PTO 功能提供周期时间及脉冲数目由用户控制的方波（50% 占空比）输出；脉冲宽度调制 PWM 功能提供周期时间及脉冲宽度由用户控制的、持续的、变化占空比的输出。

每个 PTO/PWM 发生器有一个控制字节（8 位）、一个 16 位无符号的周期时间值、一个 16 位无符号脉宽值（仅 PWM）和一个 32 位无符号的脉冲计数值（仅 PTO 有）。这些值全部存储在指定的特殊存储器 SM 中，这些特殊存储器的各位设置完毕，即可执行脉冲指令 PLS。这条指令使 CPU 读取特殊存储器中的位，并对相应的 PTO/PWM 发生器进行编程。修改特殊寄存器 SM 区（包括控制字节），然后执行 PLS 指令，可以改变 PTO 或 PWM 特性。当 PTO/PWM 控制字节（SM66.7 或 SM77.7）的允许位置为 0，就禁止了 PTO 或 PWM 产生波形的功能。所有控制字节、周期、脉冲宽度和脉冲数的默认值都是 0。

在 PTO/PWM 功能中，输出从 OFF 到 ON 和从 ON 到 OFF 的切换时间不一样，引起占空比畸变，PTO/PWM 输出负载至少为 10% 额定负载，才能提供陡直的上升沿和下降沿。

1. PWM 操作

PWM 功能提供占空比可调的脉冲输出，可以以微妙或毫秒为时间单位指定周期及脉冲宽度。周期变化范围分别为 $50 \sim 65535 \mu s$ 或 $2 \sim 65535 \mu s$；脉冲宽度变化范围分别为 $0 \sim 65535 \mu s$ 或 $0 \sim 65535 \mu s$。当脉冲宽度大于或等于周期时间时，波形占空比为 100%，输出连续接通；当脉冲宽度为 0 时，波形占空比为 0，输出断开；如果指定的周期小于 2 个时间单位，那么周期时间被默认设定为 2 个时间单位。

有两个方法改变 PWM 波形的特性：同步更新和异步更新。

1）同步更新：PWM 的典型操作是当周期时间保持常数时变化脉冲宽度，所以如果不需要改变时间基准，就可以进行同步更新。进行同步更新时，波形特性的变化发生在周期边沿，可提供平滑过渡。

2）异步更新：PWM 的典型操作是当周期时间保持常数时变化脉冲宽度，所以不需要改变时间基准，但是，如果需要改变 PTO/PWM 生成器的时间基准，就要使用异步更新。异步更新会造成 PTO/PWM 功能被瞬时禁止和 PWM 波形不同步，这可能会引起被控设备的振动。基于这个原因，建议采用 PWM 同步更新，选择一个适合于所有周期时间的时间基准。

控制字节中的 PWM 更新方法位（SM67.4 或 SM77.4）用来指定更新类型，执行 PLS 指令激活这些改变，注意如果改变了时间基准，将会产生一个异步更新，而和这些控制位无关。

2. PTO 操作

PTO 提供指定脉冲个数的方波（50% 占空比）脉冲串发生功能，周期可以用微秒或毫秒为单位指定，周期的范围是 $50 \sim 65535 \mu s$ 或 $2 \sim 65535 \mu s$，如果设定的周期是奇数会引起占空比的失真，脉冲数的范围是 $1 \sim 4294967295$。

如果指定的周期时间少于 2 个时间单位，就把周期默认设定为 2 个时间单位；如果指定脉冲数为 0，就把脉冲数默认地设定为 1 个脉冲。

状态字节中的PTO空闲位（SM66.7或SM76.7）用来指示可编程脉冲串完成。另外，高速脉冲串输出可以采用中断方式进行控制，各种型号PLC可用高速脉冲串输出的中断事件有两个，见表4-30。

表4-30　有关高速脉冲输出完成的中断事件

中断事件号	事件描述	优先级（在I/O中断中的顺序）
19	PTO 0高速脉冲串输出完成中断	0
20	PTO 1高速脉冲串输出完成中断	1

如果要输出多个脉冲串，PTO功能允许脉冲串的排队，形成管线，当激活的脉冲串完成时，立即开始新脉冲的输出，这保证了顺序输出脉冲串的连续性。

有两种方法完成管线，即单段管线或多段管线。

1）在单段管线中，需要为下一个脉冲串更新特殊寄存器，一旦启动了起始PTO段，就必须立即按照第二个波形的要求改变特殊寄存器，并再次执行PLS指令，第二个脉冲串的属性在管线一直保持到第一个脉冲串发送完成，在管线中一次只能存一个入口，一旦第一个脉冲串发送完成，接着输出第二个波形，管线可以用于新的脉冲串，重复这个过程可设定下一个脉冲串的特性。

除下面的情况外，脉冲串之间进行平滑转换：①如果发生了时间基准的改变；②如果在利用PLS指令捕捉到新脉冲串前启动的脉冲串已经完成。

当管线满时，如果试图装入管线，状态寄存器中的PTO溢出位（SM66.6或SM76.6）将置位。当PLC进入RUN状态时，这个位初始化为0。如果要检测序列的溢出，必须在检测到溢出后手动清除这个位。

2）在多段管线中，CPU自动从V存储器区的包络表中读出每个脉冲串段的特性。在该模式下，仅使用特殊寄存器区的控制字节和状态字节。选择多段操作，必须装入包络表的起始V存储器区的偏移地址（SMW168或SMW178）。时间基准可以选择微秒或者毫秒。但是，在包络表中的所有周期值必须使用一个基准，而且当包络执行时，不能改变。多段操作可以用PLS指令启动，每段的长度是8个字节，由16位周期值、16位周期增量值和32位脉冲计数值组成。包络表的格式见表4-31。多段PTO操作的另一个特点是按照每个脉冲的个数自动增减周期的能力，在周期增量区输入一个正值将增加周期；输入一个负值将减小周期；输入0值将不改变周期。如果在许多脉冲后指定的周期增量值导致非法周期值，会产生一个算术溢出错误，同时停止PTO功能，PLC的输出变为由映像寄存器控制。另外，在状态字节中的增量计算错误位（SM66.4或SM76.4）置为1。如果要人为地终止一个正进行中的PTO包络，只需要把状态字节中的用户终止位（SM66.5或SM76.5）置1。当PTO包络执行时，当前启动的段数目保存在SMB166（或SMB176）中。

3. 计算包络表值

PTO/PWM发生器的多段管线能力在许多应用中非常有用，例如步进电动机的控制。

【例4-41】　如图4-114所示，在步进电动机转动过程中，要从A点加速到B点后恒速运行，又从C点开始减速到D点，完成这一过程时用指示灯显示。电动机的转动受脉冲控制，A点和D点的脉冲频率为2kHz，B点和C点的频率为10kHz，加速过程的脉冲数为400

个，恒速转动的脉冲数为 4000 个，减速过程脉冲数为 200 个。

表 4-31 多段 PTO 操作的包络表格式

从包络表开始的字节偏移	包络段数	描　述
0		段数（1～255）；数 0 产生一个非致命性错误，将不产生 PTO 输出
1	#1	初始周期（2～65535 时间基准单位）
2		每个脉冲的周期增量（有符号值，-32768～32767 时间基准单位）
5		脉冲数（1～4294967295）
9	#2	初始周期（2～65535 时间基准单位）
11		每个脉冲的周期增量（有符号值，-32768～32767 时间基准单位）
13		脉冲数（1～4294967295）

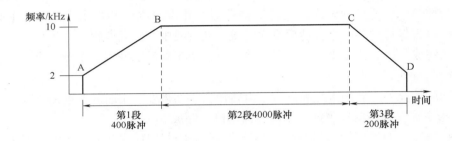

图 4-114　脉冲频率-时间关系图

因采用周期时间表示包络表数值而不采用频率，需要将给定频率数值转换成周期时间数值，换算得起始及终止脉冲周期时间为 500μs；最大脉冲频率对应脉冲周期时间为 100μs。

采用简单公式决定 PTO/PWM 生成器用于调节各个脉冲周期所使用的周期增量：周期增量＝（最终脉冲周期－初始脉冲周期）/脉冲数目。利用此式，计算出加速部分（第一段）的周期增量是-1；恒速部分（第二段）的周期增量是 0；减速部分（第三段）的周期增量是 2。设包络表位于从 V500 开始的 V 内存内，表 4-32 用于生成要求波形的包络表值。

表 4-32　波形的包络表数据值

V 内存地址	数据值	V 内存地址	数据值
VB500	3（段总数）	VW511	0（第二段周期增量）
VW501	500（第一段初始周期）	VW513	4000（第二段脉冲数）
VW503	-1（第一段周期增量）	VW517	100（第三段初始周期）
VW505	400（第一段脉冲数）	VW519	2（第三段周期增量）
VW509	100（第二段初始周期）	VD521	400（第三段脉冲数）

该表的值可通过用户程序中的指令放在 V 存储器中，也可在数据块中定义包络表的值。段的最后一个脉冲的周期在包络表中不直接指定，但必须计算得出（除非周期增量是 0）。知道段的最后一个脉冲周期有利于决定各段波形之间的过渡是否平滑，计算各段最后一个脉

冲周期的公式为:最终脉冲周期=初始脉冲周期+周期增量×(该段脉冲数目-1)。

实际应用时应注意,周期增量只能以整数微秒数或毫秒数指定;周期的修改在每个脉冲上进行。

这两项的影响是对于某个段的周期增量的计算可能需要迭代方法,计算给定段的结束周期值或给定段的脉冲个数时可能需要进行一定的调整。在确定校正包络表值的过程中,包络段的持续时间很有用的,可按照下面的公式可以计算完成一个包络段的时间长度:时间长度=该段的脉冲数量×[初始脉冲周期+(周期增量/2)(该段的脉冲数量-1)]。

4. PTO/PWM 控制寄存器

表4-33 和表4-34 从不同角度介绍用于控制 PTO/PWM 操作的寄存器,表4-35 则可以作为快速参考,以确定放入 PTO/PWM 控制寄存器中的值,启动要求的操作。对 PTO/PWM 0 使用 SMB67;对 PTO/PWM 1 使用 SMB77。如果要装入新的脉冲数(SMD72 或 SMD82)、脉冲宽度(SMW70 或 SMW80)或周期(SMW68 或 SMW78),应该在执行 PLS 指令前装入这些值至控制寄存器,如果要使用多段脉冲串操作,在使用 PLS 指令前也需要装入包络表的起始偏移量(SMW168 或 SMW178)和包络表的值。

表4-33 控制 PTO/PWM 寄存器的分配

Q0.0 的寄存器	Q0.0 的寄存器	名称及功能描述
SMB66	SMB76	状态字节,在 PTO 方式下,跟踪脉冲串的输出状态
SMB67	SMB77	控制字节,控制 PTO/PWM 脉冲输出的基本功能
SMW68	SMW78	周期值,字型,PTO/PWM 的周期值,范围:2~65535
SMW70	SMW80	脉宽值,字型,PWM 的脉宽值,范围:0~65535
SMD72	SMD82	脉冲数,双字型,PTO 的脉冲数,范围:1~4294967295
SMB166	SMB176	段数,多段管线 PTO 进行中的段数
SMW168	SMW178	偏移地址,多段管线 PTO 包络表的起始字节的偏移地址

表4-34 控制 PTO/PWM 操作的寄存器

Q0.0	Q0.1	PTO/PWM 状态寄存器
SM66.4	SM76.4	PTO 包络由于增量计算错误而终止,0=无错误;1=终止
SM66.5	SM76.5	PTO 包络由于用户命令而终止,0=无错误;1=终止
SM66.6	SM76.6	PTO 管线上溢/下溢,0=无上溢;1=上溢/下溢
SM66.7	SM76.7	PTO 空闲,0=执行中;1=PTO 空闲
Q0.0	Q0.1	PTO/PWM 控制寄存器
SM67.0	SM77.0	PTO/PWM 更新周期值,0=不更新;1=更新周期值
SM67.1	SM77.1	PWM 更新脉冲宽度值,0=不更新;1=更新脉宽值
SM67.2	SM77.2	PTO 更新脉冲数,0=不更新;1=更新脉冲数
SM67.3	SM77.3	PTO/PWM 时间基准选择,0=1s/时基;1=1ms/时基
SM67.4	SM77.4	PWM 更新方法,0=异步更新;1=同步更新
SM67.5	SM77.5	PTO 操作:0=单段操作;1=多段操作
SM67.6	SM77.6	PTO/PWM 模式选择,0=选择 PTO;1=选择 PWM

（续）

Q0.0	Q0.1	PTO/PWM 状态寄存器
SM67.7	SM77.7	PTO/PWM 允许，0 = 禁止 PTO/PWM；1 = 允许 PTO/PWM
Q0.0	Q0.1	其他 PTO/PWM 寄存器
SMW68	SMW78	PTO/PWM 周期值（范围：2～65535）
SMW70	SME80	PWM 脉冲宽度值（范围：0～65535）
SMD72	SMD82	PTO 脉冲计数值（范围：1～4294967295）
SMB166	SMB176	进行中的段数（仅用在多段 PTO 操作中）
SMW168	SMW178	包络表的起始位置，以距 V0 的字节偏移量表示（仅用在多段 PTO 操作中）

表 4-35　PTO/PWM 控制字节编程参考

控制寄存器	执行 PLS 指令的结果							
（十六进制）	允许	模式	PTO 段	PWM 更新	时基	脉冲数	脉宽	周期
16#81	Yes	PTO	单段		1μs/周期			装入
16#84	Yes	PTO	单段		1μs/周期	装入		
16#85	Yes	PTO	单段		1μs/周期	装入		装入
16#89	Yes	PTO	单段		1ms/周期			装入
16#8C	Yes	PTO	单段		1ms/周期	装入		
16#8D	Yes	PTO	单段		1ms/周期	装入		装入
16#A0	Yes	PTO	多段		1μs/周期			
16#A8	Yes	PTO	多段		1ms/周期			
16#D1	Yes	PWM		同步	1μs/周期			装入
16#D2	Yes	PWM		同步	1μs/周期		装入	
16#D3	Yes	PWM		同步	1μs/周期		装入	装入
16#D9	Yes	PWM		同步	1ms/周期			装入
16#DA	Yes	PWM		同步	1ms/周期		装入	
16#DB	Yes	PWM		同步	1ms/周期		装入	装入

5. PTO/PWM 初始化及操作顺序

（1）PWM 初始化

把 Q0.0 初始化成 PWM，应遵循以下步骤：

1）用初次扫描存储器位（SM0.1）设置输出为 1，并调用执行初始化操作的子程序，由于采用了这样的子程序调用，后续扫描就不会再调用这个子程序，从而减少了扫描时间，也提供了一个结构优化的程序。

2）初始化子程序中，把 16#D3 送入 SMB67，使 PWM 以微秒为增量单位（或 16#DB 使 PWM 以毫秒为增量单位）。

3）向 SMW68（字）写入所希望的周期值。

4）向 SMW70（字）写入所希望的脉宽。

5）执行 PLS 指令，以使 S7-200 对 PTO/PWM 发生器编程。

6）向 SMB67 写入 16#D2 选择以微秒为增量单位（或 16#DA 选择以毫秒为增量单位），这复位了控制字节中的更新周期值位但允许改变脉宽，可以装入一个新的脉宽值然后不需要修改控制字节就执行 PLS 指令。

7）退出子程序。

（2）修改 PWM 输出的脉冲宽度

为了在子程序中改变 PWM 输出的脉宽，应遵循如下步骤（假定 SMB67 中装入 16#D2 或 16#DA）：

1）调用一个子程序以把所需脉宽装入 SMW70（字）中。

2）执行 PLS 指令使 S7-200 对 PTO/PWM 发生器编程。

3）退出子程序。

（3）PTO 初始化-单段操作

为了初始化 PTO，应遵循如下步骤：

1）用初次扫描存储器位（SM0.1）复位输出为 0，并调用执行初始化操作的子程序。由于采用了这样的子程序调用，后续扫描不会再调用这个子程序，从而减少了扫描时间，也提供了一个结构优化的程序。

2）初始化子程序中把 16#85 送入 SMB67，使 PTO 以微秒为增量单位（或 16#8D 使 PTO 以毫秒为增量单位）。

3）向 SMW68（字）写入所希望的周期值。

4）向 SMD72（双字）写入所希望的脉冲计数。

5）可选步骤。如果希望在一个脉冲串输出（PTO）完成时立刻执行一个相关功能，则可以编程使脉冲串输出完成中断事件（事件号 19）调用一个中断子程序，并执行全局中断允许指令。参见前面介绍的中断指令，以了解中断处理的详细内容。

6）执行 PLS 指令，使 S7-200 对 PTO/PWM 发生器编程。

7）退出子程序。

（4）修改 PTO 周期-单段操作

使用单段 PTO 操作时，为了在中断程序中或子程序中改变 PTO 周期，应遵循如下步骤：

1）把 16#81 送入 SMB67，PTO 以微秒为增量单位（或 16#89 使 PTO 以毫秒为增量单位）。

2）向 SMW68（字）写入所希望的周期值。

3）执行 PLS 指令，使 S7-200 对 PTO/PWM 发生器编程，在更新周期的 PTO 波形开始前，CPU 必须完成已经启动的 PTO。

4）退出中断程序或子程序。

（5）修改 PTO 脉冲数-单段操作

使用单段 PTO 操作时，为在中断程序中或子程序中改变 PTO 脉冲计数，应遵循如下步骤：

1）把 16#84 送入 SMB67，使 PTO 以微秒为增量单位（或 16#8C 使 PTO 以毫秒为增量单位）。

2）向 SMD72（双字）写入所希望的脉冲计数。

3）执行 PLS 指令，使 S7-200 对 PTO/PWM 发生器编程，在更新周期的 PTO 波形开始前，CPU 必须完成已经启动的 PTO。

4）退出中断程序或子程序。

（6）修改 PTO 周期和脉冲数-单段操作

当使用单段 PTO 操作时，为了在中断程序中或子程序中改变 PTO 的周期和脉冲计数，应遵循如下步骤：

1）16#85 送入 SMB67，使 PTO 以微秒为增量单位（或 16#8D 使 PTO 以毫秒为增量单位）。

2）向 SMW68（字）写入所希望的周期值。

3）向 SMD72（双字）写入所希望的脉冲计数。

4）执行 PLS 指令，使 S7-200 对 PTO/PWM 发生器编程，在更新周期的 PTO 波形开始前，CPU 必须完成已经启动的 PTO。

5）退出中断程序或子程序。

（7）PTO 初始化-多段操作

为了初始化 PTO，应遵循如下步骤：

1）用初次扫描存储器位（SM0.1）复位输出为 0，并调用执行初始化操作的子程序。

2）初始化子程序中把 16#A0 送入 SMB67，使 PTO 以微秒为增量单位（或 16#A8 使 PTO 以毫秒为增量单位）。

3）向 SMW168（字）写入包络表的起始 V 存储器偏移值。

4）在包络表中设定段数，确保段数区（表的第一个字节）正确。

5）可选步骤。如果希望在一个脉冲串输出（PTO）完成时立刻执行一个相关功能，则可编程使脉冲串输出完成中断事件（事件号 19）调用一个中断子程序，并执行全局中断允许指令。

6）执行 PLS 指令，使 S7-200 对 PTO/PWM 发生器编程。

7）退出子程序。

总之，PLS 指令的应用编程是按以下步骤进行的：①确定脉冲发生器及工作模式；②设置控制字节；③写入周期值、周期增量值和脉冲数；④装入包络表首地址；⑤中断调用；⑥执行 PLS 指令。

【例 4-42】 脉冲宽度调制（PWM）举例，如图 4-115 所示。

【例 4-43】 单段操作的高速脉冲串输出举例，如图 4-116 所示。

【例 4-44】 多段操作的高速脉冲串输出举例，如图 4-117 所示。

4.3.4 PID 操作指令

PID（Proportional，Integral，Differential）算法是过程控制领域中技术成熟、应用方便且广泛使用的控制方法，是基于经典控制理论，并经过长期工程实践而总结出的一套行之有效的控制算法。S7-200 PLC 提供了 PID 回路指令，进行计算；PID 回路的操作取决于存储在 36 字节回路表内的 9 个参数。

1. PID 算法简介

PID 控制算法广泛应用于过程控制领域中的闭环控制，图 4-118 所示为 PID 控制器结构。

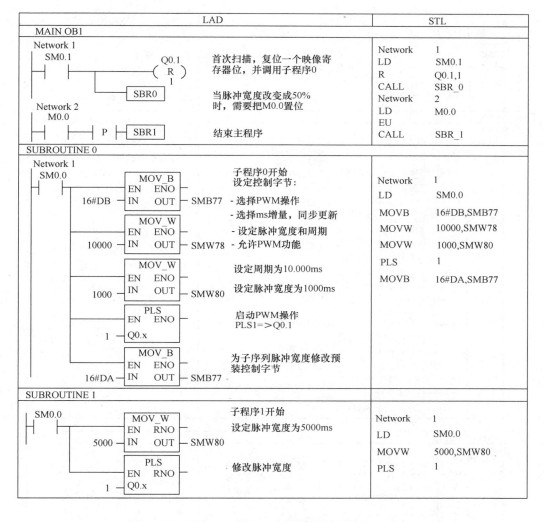

图 4-115 使用 PWM 的高速脉冲输出

PID 控制器可调节回路输出，以便使偏差 e 趋近零，系统达到稳定状态。偏差 e 是给定值 SP 和测量值 PV 的差值。PID 控制的原理基于以下算式：

$$M(t) = K_p e + K_i \int_0^t e\, dt + K_d \frac{de}{dt} + M_{initial} \tag{4-1}$$

式中，$M(t)$ 为 PID 运算的输出，是时间函数；K_p 为 PID 回路的比例系数；K_i 为 PID 回路的积分系数；K_d 为 PID 回路的微分系数；e 为 PID 回路的偏差（给定值与过程变量之差）；$M_{initial}$ 为 PID 回路输出的初始值。

为实现数字计算机控制生产过程变量，处理这个函数关系式，必须将连续函数离散化，考虑 $\int_0^t e\, dt \approx T_s \sum_{l=0}^n e_l$、$\frac{de}{dt} \approx \frac{e_n - e_{n-1}}{T_s}$ 代入，即将连续函数化成偏差值的间断采样，对偏差周期采样后，计算输出值。式（4-2）是式（4-1）的离散形式：

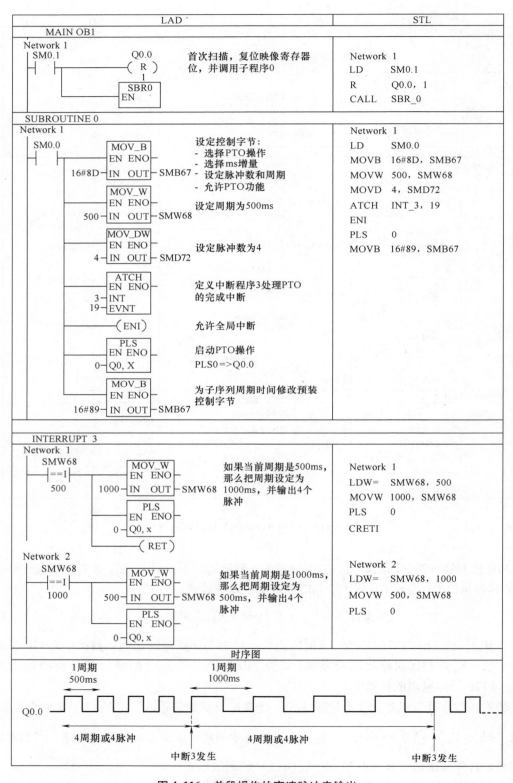

图 4-116　单段操作的高速脉冲串输出

图4-117　多段操作的高速脉冲串输出举例

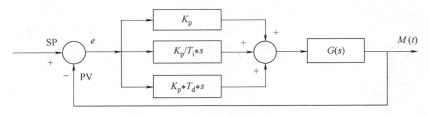

图 4-118　PID 控制器结构

$$M_n = K_p e_n + K_i T_s \sum_{l=1}^{n} e_l + M_{initial} + K_d/T_s(e_n - e_{n-1}) \tag{4-2}$$

式中：M_n 为第 n 采样时刻的 PID 回路输出的计算值；e_n 为第 n 采样时刻的 PID 回路的偏差值；e_{n-1} 为第 $n-1$ 采样时刻的 PID 回路的偏差值（偏差前值）；e_l 为第 l 采样时刻的 PID 回路的偏差值。

　　式（4-2）中，第一项叫作比例项，是当前采样的函数；第二项是积分项，其中 $K_i \sum\limits_{l=1}^{n} e_l$ 是包括从第 1 个采样周期到当前采样周期的所有误差的累积值；最后一项叫微分项，是当前采样及前一采样的函数。计算中，没有必要保留所有采样周期的误差项，只需保留积分项前值 MX 即可。CPU 实际上是使用式（4-3）的改进形式的 PID 算式。

$$M_n = K_p e_n + (K_i T_s e_n + MX) + K_d/T_s(e_n - e_{n-1}) = MP_n + MI_n + MD_n \tag{4-3}$$

式中，MX 为积分项前值（在第 $n-1$ 采样时刻的积分项）；MP_n 为第 n 个采样时刻的比例项；MI_n 为第 n 个采样时刻的积分项；MD_n 为第 n 个采样时刻的微分项。

（1）比例项

比例项 MP_n 是比例系数 K_p（决定输出对偏差的灵敏度）和偏差 $e_n = K_p(SP_n - PV_n)$ 的乘积，比例系数为正的回路为正作用回路，反之为反作用回路。选择正、反作用回路的目的是使系统处于负反馈控制，取 $K_p = K_c$，CPU 采用式（4-4）来计算 MP_n。

$$MP_n = K_c e_n = K_c(SP_n - PV_n) \tag{4-4}$$

式中，SP_n 为第 n 采样时刻的给定值；PV_n 为第 n 采样时刻的过程变量值。

　　顺便指出，K_p 增大，系统振荡增强，稳定性下降；K_p 增大，系统静差减小，但不能消除静差；K_p 为无延时环节，快速性好，响应快。

（2）积分项

积分项 MI_n 与偏差的和成正比，是各次积分项的累积值，$K_i = K_c/T_i$，CPU 采用式（4-5）来计算 MI_n。

$$MI_n = K_i T_s e_n + MX = K_c T_s/T_i(SP_n - PV_n) + MX \tag{4-5}$$

式中，T_s 为采样周期；T_i 为积分时间常数。

　　积分项前值 MX 是第 n 采样周期前所有积分项之和。在每次计算出 MI_n 之后，都要用 MI_n 去更新 MX。第一次计算时，MX 的初值被设置为 $M_{initial}$（初始值）。采样周期 T_s 是每次采样的时间间隔，而积分时间常数 T_i 控制积分项在控制量计算中的作用程度。

　　顺便指出，T_i 减小，积分作用增强，可消除静差；T_i 减小，系统振荡性增强，稳定性下降；积分为有延时环节，快速性下降。

（3）微分项

微分项 MD_n 与偏差的变化成正比，$K_d = K_c T_d$，CPU 采用式（4-6）计算微分项。

$$MD_n = K_d / T_s (e_n - e_{n-1}) = K_c T_d / T_s [(SP_n - PV_n) - (SP_{n-1} - PV_{n-1})]$$ (4-6)

为了避免给定值变化的微分作用而引起跳变，可设置给定值不变（$SP_n = SP_{n-1}$），那么计算公式（4-6）可简化为式（4-7）。

$$MD_n = K_c T_d / T_s (PV_{n-1} - PV_n)$$ (4-7)

式中，T_d 为微分时间常数；SP_{n-1} 为第 $n-1$ 采样时刻的给定值；PV_{n-1} 为第 $n-1$ 采样时刻的过程变量值。

顺便指出，T_d 增大，系统振荡减弱，稳定性增强；T_d 增大，调节时间减小，快速性增强；微分环节不能消除系统静差。

另外，$\Delta u_n = K_p [(e_n - e_{n-1}) + T_s / T_i e_n + T_d / T_s (e_n - 2e_{n-1} + e_{n-2})]$，我们还可以利用增量型 PID 控制算法，得到位置型 PID 控制算法的递推形式，即 $u_n = u_{n-1} + \Delta u_n$。

改进的数字 PID 控制器还有积分分离 PID 控制算法（在 e_n 较大时，取消积分作用；而在 e_n 较小时将积分作用投入）、不完全微分 PID 控制算法、带死区的 PID 控制算法、消除积分不灵敏区的 PID 控制算法等，这里不再详细介绍，感兴趣的读者可查阅相关书籍。

2. PID 指令

PID 指令由助记符或操作码 PID、使能输入端 EN（语句表由前一条指令使能）、PID 运算的回路表 TBL 和 PID 指令的回路号 LOOP 构成。PID 指令必须使用在定时发生的中断程序中，当指令使能时，PID 指令根据回路表中的数据进行 PID 运算，并得到输出控制量。

PID 回路指令的基本格式归纳见表 4-36。

表 4-36 PID 回路指令的基本格式

名　　称	PID 运算		名　　称	PID 运算
指令	PID		梯形图格式	PID EN　ENO TBL LOOP
语句表格式	PID　TBL, LOOP			
操作数	TBL	VB（BYTE 型）		
	LOOP	常数（0～7）		

进行 PID 运算的前提条件是逻辑堆栈栈顶 TOS 值必须为 1；在程序中最多可以用 8 条 PID 指令，PID 回路指令不可重复使用同一个回路号（即使这些指令的回路表不同），否则会产生不可预料的结果。

3. 回路控制的选择

在许多 PID 控制系统中，可能只采用一种或两种回路控制方法，例如只要求比例控制或比例积分控制，通过设定常量参数的数值对所要回路控制类型进行选择。

如果在 PID 计算中不需要积分运算，则应令积分时间 $T_i = \infty$，这时积分系数 $K_i = K_p T_s / T_i = 0.0$。但要注意，由于积分和 MX 的初始值，即使没有积分运算，积分项的数值也不可能为零。

如果在 PID 计算中不需要微分运算，应令求导时间 $T_d = 0$，这时 $K_d = K_p T_d / T_s = 0.0$。

如果在 PID 计算中不需要比例运算，而需要积分（I）或积分微分（ID）控制，则应将回路增益数值 K_c 指定为 0.0，这时比例系数 $K_p = 0.0$。因为回路增益 K_c 也是计算积分及微分项公式内的系数，把回路增益设定为 0.0，将影响积分及微分项的计算。因而 K_c 取 0.0 时，PID 算法中系统自动把在积分及微分运算中的回路增益取为 1.0，此时 $K_i = T_s/T_i$、$K_d = T_d/T_s$。

如果增益为正，为正向回路；如果增益为负，为反向回路。对于增益为零的积分或微分控制，将积分及求导时间设定为正值或负值，将产生正向或反向回路。

4. 回路输入转换及标准化

每个 PID 回路具有两个输入变量，即给定值 SP 及过程变量 PV，给定值通常为固定数值，类似水轮发电机组恒速运行的转速设定、汽车定速控制的速度设定。过程变量是与回路输出相关的量，因此可测量回路输出对被控制系统的影响。在水轮发电机组恒速控制系统中，过程变量为测量发电机定子出口的电源频率的值；在汽车定速驾驶的例子中，过程变量为测量轮胎转速的转速输入值。

给定值及过程变量均为实际工程物理量，它们的大小、范围及测量单位可能不一样。在这些实际数值用于 PID 指令之前，必须将其转化成标准化的、浮点数表示形式。

1）将实际数值转换成实数，也就是把 A-D 模拟量单元输出的实际数值从 16 位整数数值转换成浮点或实数数值。特此提供下列指令序列，说明如何将整数数值转换成实数。

```
XORD    AC0,AC0              //清除累加器
MOVW    AIW0,AC0            //在累加器内保存模拟数值
LDW >=  AC0,0               //如果模拟数值为正或者为零
JMP     0                   //将其转换成实数
NOT                         //否则
ORD     16#FFFF0000,AC0     //对 AC0 内的数值进行符号扩展
LBL     0                   //跳转指令的入口
DTR     AC0,AC0             //将 32 位整数转换成实数
```

2）将实数值的标准化：是将数值的实数表示转换成位于 0.0～1.0 之间的标准化数值，可采用下列公式对给定值及过程变量实现这种转换。

$$R_{norm} = (R_{raw}/S_{pan}) + Offset \tag{4-8}$$

式中，R_{norm} 为实际数值的标准化的表示；R_{raw} 为实际数值的非标准化或原值的表示；$Offset$ 为对单极性数值为 0.0，对双极性数值为 0.5；S_{pan} 为值域，等于最大可能数值减去最小可能数值，对单极性为 32000（典型值），对双极性为 64000（典型值）。

下面的指令说明了如何对 AC0 内的双极性数值（间距为 64000）进行标准化（是上一指令序列的继续）。

```
/R      64000.0,AC0        //对累加器内的数值进行标准化
+R      0.5,AC0            //数值距离范围 0.0～1.0 的偏移量
MOVR    AC0,VD100          //将标准化的数值存储在回路表内
```

5. 回路输出变量的数据转换

回路输出是控制变量，是用来控制外部设备的，例如水轮发电机组恒速控制中的水轮机导叶开度的设定、汽车定速驾驶控制中的调速气门的设定。PID 运算的输出值（回路输出）是标准化的、位于 0.0～1.0 之间的实数数值，在回路输出变量传送给 D-A 单元、用于驱动模拟量之前，必须把回路输出变量转换成 16 位的、成比例的整数数值，这一过程是将 PV

及 SP 转换成表准化数值的逆过程。

1）回路输出变量的刻度化，即把回路输出的标准实数转换成成比例的实数：

$$R_{\text{scal}} = (M_n - Offset) S_{\text{pan}} \tag{4-9}$$

式中，R_{scal} 为与回路输出成比例的实数数值；M_n 为回路输出标准化的实数数值；$Offset$ 为对于单极性数值为 0.0，对于双极性数值为 0.5；S_{pan} 为值域，等于最大可能数值减去最小可能数值，对单极性为 32000（典型值），对双极性为 64000（典型值）。

回路输出变量的刻度化的程序如下：

```
MOVR       VD108,AC0        //将实数转换成32位整数
- R        0.5,AC0          //只有在双极性数值的情况下才包括此语句
* R        64000.0,AC0      //使累加器内的数值与回路输出成比例
```

2）将实数转换为16位整数（INT）：代表回路输出变量的刻度值是一个成比例的实数数值，必须被转换成16位整数，转换程序如下：

```
ROUND      AC0,AC0          //将实数转换成32位整数
DTI        AC0,AC0          //把双整数转换为整数
MOVW       AC0,AQW0         //将16位整数数值写入模拟输出
```

6. 变量和范围

过程变量和给定值是 PID 运算的输入变量，因此，在回路表中这些变量只能被回路指令读取而不能改写。

输出变量是由 PID 运算产生的，在每一次 PID 运算完成之后，需要更新回路表内的输出值字段，以供下一次 PID 运算。输出值被固定在 $0.0 \sim 1.0$ 之间，在从手动控制方式转变到 PID 指令自动方式时，用户可将输出值字段用作输入指定初始输出值。

如果使用积分控制，积分前项值 MX 要根据 PID 运算结果更新，而且更新后的数值被用作下一个 PID 计算的输入，当计算输出值超出范围时（输出小于 0.0 或大于 1.0），将根据下列公式调节偏差：

$$MX = 1.0 - (MP_n + MD_n) \qquad \text{当计算输出值 } M_n > 1.0 \tag{4-10}$$

$$MX = -(MP_n + MD_n) \qquad \text{当计算输出值 } M_n < 0.0 \tag{4-11}$$

式中，MX 是经过调整了的积分项前值；MP_n 是第 n 采样时刻的比例项；MD_n 是第 n 采样时的微分项。

修改回路表中积分项前值时，应保证 MX 的值在 $0.0 \sim 1.0$ 之间，调整积分前项值后使输出值回到 $0.0 \sim 1.0$ 的范围，即可实现对系统响应性能的改善。积分项前值也固定在 $0.0 \sim 1.0$ 之间，然后每次完成 PID 计算时被写入回路表的积分项前值字段，回路表内存储的数值用于下一次 PID 计算。在执行 PID 指令之前，用户可修改回路表内的积分项前值，以便解决某些应用环境中的由于积分项前值，以便解决某些应用环境中的由于积分项前值引起的问题，手工调节积分项前值时，必须格外小心，而且写入回路表的任何积分项前值必须是 $0.0 \sim 1.0$ 之间的实数。

在回路表内保存对过程变量的比较，用于 PID 计算的求导部分，不应改动此数值。

7. 控制方式

在 S7-200 PLC 中，PID 回路指令没有控制方式的设置，即没有内装的自动和手动控制方式，只要 PID 模块有效、EN 端有效，就可以执行 PID 运算。从这种意义上说，PID 指令

执行时称为自动运行方式；当 PID 运算不被执行时，则可以说是一种手动运行方式。

同其他指令相似，PID 指令有一个使能位（即允许位），当允许位检测到一信号出现正跳变（从 0 到 1）时，PID 指令进行一系列运算，实现从手动方式到自动方式的转变。为了顺利转变为自动方式，在转换至自动方式之前，由于手动方式所设定的输出值必须作为 PID 指令的输入写入回路表。PID 指令对回路表内的数值进行下列运算，保证当检测到 0~1 过渡时从手动方式顺利转换成自动方式：置给定值 SP_n = 过程变量 PV_n；置过程变量前值 PV_{n-1} = 过程变量现值 PV_n，现值又称当前值；置积分项前值 MX = 输出值（M_n）。

8. 警报检查及特殊操作

PID 指令是进行 PID 计算的简单而有力的指令，如果要求其他处理，例如警报检查或对回路变量的特殊计算，则必须采用 CPU 支持的基本指令进行。

9. 错误条件

编译时，如果回路表的起始地址或指令内指定的 PID 回路数操作数超出范围，CPU 将生成编译错误（范围错误）。PID 指令对某些回路表输入值不进行范围检查，必须保证进程变量、给定值（以及偏差及作为输入的先前过程变量）、输出值、积分项前值、过程变量前值是位于 0.0~1.0 之间的实数。

如果进行 PID 计算的数学操作时发生任何错误，将使 SM1.1（溢出或非法数值）为"1"，并将终止 PID 指令的执行。要想消除这种错误，单靠改变回路表中的输出值是不够的，正确的方法是在执行 PID 运算之前，改变引起运算错误的输入值，而不是更新输出值。

10. 回路表

PID 指令在 EN 端口执行条件存在时，根据回路表 TBL 内的输入输出配置信息和组态信息，对引用回路 LOOP 进行 PID 运算，编程极其简便。

该指令有两个操作数：TBL 和 LOOP，其中 TBL 是回路表的起始地址，操作数限用 VB 区域；LOOP 是回路号，可以是 0 到 7 的整数。程序内最多使用 8 条 PID 指令，但不可重复使用同一个回路号，即使这些指令的回路表不同。

回路表包含 9 个参数，全部为 32 位实数，共占用 36 个字节，用来控制和监视 PID 运算。这些参数分别是过程变量当前值 PV_n、过程变量前值 PV_{n-1}、给定值 SP_n、输出值 M_n、增益 K_c、采样时间 T_s、积分时间 T_i、微分时间 T_d 和积分项前值 MX，36 个字节的回路表格式见表 4-37。若要以一定的采样频率进行 PID 运算，采样时间必须输入到回路表中，且 PID 指令必须编入定时发生的中断程序中，或者在主程序中由定时器控制 PID 指令的执行频率。

表 4-37　PID 指令回路表格式

偏移地址	变量名	数据类型	变量类型	描述
0	过程变量（PV_n）	实数	输入	必须在 0.0~1.0 之间
4	给定值（SP_n）	实数	输入	必须在 0.0~1.0 之间
8	输出值（M_n）	实数	输入/输出	必须在 0.0~1.0 之间
12	增益（K_c）	实数	输入	比例常数，可正可负
16	采样时间（T_s）	实数	输入	单位为 s，必须是正数
20	积分时间（T_i）	实数	输入	单位为 min，必须是正数
24	微分时间（T_d）	实数	输入	单位为 min，必须是正数

（续）

偏移地址	变 量 名	数据类型	变量类型	描　述
28	积分项前值（MX）	实数	输入/输出	必须在0.0~1.0之间
32	过程变量前值（PV_{n-1}）	实数	输入/输出	最近一次PID运算的过程变量值，必须在0.0~1.0之间

11. PID编程步骤

（1）设定回路输入及输出选项

回路输入选项：循环进程变量可指定为字地址或已经定义的符号。在回路计算之前，应选好缩放比例。

回路输出选项：确定PID回路输出变量是数字量还是模拟量。如果是模拟量输出，可能指定为字地址或已经定义的符号；如果是数字量输出，可指定为位地址或已经定义的符号。在循环计算之后，应选好缩放比例。

（2）设定回路参数

在PID指令中，必须指定内存区内的36个字节参数表的首地址，其中，要选定过程变量、设定值、回路增益、采样时间、积分时间和微分时间，并转换成标准值存入回路表中。

不建议为参数表地址创建符号名，PID向导生成的代码使用此参数表地址创建操作数，作为参数表内的相对偏移量。如果为参数表地址创建符号名，然后再改写为该符号指定的地址，由PID向导生成的代码将不能正确执行。

（3）设定循环报警选项

可以为警报设定地址，输入位地址或已经定义符号，并指定低警报限制值和高警报限制值。还可以为错误指示器设定输入位地址或已经定义符号，而且必须输入模块在何处加在PLC上。

（4）为计算指定内存区域

PID计算需要一定的存储空间，存储暂时结果，需要指定此计算区域的起始V内存字节地址。

（5）指定初始化子程序及中断程序

应该为PID运算指定初始化子程序及执行PID运算的定时中断程序。

（6）编写PID程序

采用主程序、子程序、中断程序的程序结构形式，可优化程序结构，减少周期扫描时间；在子程序中，先进行组态编程的初始化工作，将5个固定值的参数SP_n、K_c、T_s、T_i、T_d填入回路表，然后再设值定时中断，以便周期地执行PID指令；注意在中断程序中做三件事：第一将由模拟量输入模块提供的过程变量PV_n转换成标准化的0.0~1.0之间的实数并填入回路表，第二设置PID指令的无扰动切换的条件（例如Ix. y）并执行PID指令，使系统由于手动方式无扰动地切换到自动方式，将参数M_n、SP_n、PV_{n-1}、MX先后填入回路表，完成回路表的组态编程，从而实现周期地执行PID指令，第三将PID运算输出的标准化实数值M_n先刻度化，然后再转换成16位有符号整数（INT），最后送至模拟量输出模块，以实现对外部设备的控制。

【例4-45】　PID指令回路表初始化程序举例：如果$K=0.3$、$T_s=0$。$2s$、$T_i=20min$、

$T_d = 10\text{min}$，则可以建立一个子程序 SBR_0 用来对回路表进行初始化，程序如图 4-119 所示。

LAD	STL
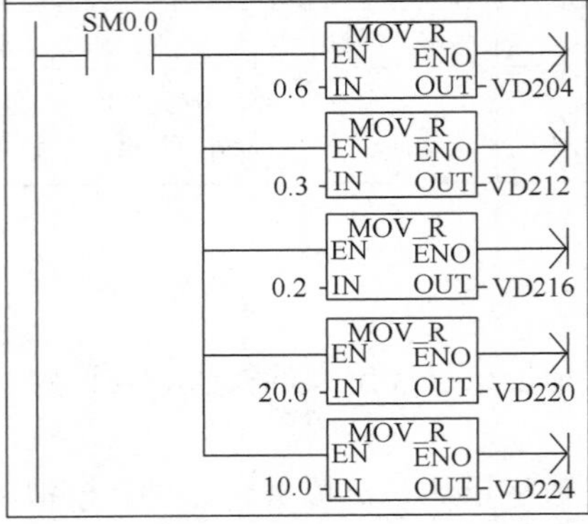 SM0.0 MOV_R EN ENO 0.6 IN OUT VD204 MOV_R EN ENO 0.3 IN OUT VD212 MOV_R EN ENO 0.2 IN OUT VD216 MOV_R EN ENO 20.0 IN OUT VD220 MOV_R EN ENO 10.0 IN OUT VD224	LD SM0.0 //运行脉冲 MOVR 0.5 VD204 //开始置位,为VD200 　　　　　　　　　在VD204装入设定值 MOVR 0.3 VD212 //装入回路增益0.3 MOVR 0.2 VD216 //装入采样时间 　　　　　　　　　为0.2s MOVR 20.0 VD220 //装入积分时间 　　　　　　　　　为20min MOVR 10.0 VD224 //装入微分时间 　　　　　　　　　为10min

图 4-119　PID 回路表初始化子程序

【例 4-46】　PID 指令应用举例。

（1）控制要求

某水箱有一条进水管和一条出水管，进水口流量随时间不断变化，以 PLC 为主控制器，采用 EM235 模拟量模块实现模拟量和数字量的转换，差压变送器送出的水位测量值通过模拟量输入通道送入 PLC 中，PID 回路输出值通过模拟量转化控制出水管阀门的开度，使水箱内的液位始终保持在水满时液位的 60%；系统使用比例积分微分控制，假设采用下列控制参数值：$K_c = 0.3$、$T_s = 0.2\text{s}$、$T_i = 20.0\text{min}$、$T_d = 10.0\text{min}$。

（2）分析

本系统标准化时可采用单极性方案，系统的输入来自液位计的液位测量采样，设定值是液位的 60%；输出是单极性模拟量用以控制阀们的开度，可以在 0～100% 之间变化。设定值可以预先设定后直接输入回路表中，过程变量是来自水位表的单极性模拟量，回路输出值也是一个单极性模拟量，用来控制阀门的开度，这个模拟量的范围是 0.0～1.0，分辨率为1/32000（标准化）。

（3）程序实现

主程序如图 4-120 所示，回路表初始化子程序 SBR_0 如图 4-121 所示，中断程序 INT_0 如图 4-122 所示。

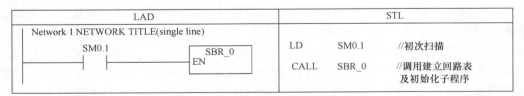

LAD	STL
Network 1 NETWORK TITLE(single line) SM0.1　　　SBR_0 　　　　　　EN	LD SM0.1 //初次扫描 CALL SBR_0 //调用建立回路表 　　　　　　　　及初始化子程序

图 4-120　水箱水位 PID 控制主程序 OB1

I0.0 位控制 PID 指令的启动，只需提供一个上升沿，即 I0.0 位控制手动到自动方式的切换，0 代表手动，1 代表自动。当工作在手动方式下，可以把阀门的开度值（0.0～1.0 之间的实数）直接写入回路表中的输出寄存器（VD108）。

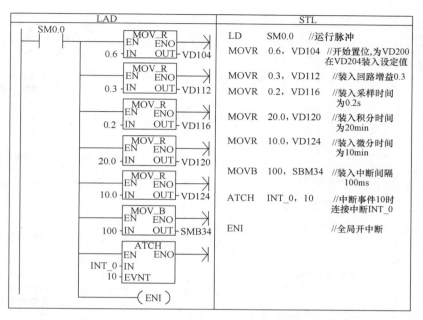

图 4-121   水箱水位 PID 控制子程序 SBR_0

应用 PID 指令控制系统时，应注意积分作用引起的超调问题，为了避免这一现象，可以加一些保护，比如当过程变量达到甚至超过设定值时，可以限制输出值在某一定范围之内。

本程序仅给出自动控制方式时的部分，其中主程序 OB1 的功能是 PLC 首次运行时利用 SM0.1 调用初始化程序 SBR_0。

子程序 SBR_0 的功能是形成 PID 的回路表，建立 100ms 的定时中断，并且开中断。

中断程序 INT_0 的功能是输入水箱的水面高度 AIW0 的值，并送入回路表。

I0.0 = 1 时进行 PID 自动控制，把 PID 运算的输出值送到 AQW0 中，从而控制出水阀门的开度，以保持水箱的水面高度。

4.3.5   时钟操作指令

S7-200 PLC 增加了时钟功能，其中 CPU 221 和 CPU 222 都有时钟卡可以安装，CPU 224 和 CPU 226 都有内置时钟，利用实时时钟指令可以方便读出实时时钟的时间，也可以设定实时时钟的时间。S7-200PLC 为实时时钟开辟了 8 各字节的时钟缓冲区，其中 T 为年、T+1 为月、T+2 为日、T+ 为小时、T+4 为分钟、T+5 为秒、T+6 为 0、T+7 为星期。

1. 读取时钟指令

读取时钟指令梯形图由助记符 READ_RTC、使能端 EN、实时时钟缓冲区 T 构成。语句表由操作码 TODR、时钟起点 T 构成（前一条指令使能），如图 4-123a 所示。

当指令使能输入端为 1 时，读取实时时钟指令从时钟读取当前时间及日期，并将其装入以 T 为起始地址的 8 个字节缓冲区中。

2. 设定时钟指令

设定时钟指令梯形图由助记符 SET_RTC、使能端 EN、实时时钟缓冲区 T 构成。语句表由操作码 TODW、时钟起点 T 构成（前一条指令使能）。如图 4-123b 所示。

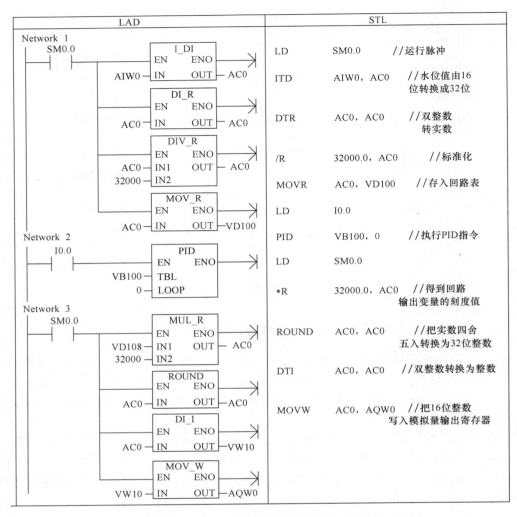

图 4-122   水箱水位 PID 控制的中断服务程序 INT_0

a) 读取时钟指令   b) 设定时钟指令

图 4-123   读取时钟指令和设定时钟指令

　　设定时钟指令的操作：当指令允许端输入为 1 时，执行设定时钟指令，设定的当前时间及日期装入以 T 为起始地址的 8 个字节缓冲区中。

　　注意：①必须用 BCD 码表示所有日期和时间值；②年份用最低两位数表示，如 2008 年用 08 表示；③S7-200 不检查和核实日期的准确性，非法日期（如 2 月 30、31 日，4、6、9、11 月 31 日）可以被接受，因此务必要保证输入数据准确；④不能同时在主程序和中断程序中使用 TODR/TODW 指令，否则产生致命错误。

第 5 章

PLC网络通信

5.1　PLC 网络与通信方式

广义 PLC 网络包括控制网络与通信网络两种。PLC 控制网络是指只传送 ON/OFF 开关量，且一次传送的数据量较少的网络，如电力系统的远动控制。尽管要传送的开关量远离 PLC，但 PLC 对它们的操作就像直接对自己的 I/O 区操作那样简单、方便、迅速。

PLC 通信网络又称高速数据公路，既可传送开关量也可传送数字量，一次传送的数据量较大，工作过程类似于普通局域网。开关量与数字量本身并没有界限，多位开关量并在一起就是数字量，PLC 控制网络也在突破只传送开关量的限制。

5.1.1　PLC 网络的拓扑结构

PLC 要提供金字塔功能或者说要实现 NBC/ISO 模型要求的功能，采用单层子网显然不行。只有采用多级通信子网，构成复合型拓扑结构，在不同级别的子网中配置不同的通信协议，才能满足各层对通信的不同要求。上层所传送的主要是些生产管理信息，报文长、单次信息量大、范围广，但对实时性要求不高。底层传送的主要是过程数据及控制命令，报文不长、每次通信量不大、距离近，但对实时性及可靠性的要求比较高。中间层对通信的要求正好居于上述两者之间。

PLC 网络的分级与生产金字塔的分层不是一一对应的关系，相邻几层的功能，若对通信要求相近，则可合并，有一级子网去实现。采用多级复合结构不仅使通信具有适应性，而且具有良好的可扩展性，用户可以根据资金情况及生产的发展，从单台 PLC 到网络，从底层向高层逐步扩展。下面介绍几个最有代表性公司的 PLC 网络。

1. A-B 公司的 PLC 网络

A-B 公司是最大的 PLC 制造商，占据美国市场份额的 45%。A-B 公司的 PLC 以 PI (Pyramid Integrator) 机型为代表，结构分为三层，如图 5-1 所示。最底层称为设备网络层，如远程 I/O 和本地扩展 I/O、PROFIBUS 的产品等，负责收集现场信息、驱动执行器，在远程 I/O 系统中配置周期 I/O 通信机制。中间层称为控制网络层，凡是 A-B 公司的 PLC 产品均可通过高速链路 DH (Data HighWay) 和改进型 DH + 规约接入网络，实现过程监控，在高速数据通道中配置令牌总线通信协议。顶层是信息管理网络层，负责生产管理，可选用以太网协议的 Ethernet 或 MAP 规约的 MAP 网，采用 TCP/IP 协议进行计算机互连和数据管理。

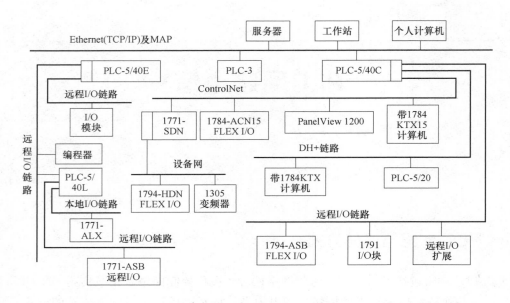

图 5-1　A-B 公司的 PLC 网络

2. 西门子公司的 PLC 网络

西门子公司是欧洲最大的 PLC 制造商，在大中型 PLC 市场上，SIEMENS 与 A-B 公司的产品规格较为齐全。图 5-2 所示为西门子公司的 S7 系列 PLC 网络，采用 3 级总线复合型结构，最底一级为远程 I/O 链路，负责与现场设备通信，在远程 I/O 链路中配置周期 I/O 通信机制。中间一级为 PROFIBUS 现场总线或主从式多点链路，前者是一种新型现场总线，可承担现场、控制、监控三级的通信，采用令牌方式与主从轮询相结合的存取控制方式；后者是一种主从式总线，采用主从轮询式通信。最高一层为工业以太网，负责传送生产管理信息。在工业以太网通信协议的下层中，配置以 802.3 为核心的以太网协议，在上层向用户提供 TF 接口，实现 AP 协议与 MMS 协议。

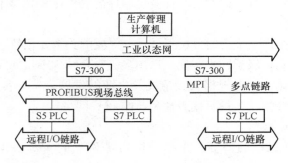

图 5-2　西门子公司的 S7 系列 PLC 网络

如图 5-3 所示是西门子公司 PLC 网络配置。

3. MODICON 公司的 PLC 网络

20 世纪 90 年代初德国奔驰集团所属 AEG 全资收购 MODICON，称为 AEG-MODICON 公

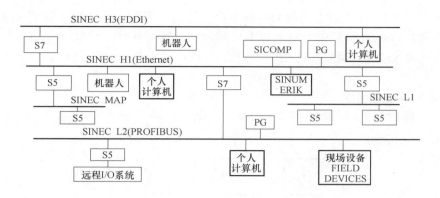

图5-3 西门子公司PLC网络配置

司。如图5-4所示为AEG-MODICON的PLC网络，其采用3级总线复合型的拓扑结构。最高一级为Ethernet或MAP网，分别配置Ethernet（DECent）协议及MAP规约，负责传输生产管理信息。最下一级为远程I/O链路，采用周期I/O方式通信，负责PLC与现场设备的通信。中间一级为Modbus＋或者Modbus网，配置Modbus协议，采用主从方式通信。

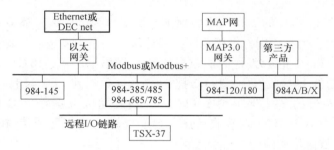

图5-4 AEG-MODICON公司的PLC网络

5.1.2 PLC网络的通信方式

1. 周期I/O通信方式

PLC的远程I/O链路是一种PLC控制网络，采用"周期I/O方式"交换数据。远程I/O链路按主从方式工作，PLC带的远程I/O主单元在远程I/O链路中担任主站，其他远程I/O单元皆为从站。主站中设立一个"远程I/O缓冲区"，采用信箱结构，划分为几个分箱与每个从站一一对应，每个分箱再分为两格，一格负责发送，一格负责接收。主站中通信处理器采用周期扫描方式，按顺序与各从站交换数据，把与其对应的分箱中发送分格的数据送给从站，从从站中读取数据放入对应分箱的接收分格中。这样周而复始，使主站中的"远程I/O缓冲区"得到周期性的刷新。

在主站PLC中的CPU单元负责用户程序的循环扫描，每个周期都有一段时间集中进行I/O处理，这时它对本地I/O单元及远程I/O缓冲区进行读写操作。PLC的CPU单元对用户程序进行周期性循环扫描，与PLC通信处理器对各远程I/O单元的周期性扫描是异步进行的。尽管 PLC 的 CPU 单元没有直接对远程 I/O 单元进行操作，但是由于远程 I/O 缓冲区获得周期性刷新，PLC 的 CPU 单元对远程 I/O 缓冲区的读写操作，就相当于直接访问了远程 I/O 单元。这种通信方式简单、方便，但要占用 PLC 的 I/O 区，因此只适用于少量数据的通信。

2. 全局 I/O 通信方式

全局 I/O 通信方式是一种串行共享存储区的通信方式，如图 5-5 所示，主要用于带有链接区的 PLC 之间的通信。

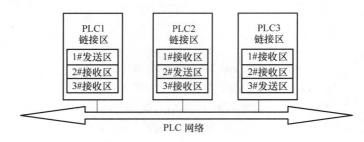

图 5-5　全局 I/O 通信方式的工作原理

在 PLC 网络上每台 PLC 的 I/O 区中各划出一块来作为链接区，都采用邮箱结构。相同编号的发送区与接收区大小相同，占用相同的地址段，一个为发送区，其他皆为接收区。通信时采用广播方式，PLC1 把 1#发送区的数据在 PLC 网络上广播，PLC2、PLC3 收听到后把它接收下来存入各自的 1#接收区中；PLC2 把 2#发送区数据在 PLC 网上广播，PLC1、PLC3 把它接收下来存入各自的 2#接收区中；PLC3 把 3#发送区数据在 PLC 网上广播，PLC1、PLC2 把它接收下来存入各自的 3#接收区中。显然通过上述广播通信过程，PLC1、PLC2、PLC3 的各链接区中数据是相同的，这个过程称为等值化过程。等值化通信使 PLC 网络中每台 PLC 的链接区数据保持一致，它既包含着自己送出去的数据，也包含着其他 PLC 送来的数据。由于每台 PLC 的链接区大小一样，占用的地址段相同，每台 PLC 只要访问自己的链接区，就等于访问了其他 PLC 的链接区，也就相当于与其他 PLC 交换了数据。这样链接区就变成了名副其实的共享存储区，成为各 PLC 交换数据的中介。

链接区可以采用异步方式刷新（等值化），也可以采用同步方式刷新。异步方式刷新与 PLC 中用户程序无关，由各 PLC 的通信处理器按顺序进行广播通信，周而复始，使所有链接区保持等值化。同步方式刷新是由用户程序中对链接区的发送指令启动一次刷新，这种方式只有当链接区的发送区数据变化时才刷新。

全局 I/O 通信方式中，PLC 直接用读写指令对链接区进行读写操作，简单、方便、快速，但应注意在一台 PLC 中对某地址的写操作在其他 PLC 中对同一地址只能进行读操作。与周期 I/O 方式一样，全局 I/O 方式也要占用 PLC 的 I/O 区，因而只适用于少量数据的通信。

3. 主从总线通信方式

主从总线通信方式又称 1 : N 通信方式，是指在总线结构的 PLC 子网上有 N 个站，其中 1 个主站、其余皆从站。

主从总线通信方式采用集中式存取控制技术分配总线使用权，通常采用轮询表法。所谓轮询表是一张从站机号排列顺序表,该表配置在主站中,主站按照轮询表的排列顺序对从站进行询问,看它是否要使用总线,从而达到分配总线使用权的目的。

为了保证实时性,要求轮询表包含每个从站机号不能少于一次,这样在周期轮询时,每个从站在一个周期中至少有一次机会取得总线使用权。对于实时性要求较高的站,可在轮询表中让其从站机号多出现几次,这样就用静态方式赋予了该站较高的通信优先权。在有些主从总线中轮询表法与中断法结合使用,让紧急任务可以打断正常的周期轮询而插入,这就是用动态方式赋予某项紧急任务以较高优先权。

存取控制只解决了谁使用总线的问题,获得总线的从站还有如何使用总线的问题,即采用什么样的数据传送方式。主从总线通信方式中有两种基本的数据传送方式:一种是只允许主从通信,不允许从从通信,从站与从站要交换数据必须经主站中转;另一种是既允许主从通信也允许从从通信,从站获得总线使用权后安排主从通信,再安排自己与其他从站(即从从)之间的通信。

4. 令牌总线通信方式

令牌总线通信方式又称 $N:N$ 通信方式是指在总线结构的 PLC 子网上有 N 个站,它们地位平等没有主站与从站之分,也可以说 N 个站都是主站。

$N:N$ 通信方式采用令牌总线存取控制技术。在物理总线上组成一个逻辑环,让一个令牌在逻辑环中按一定方向依次流动,获得令牌的站就取得了总线使用权。令牌总线存取控制方式限定每个站的令牌持有时间,保证在令牌循环一周时每个站都有机会获得总线使用权,并提供优先级服务,因此令牌总线存取控制方式具有较好的实时性。

取得令牌的站有两种数据传送方式,即无应答数据传送方式和有应答数据传送方式。取得令牌的站采用什么样的数据传送数据方式对实时性影响非常明显。有些令牌总线型 PLC 网络的数据传送方式固定为一种,有些则可由用户选择。

如果采用无应答数据传送方式,取得令牌的站可以立即向目的站发送数据,发送结束,通信过程也就完成了;而采用有应答数据传送方式时,取得令牌的站向目的站发送完数据后并不算通信完成,必须等目的站获得令牌并把应答帧发给发送站后,整个通信过程才结束。后者比前者的响应时间明显增长,实时性下降。

5. 浮动主站通信方式

浮动主站通信方式又称 $N:M$ 通信方式,适用于总线结构的 PLC 网络,是指在总线上有 M 个站,其中 $N(N<M)$ 个为主站,其余为从站。

$N:M$ 通信方式采用令牌总线与主从总线相结合的存取控制技术。首先把 N 个主站组成逻辑环,通过令牌在逻辑环中依次流动,在 N 个主站之间分配总线使用权,这就是浮动主站的含义。获得总线使用权的主站再按照主从方式来确定在自己的令牌持有时间内与哪些站通信。一般在主站中配置有一张轮询表,可按轮询表上排列的其他主站号及从站号进行轮询,获得令牌的主站对于用户随机提出的通信任务可按优先级安排在轮询之前或之后进行。

获得总线使用权的主站可以采用多种数据传送方式与目的站通信,其中以无应答无连接方式速度最快。

6. 令牌环通信方式

有少量的 PLC 网络采用环形拓扑结构,其存取控制采用令牌法,具有较好的实时性,如图 5-6 所示。

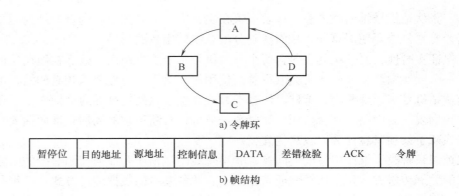

a) 令牌环

暂停位	目的地址	源地址	控制信息	DATA	差错检验	ACK	令牌

b) 帧结构

图 5-6　令牌环通信方式

在图 5-6a 中，令牌在物理环中按箭头指向一站接一站的传送，获得令牌的站才有权发送数据。设 B 站要向 D 站发送数据，当令牌传送到 B 站时，B 站把令牌变为暂停证，然后把待发送数据按图 5-6b 表示的格式加在暂停证后面从 B 站发送出去，最后再加上令牌一起发往 C 站。此帧信息经 C 站中转后到达 D 站，D 站把自己的本站地址与帧格式中目的地址相比较，发现两者相同，表明此帧信息事发给 D 站的，然后对此帧信息作差错校验，并把校验结果以肯定应答或否定应答填在 ACK 段中。同时把此帧信息复制下来，再把带有应答的帧继续向下传送，经 A 站中转到达 B 站。B 站用自己的本站地址与帧中源地址相比，发现两者相同，表明此帧是自己发出的，再检查 ACK 段。若为否定应答，要有组织重发，若为肯定应答，则把此帧从环上吸收掉，只剩下令牌在环中继续流动。

在图 5-6b 帧格式的最后为一令牌，因而当某站获得此令牌后也同样可以发送数据，把此令牌变为暂停证，后面带上发送的帧最后再加上令牌，这时的帧格式就变成两个暂停证、两帧，再加令牌，其传送过程与一帧相似，不再重复。从上述过程可见，令牌环通信方式采用的是有应答数据传送方式。

7. CSMA/CD 通信方式

CSMA/CD 通信方式是一种随机通信方式，适用于总线结构的 PLC 网络，总线上各站地位平等，没有主从之分，采用 CSMA/CD 存取控制方式，即"先听后讲，边讲边听"。

CSMA/CD 存取控制方式不能保证在一定时间周期内，PLC 网络上每个站都可获得总线使用权，因此这是一种不能保证实时性的存取控制方式。但是它采用随机方式，方法简单，而且见缝插针，只要总线空闲就抢着上网，通信资源利用率高，因而在 PLC 网络中 CSMA/CD 通信法适用于上层生产管理子网。

CSMA/CD 通信方式的数据传送方式可以选用有连接、无连接、有应答、无应答及广播通信中的每一种，可按对通信速度及可靠性的要求进行选择。

以上是 PLC 网络中常用的通信方式，在新近推出的 PLC 网络中，常常把多种通信方式集成配置在某一级子网上，这也是今后技术发展的趋势。

5.2 S7-200 PLC 的网络与通信

5.2.1 构建 S7-200 PLC 网络

S7-200 提供通信手段,可以用它与那些使用自己的通信协议的设备进行通信。编程软件 STEP 7-Micro/WIN 使建立和配置网络简便快捷。

1. S7-200 PLC 网络的建立

(1) S7-200 网络通信的几个概念

1) 网络通信接口。S7-200 支持各种类型的通信网络,有多主站 PPI 电缆、CP 通信卡、以太网通信卡三种接口。S7-200 可通过两种不同类型的 PPI 多主站电缆进行通信,这些电缆允许通过 RS-232 或 USB 接口进行通信。S7-200 支持主-从网络,并能在 PROFIBUS 网络中充当主站或从站,而 STEP 7-Micro/WIN 只能作为主站。

2) 波特率和站地址。数据通过网络传输的速度叫波特率,用于量度在单位时间内传输数据的多少,比如 19.2kbit/s 的波特率即表示传输速率为每秒 19200bit。同一网络中通信的器件配置成相同的波特率,网络最高波特率取决于连接在该网络上波特率最低的设备。

在网络中为每个设备指定唯一的站地址,以确保数据发送到正确设备或者来自正确的设备。S7-200 支持的网络地址为从 0 到 126,如果某 S7-200 带有两个端口,那么每个端口都有一个网络地址。S7-200 PLC 的默认地址为:STEP 7-Micro/WIN 为 0;HMI (TD200、TP 或 OP) 为 1;S7-200 CPU 为 2。

3) S7-200 CPU 所支持的协议为:点对点接口 (PPI)、多点接口 (MPI)、PROFIBUS。在开放系统互联 (OSI) 七层模式通信结构的基础上,这些通信协议在一个令牌环网络上实现。如果带有扩展模块 CP 243-1 或 CP 243-1 IT,那么 S7-200 也能运行在以太网上。

① 点对点接口 (PPI)。一种主-从协议,主站器件发送要求到从站器件,从站器件响应,主站个数不超过 32。

② 多点接口 (MPI)。MPI 允许主-主通信和主-从通信,不能与作为主站的 S7-200 CPU 通信,S7-300 和 S7-400 PLC 可以用 XGET 和 XPUT 指令来读写 S7-200 的数据。

③ PROFIBUS。用于实现与分布式 I/O (远程 I/O) 的高速通信,PROFIBUS 网络通常有一个主站和若干 I/O 从站,主站器件通过配置可以知道 I/O 从站的类型和站号,主站初始化网络使网络上的从站器件与配置相匹配,主站不断读写从站数据,当一个 DP 主站成功配置了一个 DP 从站之后,它就拥有了这个从站器件,网上第二个主站器件对第一个主站的从站的访问受到限制。

④ TCP/IP 协议。通过以太网扩展模块 CP 243-1) 或互联网扩展模块 CP 243-1 IT,S7-200 能支持 TCP/IP 以太网通信。

4) 多主站 PPI 网络。如图 5-7 所示是多个主站和多个从站进行通信的 PPI 网络,STEP 7-Micro/WIN 和 HMI 可以对任意 S7-200 CPU 从站读写数据。STEP 7-Micro/WIN 和 HMI 共享网络,所有设备 (主站和从站) 有不同的网络地址。如果使用 PPI 多主站电缆,那么该电缆将作为主站,并且使用 STEP 7-Micro/WIN 提供给它的网络地址;S7-200 CPU 将作为从站。

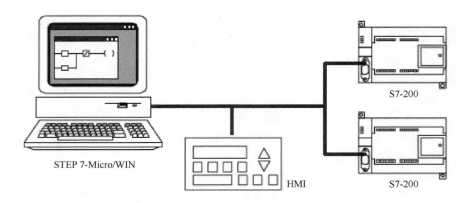

图 5-7　多主站和多从站 PPI 网络

5）复杂的 PPI 网络。如图 5-8 所示给出了带点到点通信的多主网络的复杂 PPI 网络，每个 HMI 监控一个 S7-200 CPU，S7-200 CPU 使用 NETR 和 NETW 指令相互读写数据（点到点通信）。

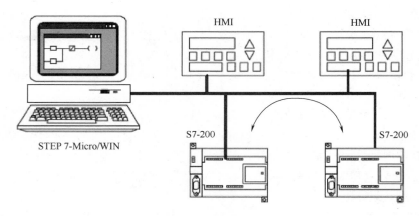

图 5-8　HMI 设备及点到点通信

6）PROFIBUS 网络。如图 5-9 所示给出了用 S7-315-2DP 作 PROFIBUS 主站，EM 277 作 PROFIBUS 从站的网络，该配置中 HMI 通过 EM 277 监控 S7-200，STEP 7-Micro/WIN 通过 EM 277 对 S7-200 进行编程。网络支持 9.6kbit/s ~ 12Mbit/s 的波特率，当波特率高于 19.2kbit/s 时，STEP 7-Micro/WIN 要用 CP 卡。若要使用 CP 卡，需配置 STEP 7-Micro/WIN 使用 PROFIBUS 协议。

　　如果网络上只有 DP 设备，可以选择 DP 协议或标准协议；如果网络上有非 DP 设备（比如 TD200），则可为所有主站器件选择通用（DP/FMS）协议。网络上所有主站都使用同样的 PROFIBUS 网络协议（DP、标准或通用 DP/FMS），并且网络波特率小于 187.5kbit/s 时，PPI 多主站电缆才能发挥其功能。

　　7）以太网和/或互联网设备的网络。在图 5-10 所示的配置中，STEP 7-Micro/WIN 通过以太网连接与两个 S7-200 通信，而这两个 S7-200 分别带有以太网（CP 243-1）模块和互联

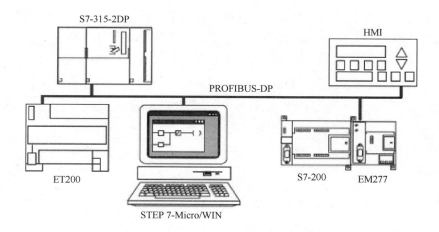

图 5-9　PROFIBUS 网络

网（CP 243-1 IT）模块。S7-200 CPU 可通过以太网连接交换数据。安装了 STEP 7- Micro/WIN 之后，PC 上会有一个标准浏览器，我们可以用它来访问互联网（CP 243-1 IT）模块的主页。若要使用以太网连接，需配置 STEP 7- Micro/WIN 使用 TCP/IP 协议。

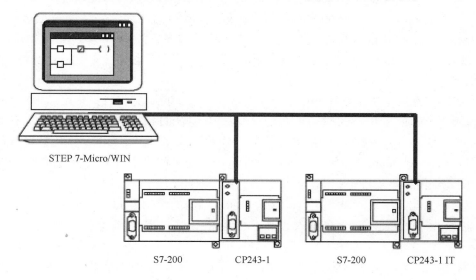

图 5-10　10/100Mbit/s 以太网

（2）S7-200 网络布线的基本原则

导线必须安装合适的浪涌抑制器，这样可以避免雷击浪涌。应避免将低压信号线和通信电缆与交流导线和高能量、快速开关的直流导线布置在同一线槽中。要成对使用导线，用中性线或公共线与能量线或信号线配对。

S7-200 CPU 的端口是不隔离的，欲使网络隔离，应考虑使用 RS- 485 中继器或者 EM 277。

（3）S7-200 网络的通信距离、通信速率和电缆类型网段的最大长度取决于两个因素,即隔离(使用 RS-485 中继器)和波特率,见表 5-1。当连接具有不同地电位的设备时需要隔离;当接地点之间的距离很远时,有可能具有不同的地电位;即使距离较近,大型机械的负载电流也能导致地电位不同。

表 5-1　网络电缆的最大长度

波 特 率	非隔离 CPU 端口	有中继器的 CPU 端口或者 EM 277
9. 6 ~ 187. 5kbit/s	50m	1000m
500kbit/s	不支持	400m
1 ~ 1.5Mbit/s	不支持	200m
3 ~ 12Mbit/s	不支持	100m

如果不使用隔离端口或者中继器,允许的最长距离为 50m。测量该距离时,从网段的第一个节点开始,到网段的最后一个节点结束。

在网络中使用 RS-485 中继器,为网段提供偏压电阻和终端电阻,具有以下用途:

1)增加网络的长度:在网络中使用一个中继器可以使网络的通讯距离扩展 50m。如果在已连接的两个中继器之间没有其他节点,那么网络的长度将能达到波特率允许的最大值。在一个串联网络中,最多可以使用 9 个中继器,但是网络的总长度不能超过 9600m。

2)为网络增加设备:在 9600bit/s 波特率下,50m 距离之内,一个网段最多可以连接 32 个设备。使用一个中继器允许在网络上再增加 32 个设备。

3)实现不同网段的电气隔离:如果不同网段具有不同的地电位,将它们隔离会提高网络的通讯质量。

一个中继器在网络中被算作网段的一个节点,尽管如此,它没有被指定站地址。

S7-200 网络使用 RS-485 标准屏蔽双绞线电缆,回路阻抗 ± 115Ω/km、有效电容 30pF/m、标称阻抗 135 ~ 160Ω(频率为 3 ~ 20MHz)、衰减 0.9dB/100m(频率为 200kHz)、导线截面积 0.3 ~ 0.5mm^2、电缆直径 8mm ± 0.5mm。每个网段中最多只能连接 32 个设备。

2. S7-200 网络性能优化

影响网络性能的因素有以下几个(波特率和主站数的影响最大):

1)波特率。如果网络能在所有设备都支持的最高波特率下运行,那么效率将是最大的。

2)网络中的主站个数。减少网络中的主站数量可以提高网络性能。网络中的每个主站都会增加网络的负载要求,主站少可以减轻网络负载。

3)主站和从站地址的选择。所有主站的地址应顺序地进行设定、不带地址间隙。当主站间存在地址间隙时,主站连续检查间隙内的地址,确定是否有其他主站等待进入连接。这个检查需要时间,这样会增加网络的负载。如果主站之间没有地址间隙,就不需要进行检查,这样网络的负载最小。只要从站不位于主站之间,从站地址设置成任何值不会影响网络性能。位于主站之间的从站会造成主站之间的地址间隙,因而会增加网络的负载。

4)间隙刷新因子(GUF)。只有在 S7-200 CPU 作为 PPI 主站时才使用间隙刷新因子,它告诉 S7-200 检查其他主站地址间隙的时间间隔。使用 STEP 7-Micro/WIN 在 CPU 配置中为通讯口设置 GUF，使 S7-200 周期性地检测地址间隔。如果 GUF = 1，S7-200 每次占有令牌时都会检查地址间隔；如果 GUF = 2，S7-200 每两次占有令牌时，才会检查一次地址间隔。如果主站之间有间隙，设置高的 GUF 可以降低网络负载。如果主站之间没有间隙，GUF 不影响网络性能。由于不频繁检查地址，设置大的 GUF 会造成其他主站无法及时进入连接。默认的 GUF 设置是 10。

5）最高站地址（HSA）。只有在 S7-200 CPU 作为 PPI 主站时才使用最高站地址，定义了一个主站寻找其他主站的最高地址。使用 STEP 7-Micro/WIN 在 CPU 配置中为通信口设置 HSA，这样限制了最后一个主站（最高地址）必须检查的地址间隙，限制地址间隙的长度可以最小化寻找和连接另一个主站所需要的时间。最高站地址对于从站地址没有影响，主站仍然可以与地址大于 HSA 的从站通信。总的规则是应该在所有的主站上设置相同的最高站地址，这个地址应该大于或等于系统中的最高主站地址。HSA 的默认值是 31。

3. 为网络计算令牌循环时间

在令牌传送网络中，只有拥有令牌的站有初始化通信的权限，令牌循环时间可以体现出网络性能的高低（逻辑环中主站循环传送令牌的时间）。

我们来计算如图 5-11 所示的多主网络的令牌循环时间。在该网络中，TD200（3 号站）与 CPU 222（2 号站）通讯；TD 200（5 号站）与 CPU 222（4 号站）通信，依此类推。两个 CPU 224 使用网络读写指令从其他 S7-200 采集数据：CPU 224（6 号站）向 2 号站、4 号站和 8 号站发送数据；同时 CPU 224（8 号站）向 2 号站、4 号站和 6 号站发送数据。在该网络中，有 6 个主站（4 个 TD 200 和两个 CPU 224）和两个从站（两个 CPU 222）。

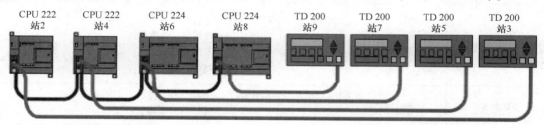

图 5-11　令牌传送网络

主机要发送信息，必须持有令牌。如当站 3 持有令牌时，它初始化到站 2 的请求，然后把令牌传给站 5。站 5 才能初始化到站 4 的请求信息，然后把令牌传给站 6。站 6 再初始化到站 2、4 或 8 的请求信息，然后把令牌传给站 7。这个初始化信息和传送令牌的过程会在逻辑环中持续进行，从站 3 到站 5，又到站 6、7、8、9，最后又返回站 3。主机要能够发出请求信息，这个令牌必须在逻辑环中完整循环。对于一个 6 个站的逻辑环，如果每个令牌持有者发送一个请求信息，为一双字值（4 个字节），则令牌循环时间在 9600bit/s 下为 900ms。如果信息访问的数据字节数增加，或者站的数目增加，那么令牌循环时间也会增加。

令牌循环时间由各站占有令牌的时间决定，对于多主网络，令牌循环时间由各主站占有令牌时间相加得出。如果允许 PPI 主站模式（网络中使用 PPI 协议），S7-200 可使用网络读写指令向其他 S7-200 发送信息。如果采用这些指令发送信息，并且①各站在每次占有令牌时发送一个请求；②该请求为连续的数据地址读或写请求；③CPU 的通信缓冲区使用没有冲突；④CPU 的扫描时间不超过 10ms 假设成立，令牌循环时间可由下列公式近似得出：

$$令牌持有时间\ T_{hold} = (128 + n)\ 字符 \times \frac{11\ 位}{字符} \times \frac{1}{波特率}；令牌循环时间\ T_{rot} = \sum_{1}^{m} (T_{hold})_x。$$

式中，n 是数据的字符（字节）数；m 是主站数；一位时间等于一个信号的持续时间。

对上述多主网络计算令牌循环时间，设 6 台主机中每个主机都有相同的令牌占用时间。

T（令牌持用时间）=（128 + 4）字符 × 11 位/字符 × 1/9600 位 = 151.25ms/主机，T（令牌循环时间）= 151.25ms/主机 × 6 主机 = 907.5ms。

5.2.2　S7-200 PLC 的网络通信指令

1. 关于通信协议

1）通信协议控制：特殊内存字节 SMB30 控制通信口 0 的自由口通信；特殊内存字节 SMB130 控制通信口 1 的自由口通信。使用 SMB30 和 SMB130 可以选择自由口或系统通信协议。

2）SMB30/SMB130 控制字，见表 5-2。

表 5-2　通信口工作模式 SMB30/SMB130 各位的定义

端　口　0	端　口　1	描　　　　述
SMB30 的格式	SMB130 的格式	MSB7 | p | p | d | b | b | b | m | m | LSB0 自由口模式控制字节
SM30.6 和 SM30.7	SM130.6 和 SM130.7	Pp 校验选择　　　00—不校验（无奇偶） 　　　　　　　　01—奇校验（偶奇偶） 　　　　　　　　10—不校验（无奇偶） 　　　　　　　　11—偶校验（奇奇偶）
SM30.5	SM130.5	d 每个字符的数据位　0—8 位/字符 　　　　　　　　　1—7 位/字符
SM30.2 到 SM30.4	SM130.2 到 SM130.4	bbb 自由口波特率　　000—38400bit/s 　　　　　　　　　001—19200bit/s 　　　　　　　　　010—9600bit/s 　　　　　　　　　011—4800bit/s 　　　　　　　　　100—2400bit/s 　　　　　　　　　101—1200bit/s 　　　　　　　　　110—600bit/s 　　　　　　　　　111—300bit/s
SM30.0 和 SM30.1	SM130.0 和 SM130.1	mm 协议选择　　　00—点到点接口协议（PPI/从站模式） 　　　　　　　　01—自由口协议 　　　　　　　　10—PPI/主站模式 　　　　　　　　11—保留（默认是 PPI/从站模式） 注意：当选择 mm – 10（PPI 主站），PLC 按成为网络的一个主站，可以执行 NETR 和 NETW 指令。在 PPI 模式下忽略 2 到 7 位。

2. 关于接收信息

特殊内存字节 SMB86～94/SMB186～194 用于控制通信口 0/通信口 1，并从接收信息指令中读取状态，见表 5-3。

表 5-3　接收信息状态字节与控制字节的使用

端　口　0	端　口　1	描　　述
SMB86	SMB186	MSB 7 | n | r | e | 0 | 0 | t | c | p | LSB 0　接收信息状态字节 n：1—通过用户的禁止命令终止接收信息 r：1—接收信息终止：输入参数错误或无起始或结束条件 e：1—收到结束字符 t：1—接收信息终止：超时 c：1—接收信息终止：超出最大字符数 p：1—接收信息终止：奇偶校验错误
SMB87	SMB187	MSB 7 | en | sc | ec | il | c/m | tmr | bk | 0 | LSB 0　接收信息控制字节 en：0—禁止接收信息功能 　　　1—允许接收信息功能 　　　每次执行 RCV 指令时检查允许/禁止接收信息位。 sc：0—忽略 SMB88 或 SMB188 　　　1—使用 SMB88 或 SMB188 的值检测起始信息 ec：0—忽略 SMB89 或 SMB189 　　　1—使用 SMB89 或 SMB189 的值检测结束信息 il：0—忽略 SMB90 或 SMB190 　　　1—使用 SMB90 值检测空闲状态 c/m：0—定时器是内部字符定时器 　　　　1—定时器是信息定时器 tmr：0—忽略 SMW92 或 SMW192 　　　　1—当执行 SMW92 或 SMW192 时终止接收 bk：忽略暂停条件 　　　1—使用暂停条件作为信息检测的开始

接收控制字数据区，见表 5-4。

表 5-4　接收控制字数据区

端　口　0	端　口　1	描　　述
SMB88	SMB188	信息字符的开始
SM89	SM189	信息字符的结束
SM90 SM91	SM190 SM191	空闲线时间段按毫秒设定。空闲线时间溢出后接收的第一个字符是新的信息的开始字符。SM90（或 SM190）是最高有效字节，SM91（或 SM191）是最低有效字节
SM92 SM93	SM192 SM193	中间字符/信息定时器溢出值按毫秒设定。如果超过这个时间段，则终止接收信息。SM92（SMN192）是最高有效字节，SM93（或 SM193）是最低有效字节
SM94	SM194	接收字符数目已达到最大值（1～255 字符）。这个范围必须设置到所希望的最大缓冲区大小，即使信息的字符数终止用不到

3. 网络读指令

网络读指令的梯形图由助记符 NETR、使能端 EN、读取表 TBL 和通信口 PORT 输入端构成。语句表由操作码 NETR、读取表 TBL 和通信口 PORT 构成,如图 5-12a 所示。

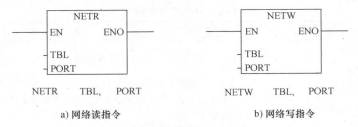

a) 网络读指令　　　　　　　b) 网络写指令

图 5-12　网络读指令和网络写指令

网络读取指令 NETR 开始一项通信操作,通过通信口 PORT、根据表 TBL 定义,从远程设备收集数据,NETR 指令可从远程站最多读取 16 个字节信息。

4. 网络写指令

网络写指令的梯形图由助记符 NETW、使能端 EN、写出表 TBL 和通信口 PORT 输入端构成。语句表由操作码 NETW、写出表 TBL 和通信口 PORT 构成,如图 5-12b 所示。

网络写指令 NETW 开始一项通信操作,通过指定通信口 PORT、根据表 TBL 定义,向远程设备写入数据,NETW 指令可向远程站最多写入 16 个字节的信息。

5. 网络读、写的几点补充

(1) 网络读和网络写的说明

远程地址为存取数据的 PLC 的地址,数据指针为指向 PLC 内数据的间接指针,数据长度为存取数据的字节长度(1~16),接收或传输数据区域为 1~16 字节。对于 NETR 指令,此数据区是指执行 NETR 后存储从远程站读取的数据的区域;对于 NETW 指令,此数据区是指执行 NETW 前存储发送至远程站的数据区域。

表 TBL 有 23 个字节:字节 0 为状态码,字节 1 为远程站地址(被访问的 PLC 的地址),字节 2、3、4、5 为远程站的数据指针(数据区可以为 I 区、Q 区、M 区或 V 区),字节 6 为数据长度,字节 7、8~22 为数据字节,见表 5-5。

表 5-5　网络读写指令数据表

字　节	内　容	字　节	内　容
0	状态码(D、A、E、0、RR)	7	数据字节 0
1	远程站地址(被访问的 PLC 的地址)	8	数据字节 1
2		9	数据字节 2
3	远程站数据指针	10	数据字节 3
4	数据区可以为 I 区、Q 区、M 区或 V 区	…	…
5		21	数据字节 14
6	数据长度 n	22	数据字节 15

其中状态码字节 0 的分配:第 7 位用 D 表示、第 6 位用 A 表示、第 5 位用 E 表示、第 4 位用 0 表示、低 4 位用 RR 表示(为错误码),则有

D——操作完成状态：D＝0 时，未完成；D＝1 时，完成。

A——操作有效状态：A＝0 时，无效；A＝1 时，有效、操作已被排队。

E——错误状态：E＝0 时，无错误；E＝1 时，操作返回一个错误。

0——无效位。

RR＝0 表示无错误；RR＝1 表示超时错误，远程站无响应；RR＝2 表示接收错误，回答存在奇偶、帧或校验和错误；RR＝3 表示脱机错误，重复站地址或失败硬件引起冲突；RR＝4 表示对溢出错误，多于 8 个 NETR/NETW 方框被激活；RR＝5 违反协议，未启动 SMB30 内的 PPI（主）试图执行 NETR/NETW；RR＝6 表示非法参数，NETR/NETW 表包含非法或无效数值；RR＝7 表示无资源：远程扩展忙（正在进行上装或下载操作）；RR＝8 表示第 7 层错误，违反应用协议；RR＝9 表示信息错误，数据地址错误或数据长度不正确；A～F 未用，为将来的使用保留。

（2）网络读和网络写的限制

可在程序内使用任意数目的 NETR/NETW 指令，但在任意时刻最多只能共有 8 个 NETR 及 NETW 指令处于激活状态，例如可以在给定 S7-200 内任意时刻有 4 个 NETR 及 4 个 NETW 指令、或 2 个 NETR 及 6 个 NETW 指令处于激活状态。

（3）网络读/写编程步骤

1）建立通信网络（主站/从站）。

2）建立网络读/写表（TBL）。

3）编写网络读/写指令（NETR/NETW）。

6. 发送指令

发送指令的梯形图由助记符 XMT、使能输入端 EN、发送数据缓冲器 TBL 和通信口 PORT 构成。语句表由操作码 XMT、发送数据缓冲器 TBL 和通信口 PORT 构成，如图 5-13a 所示。

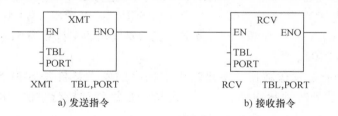

a) 发送指令　　　　　　　b) 接收指令

图 5-13　发送指令和接收指令

当发送指令允许时，XMT 启动数据缓冲器 TBL 的数据传输，数据缓冲器的第一字节指定传输的字节数目，从第二个字节以后的数据为需要发送的数据，PORT 指定传输使用的通信口（端口 0 或端口 1），XMT 指令用于在自由口通信方式下通过通信口传输数据。

发送指令编程步骤：①建立发送表 TBL；②发送初始化 SMB30/130；③编写发送指令 XMT。

【例 5-1】 图 5-14 是一个用发送指令编程的例子。S7-200 PLC 以自由口通信方式向个人计算机不断发送 "S7-200" 6 个 ASCII 码。下面分析程序的功能。

PLC 启动运行时，SM0.1 接通一个扫描周期，本程序利用 SM0.1＝1 这一条件进行发送操作的初始化。

Network 1 用于初始化通信口和形成发送表，把 9 传送到 SMB30 的作用是对通信口 0 进

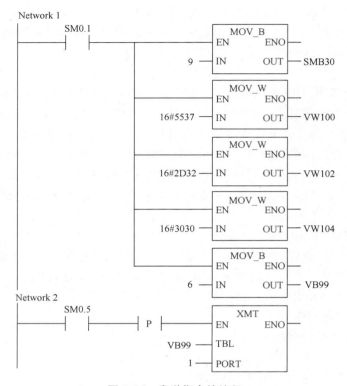

图 5-14　发送指令的编程

行初始化，设定为自由口方式、波特率为 9600bit/s，数据格式为 8 位数据位，无须校验位；十六进制数 5337 是字符 "S"、"7" 的 ASCII，十六进制数 2D32 是字符 "-"、"2" 的 ASCII，十六进制数 3030 是字符 "0"、"0" 的 ASCII，可以看出 VW100、VW102、VW104 存放着 "S7-200" 的 ASCII；VB99 传入数字 6 表示要发送的字符数为 6，可见发送数据缓冲器 TBL 是 VB99～VB104。

Network 2 的功能是发送数据，不难看出本程序的发送条件是 SM0.5 的上升沿，因为 SM0.5 是系统提供的秒时钟脉冲触点，故发送指令是每秒钟执行一次，即每秒钟发送一次 ASCII "S7-200"。

实际操作中应注意个人计算机的通信口和通信协议应与 PLC 一致。

7. 接收指令

接收指令的梯形图由助记符 RCV、使能输入端 EN、接收数据缓冲器 TBL 和通信口 PORT 构成。语句表由操作码 RCV、接收数据缓冲器 TBL 和通信接口 PORT 构成。如图 5-12b 所示。

当接收指令允许时，RCV 开始或终止接收信息服务，必须指定开始或终止条件，接收指令才能进行操作，通过指定通信口（端口 0 或 1）接收的信息存储在发送数据缓冲器 TBL 内，数据缓冲器第一项内容指定接收到字节数目，从第二个字节以后的数据为需要接收的数据。

接收指令编程步骤为：①设置接收初始化（SMB30/130）；②设置接收控制字（SMB87/SMB187）；③设置最大字符数（SMB94/194）；④设置起始符（SMB88/188）；⑤设置结束符（SMB89/189）；⑥设定空闲时间（SMW90/190）；⑦建立中断连接；⑧编写接收指令 RCV。

【例 5-2】　要求一台 CPU 224 作为本地 PLC，另一台 CPU 224 作为远程 PLC，本地 PLC 接收来自远程 PLC 的 20 个字符，接收完成后，信息又发回对方；用一外部脉冲控制接收任务的开始，并且任务完成后用显示灯显示。参数设置为自由口通信模式，通信协议为：波特率 9600、无奇偶校验、每字符 8 位；接收和发送用同一缓冲区，首地址为 VB100；不设立超时时间。

控制程序如图 5-15 所示。

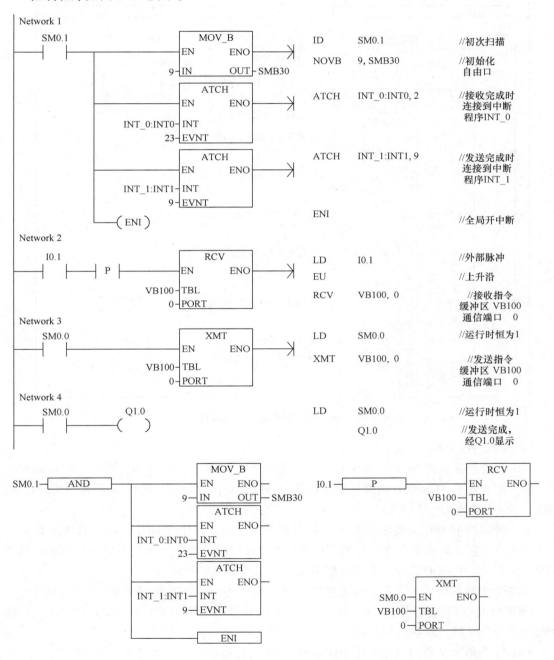

图 5-15　接收与发送指令的编程应用

【例5-3】 个人计算机和 PLC 之间接收和发送信息的控制程序由主程序 OB1、中断程序 INT0、INT1、INT2 组成，其中 OB1 主要作用是初始化、INT0 的作用是接收、INT1 的作用是发送、INT2 的作用是发送结束的接收。其控制程序如图 5-16 和图 5-17 所示。

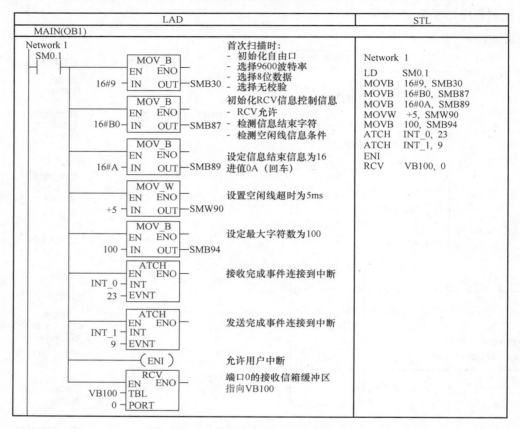

图 5-16　接收指令编程的主程序

（1）OB1 程序块

OB1 程序块的启动条件是 SM0.1＝1，这个条件在程序运行时只能在第一个扫描周期出现一次，把 9 送到 SMB30 是对通信口 0 初始化，选定自由口通信、波特率为 96000bit/s、数据格式为 8 位数据位，且无校验位。

十六进制数 16#B0 送到 SMB97 是对接收操作初始化，SMB87 的第 7 位是接收操作允许位，第 6 位是需要结束符条件位，第 5 位是检查空闲时间允许位。可以看出，把 16#B0 送到 SMB87 是设定允许接收操作、要求有结束码、要求检查等待时间。

SMB89 为结束码单元，将十六进制数 A 送到 SMB89 表明设定的结束码为 0A（回车）。

SMW90 是通信空闲时间设定，将 5 送到 SMW90 表明设置空闲时间为 5ms。5ms 过后接收到的第一个字符为新信息的开始。

SMB94 为最大字符数设定，把 100 送到 SMB94 表明设定最大字符为 100 个字符。

事件号 23 是端口 0 接收字符完成发生的中断事件，中断连接指令把事件 9 连接到 INT2，这表明当端口 0 接收字符完成时发生中断，中断程序段为 INT2。

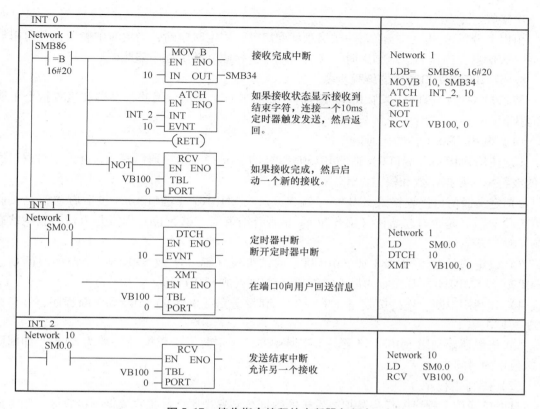

图5-17　接收指令编程的中断服务程序

ENI 指令是全局允许中断指令，只有使用了这只条指令之后，上述两个中断事件发生时，CPU 才能响应中断去执行中断服务程序。

RCV 指令为端口 0 首次开始接收字符，并把接收缓冲区指向 VB100。

（2）INT0 程序块

当接收事件完成时，引发 INT0 中断，进到 INT0 程序块，INT0 程序块的启动条件是 SMB86 的值等于十六进制数 20。SMB86 是接收信息状态字，它的第 5 位等于 1，表明接收到结束符，收到结束符时应做以下工作：其一是把 10 送到 SMB34 中，即设定定时中断 0 的定时时间为 10ms；其二是通过中断连接指令 ATCH 把事件 10 和中断 1 连接，这条指令的功能是建立 10ms 定时中断，并把中断服务程序放到 INT1 程序块中；其三是收到结束符后的中断返回；其四是当 SMB 不等于进制数 20（没有收到结束符）时，继续启动接收。

（3）INT1 程序块

当允许中断后，每隔 10ms 就要引发一次 INT1 中断，进到 INT1 程序块，INT1 程序块的启动是定时中断 0 引起的，SM0.0 是常开继电器，进入 INT1 程序块要做两件事：第一是利用 DTCH 指令关闭定时中断 0；第二是利用 XMT 指令向端口 0 发送信息。从程序中可以看到，发送数据表是从 VB100 开始的，此表恰好是接收数据的数据表，这条语句是把刚从个人计算机接收到的数据又返回给个人计算机。

（4）INT2 程序块

当接收事件完成时，引发 INT_2 中断，进到 INT_2 程序块，INT_2 程序块的作用是启动下一次接收。

由以上分析可知，当接收完一次信息就要启动一次定时中断，当定时中断到，会向用户返回一次信息，当返回信息结束时，又会启动一次接收，整个程序如此循环。

8. S7-200 自由口通信的编程步骤

S7-200 自由口通信是基于 RS485 通信基础的半双工通信，因此，发送和接收指令不能同时执行。

（1）利用 SM0.1 初始化通信参数

1）使用 SMB30（端口 0）或 SMB130（端口 1）选择自由口通信模式，并选定自由口通信的波特率，数据位数和校验方式。

2）定义通信口接收格式 SMB87（端口 0）或 SMB187（端口 1），包括启动信息接收（第 7 位 =1），是否有起始位（第 6 位），是否有结束位（第 5 位）以及是否检测空闲状态（第 4 位）等。

3）设定起始位（SMB88 或 SMB188）或结束位（SMB89 或 SMB189）、空闲时间信息（SMB90 或 SMB190）及接收的最大字符数（SMB94 或 SMB194）。

4）如利用中断，连接接收完（事件 23）和发送完（事件 9）中断到中断程序，并且开中断（ENI）。

5）一般还要利用 SMB34 定义一个定时中断，来定时发送数据（一般为 50ms，即间隔发送数据的时间）。

（2）编写主程序

自由口通信主程序的任务是把要发送的数据放到发送区，并接收数据到接收区。当然此部分也可以用一个子程序来完成。

（3）编写 SMB34 的定时中断程序

把要发送的数据传送到发送区，一般包括发送的字节数、发送的数据及结束字符，最后再利用 XMT 指令启动发送。

（4）编写发送完中断和接收完中断子程序

1）发送完中断子程序的主要任务是发送完后断开 SMB34 定时中断，并利用 RCV 指令准备接收数据。

2）接收完中断子程序的任务是接收数据完成后重新连接 SMB34 的定时中断，准备发送数据。

【例 5-4】 要求利用甲机控制乙机的电动机进行星形-三角形起动，乙机控制甲机的电动机进行星形-三角形起动。星形-三角形起动甲乙互动 I/O 分配见表 5-6。

表 5-6 星形-三角形起动甲乙互动 I/O 分配

甲机（S7-200 站号 2）		乙机（S7-200 站号 3）	
地址	作用	地址	作用
I0.0	起动乙机电动机	I0.2	起动甲机电动机
I0.1	停止乙机电动机	I0.3	停止甲机电动机
Q0.2	本机星形运行	Q0.0	本机星形运行
Q0.3	本机三角形运行	Q0.1	本机三角形运行

发送和接收数据缓冲区的分配见表5-7。

表5-7 发送和接收数据缓冲区的分配

甲机（S7-200 站号2）			乙机（S7-200 站号3）		
	地址	含义		地址	含义
发送区	VB100	发送字节数（含结束符）	发送区	VB100	发送字节数（含结束符）
	VB101	发送的数据		VB101	发送的数据
	VB102	结束字符		VB102	结束字符
接收区	VB200	接收到的字符数	接收区	VB200	接收到的字符数
	VB201	接收到的数据		VB201	接收到的数据
	VB202	结束字符		VB202	结束字符

甲机（2号站）主程序、初始化子程序、星角子程序，以及中断程序0~2的梯形图分别如图5-18~图5-23所示。

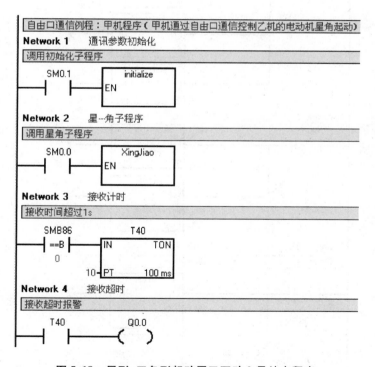

图5-18 星形-三角形起动甲乙互动2号站主程序

乙机（3号站）的程序和甲机类似，只要在编程过程中注意发送和接收区和甲机相对应即可，此处不再赘述。

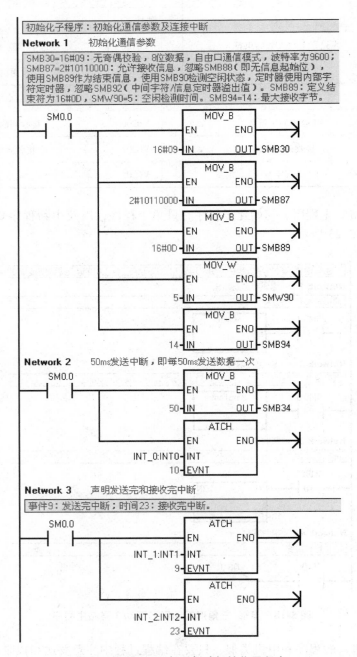

图 5-19　星形-三角形起动初始化子程序

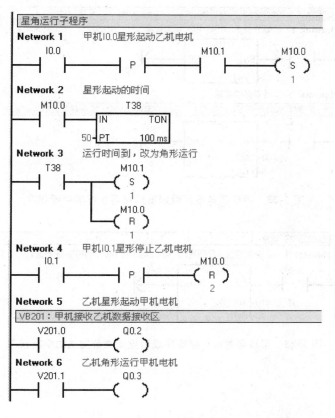

图 5-20　甲机星角运行子程序

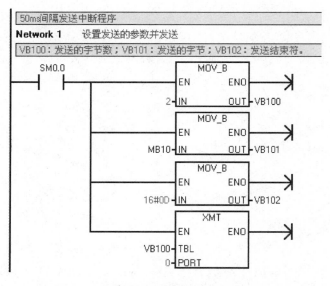

图 5-21　甲机星角运行 50ms 间隔发送程序

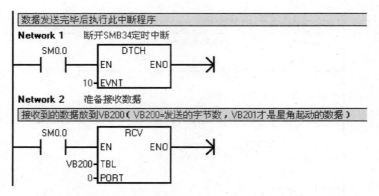

图 5-22　甲机星角运行数据发送完后执行的中断程序

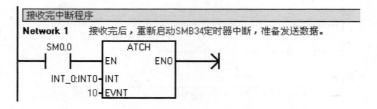

图 5-23　甲机星角运行接收完成后重新准备发送的中断程序

第6章

编制并解析S7- 200 PLC控制程序

6.1 用 S7-200 PLC 控制运料小车的编程设计

运料小车广泛应用于煤矿、仓库、港口车站、矿井等行业中，以前多为继电器控制，接线复杂、易出故障、维修不易。为降低运料小车的运行成本，现多采用 S7-200 PLC 控制系统。

6.1.1 运料小车机械系统及控制要求

1. 运料小车的运动流程

某生产线上用运料小车将生产原料运送至 12 个作业点上，供设备与生产人员使用，要求小车能够响应生产作业点的呼叫，并迅速准确地停靠在各个生产作业点，使生产过程顺序进行。运料小车工作流程如图 6-1 所示，控制机构有起动按钮和停止按钮，每个作业点分别编号、配置呼叫按钮和用于监视小车是否准确停靠的行程开关。

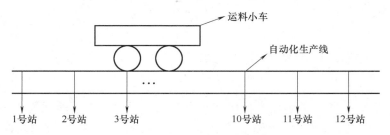

图 6-1　运料小车的运动流程

2. 设备控制要求

运料小车应满足以下控制要求：①按下起动按钮后，系统开始工作。②按下停止按钮后，小车立即停止动作。③呼叫按钮有互锁功能，当一个或多个呼叫按钮被按下后，系统能准确识别出按钮位置，响应最先按下的按钮。④若小车停靠的位置编号小于呼叫按钮的编码值，电动机正转，小车向右运动到作业点停靠；反之电动机反转，小车则向左运动到作业点停靠。⑤若小车停靠的位置编号等于呼叫按钮的编码值，小车保持不动。⑥若行程开关和电动机正反转继电器出现故障，小车能及时停机，防止事故发生。

6.1.2 S7-200 PLC 控制系统设计思想

1. 运料小车运动分析

根据生产工艺要求，设计出小车在运料过程中的速度变化情况如图 6-2 所示。

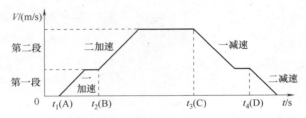

图 6-2 运料小车速度的变化

2. 控制方案

运料小车控制采用 S7-200 PLC，整个系统控制点数比较多，有数据处理、运料车位置显示、故障停止等，控制系统框图如图 6-3 所示。

3. 设备选型

根据系统 I/O 信号的性质和数量，选用 S7-200 的 CPU 222 主机、自带 8 点数字量输入、6 点数字量输出，选配 EM 221 数字量 16 点直流输入模块，选配 EM 221 数字量 8 点直流输入模块，可满足系统 I/O 信号要求，完成运料小车的控制任务。

图 6-3 运料小车控制系统框图

存储器选择，4 ~ 8KB。三相异步电动机选型，电压为 AC24 ~ 380V；输出功率为 2 ~ 100W；转速等级为 500 ~ 6000r/min；可连续输出转矩 10 ~ 600N·m。行程开关选择 LX2-121 单臂式。

6.1.3 S7-200 PLC 控制程序及其说明

1. I/O 地址分配

由于 CPU 模块有 24 点数字输入，16 点数字输出，所以不需要输入输出模块。I/O 地址分配采用自动分配方式，模块上的输入端子对应的输入地址是 I0.0 ~ I3.2，输出端子对应的输出地址是 Q0.0 ~ Q1.7。

（1）数字量输出部分

本系统所要控制的外部设备只有控制运料小车运动的三相电动机，但有正转和反转两个状态，分别对应正转和反转继电器，输出点应有两个，见表 6-1。

表 6-1 输出地址分配表

名 称	输 出 地 址	对应的外部设备
D1	Q0.0	电动机反转继电器 KM1
D2	Q0.1	电动机正转继电器 KM2

（2）数字量输入部分

本控制系统有起动按钮、停止按钮、12个呼叫按钮、12个行程开关共26个输入点，具体的输入分配见表6-2。

表6-2 输入地址分配表

名 称	输入地址	对应的外部设备	名 称	输入地址	对应的外部设备
START	I0.0	起动按钮	HJ11	I1.5	12号站呼叫按钮开关
STOP	I0.1	停止按钮	XC0	I1.6	1号站行程开关
HJ0	I0.2	1号站呼叫按钮	XC1	I1.7	2号站行程开关
HJ1	I0.3	2号站呼叫按钮	XC2	I2.0	3号站行程开关
HJ2	I0.4	3号站呼叫按钮	XC3	I2.1	4号站行程开关
HJ3	I0.5	4号站呼叫按钮	XC4	I2.2	5号站行程开关
HJ4	I0.6	5号站呼叫按钮	XC5	I2.3	6号站行程开关
HJ5	I0.7	6号站呼叫按钮	XC6	I2.4	7号站行程开关
HJ6	I1.0	7号站呼叫按钮	XC7	I2.5	8号站行程开关
HJ7	I1.1	8号站呼叫按钮	XC8	I2.6	9号站行程开关
HJ8	I1.2	9号站呼叫按钮	XC9	I2.7	10号站行程开关
HJ9	I1.3	10号站呼叫按钮	XC10	I3.0	11号站行程开关
HJ10	I1.4	11号站呼叫按钮	XC11	I3.1	12号站行程开关

（3）内部继电器部分

内部继电器分配见表6-3。

表6-3 内部继电器分配

内部继电器地址	功能说明	内部继电器地址	功能说明
M0.0	运料小车停止运行	M1.0	8号站作业呼叫
M0.1	1号站作业呼叫	M1.1	9号站作业呼叫
M0.2	2号站作业呼叫	M1.2	10号站作业呼叫
M0.3	3号站作业呼叫	M1.3	11号站作业呼叫
M0.4	4号站作业呼叫	M1.4	12号站作业呼叫
M0.5	5号站作业呼叫	M1.5	小车位置编码＞呼叫点编码
M0.6	6号站作业呼叫	M1.6	小车位置编码＝呼叫点编码
M0.7	7号站作业呼叫	M1.7	小车位置编码＜呼叫点编码

2. 控制程序流程

系统的工作过程（见图6-4）是：流程开始，首先按下起动按钮，判断此时小车是否发生故障，如果发生故障则小车停止运行，如果没有故障小车开始运行并把当前位置编码输入数据寄存器中；然后按下呼叫按钮，比较小车当前位置编码与呼叫按钮位置编码。如果呼叫作业点编码大于小车当前位置编码，小车向右（正转）行驶并判断小车是否到达呼叫站台，若到达则小车停止运行，若没有到达则小车继续向右运行。反之小车向左（反转）行驶并判断小车是否到达呼叫站台，若到达则小车停止运行，若没有到达则小车继续向左运行，若编码相等小车则停在当前位置不动。工作完成后按下停止按钮，流程结束。

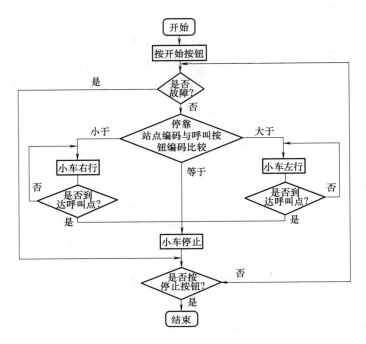

图 6-4 控制程序流程

3. 控制程序设计

（1）小车起停控制

当按下小车起动按钮时，动合触点 I0.0 得电，辅助继电器 M0.0 得电，小车开始运动；按下停止按钮时，动断触点 I0.1 得电，辅助继电器 M0.0 失电，小车停止运动。小车起停的梯形图程序如图 6-5 所示。该段小车起停控制程序为

```
LD        I0.0
O         M0.0
AN        I0.1
=         M0.0              //小车起停辅助继电器
```

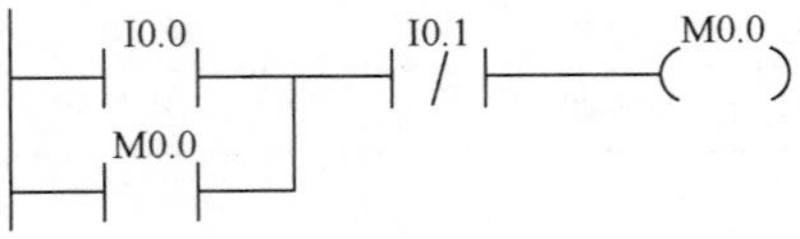

图 6-5 小车起停的梯形图程序

（2）呼叫按钮

在该段程序中，有 12 个作业点，分别分配代码"0~11"。由于 12 个呼叫按钮之间是互锁的，先按下者优先，所以需要 12 个辅助继电器位 M0.1~M1.4。当有呼叫按钮按下时，

相应的呼叫按钮得电，该站点的辅助继电器 M 得电，同时把该号站作业的代码送到数据寄存器 VB1 中，以供判断小车下一步行动时使用。例如，1 号站作业呼叫，I0.2 得电，M0.1 得电，代码"0"送入数据寄存器 VB1 中，其程序如图 6-6 所示。其他站的呼叫程序与此类似，此处不再赘述。

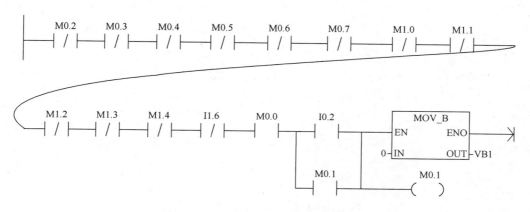

图6-6　1号站作业呼叫的梯形图程序

（3）行程开关

当小车运动到 12 个站点的某一个时，对应行程开关得电，并将相应代码送入数据寄存器 VB0 中，以判断小车下一步的运动方向。例如，小车运动到 1 号作业点时，行程开关 I1.6 得电，代码"0"送入数据寄存器 VB 中，依此类推。本段行程开关的程序如图 6-7 所示。

对应语句表程序如下：

```
LD      I1.6
MOVB    0,VB0
LD      I1.7
MOVB    1,VB0
LD      I2.0
MOVB    2,VB0
LD      I2.1
MOVB    3,VB0
LD      I2.2
MOVB    4,VB0
LD      I2.3
MOVB    5,VB0
LD      I2.4
MOVB    6,VB0
LD      I2.5
MOVB    7,VB0
```

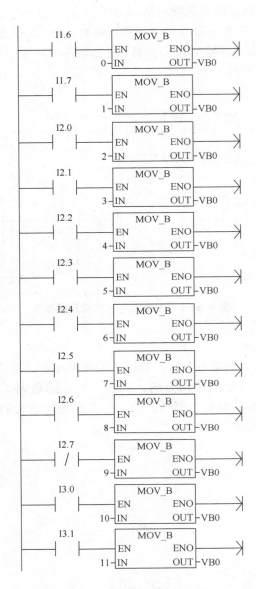

图 6-7 行程开关梯形图程序

```
LD      I2. 6
MOVB    8 , VB0
LD      I2. 7
MOVB    9 , VB0
LD      I3. 0
MOVB    10 , VB0
LD      I3. 1
MOVB    11 , VB0
```

（4）比较

当按下起动按钮，如果有呼叫按钮被按下，系统开始对存有小车当前位置编码的数据寄存器 VB0 和呼叫按钮代码的数据寄存器 VB1 中的数据进行比较。当 VB0 > VB1 小车当前位置编码大于呼叫作业点的编码时，M1.5 得电，小车向左运行；当 VB0 = VB1 小车当前位置编码等于呼叫按钮的编码时，M1.6 得电，小车不动；当 VB0 < VB1 小车当前位置编码小于呼叫按钮的编码时时，M1.7 得电，小车向右运行。

（5）小车向左运行控制

若 VB0 > VB1，即当前位码大于呼叫站点编码时，继电器 M1.5 得电，小车向左运行，直到抵达呼叫站点为止。本段小车向左运行控制程序如图 6-8 所示。

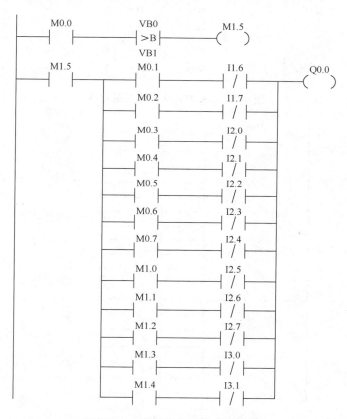

图 6-8　小车向左运行梯形图程序

（6）小车向右运行控制

若 VB0 < VB1，即当前位码小于呼叫站点编码时，继电器 M1.7 得电，小车向右运行。本段小车向右运行控制程序如图 6-9 所示。

（7）故障判断及处理

正常情况下只有一个行程开关得电，电动机正、反转继电器由于互锁也只有一个接通。若由于某些原因，出现两个或两个以上的行程开关得电，或者出现电动机正、反转两个继电器同时接通的情况，说明系统出现故障。此时小车行驶辅助继电器 M0.0 将被复位，小车停止运动。本段程序梯形图如图 6-10 所示。

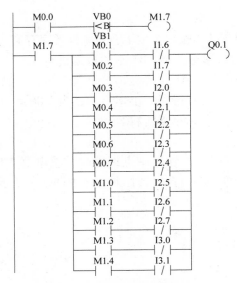

图 6-9　小车向右运行梯形图程序

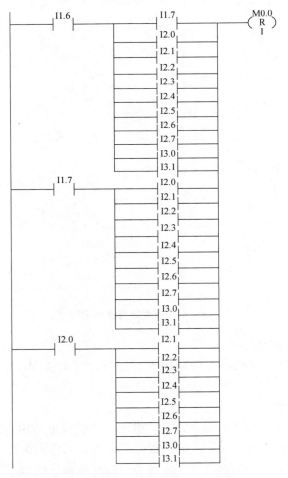

图 6-10　故障判断及处理梯形图程序

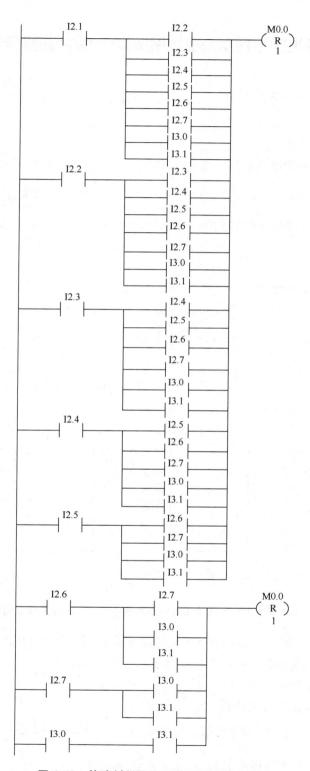

图6-10 故障判断及处理梯形图程序（续）

6.2　S7-200 PLC 治理水力机组甩负荷抬机并与控制调相压水系统合成

6.2.1　甩负荷抬机的深层机理

1. 深层机理

（1）两管水击联合起抬

水电机组事故或调度甩负荷后，为防止飞逸，常快速关闭导叶，但会引起引水管和尾水管发生水击。若 $\dfrac{L_引}{C_引} = (4N-1) \times \dfrac{L_尾}{C_尾}$，则引水管水击第 1 阶段正波和尾水管水击第 2N 阶段正波在转轮室叠加而合抬。特别是 $N=1$ 时形成一种最不利的情况，$\Delta P = \rho(C_引 + C_尾)V_0$，如图 6-11 所示。

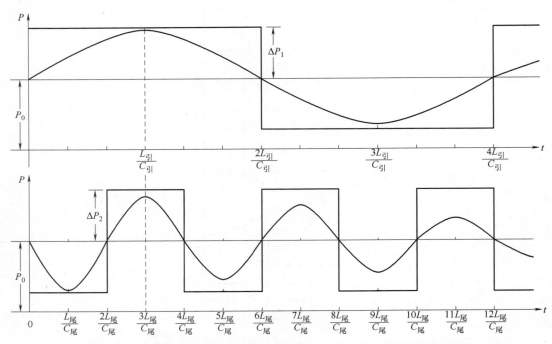

图 6-11　引水管水击第 1 阶段正波和尾水管水击第 3 阶段正波在转轮室相遇

当水击力与反向水推力之和不小于机组转动体重量（即 $P_0 + \Delta P_1 + \Delta P_2 - H_s\rho \geq K_z$）时，会发生抬机。式中 H_s 为吸出高；K_z 为转动体在转轮室单位截面积上的重量，或称转动体相对重量，请参阅本书参考文献 [17]。

（2）下落碰撞力及其自重倍数

抬机高度 h（m）时，镜板碰撞推力瓦速度为 $V = \sqrt{2gh}$。因 $F\Delta t = MV$（F 为碰撞力，Δt 为碰撞时间，很小，M 为转体质量），可见 $F = \dfrac{MV}{\Delta t}$ 非常大，令 $\alpha = \dfrac{F}{Mg} = \dfrac{V}{g\Delta t} = \sqrt{\dfrac{2h}{g}}\dfrac{1}{\Delta t}$，称为碰撞力自重倍数。冲击应力应变及材料疲劳问题使材料强度再大也难承受，特易破坏卡环凹

处，材料强度大只不过承受碰撞次数多些罢了。

碰撞力自重倍数 α 与抬机高度 h、碰撞时间 Δt 有关，而与转动体质量 M 无关，如图 6-12 所示。这说明无论机组大小，都必须重视治理甩负荷抬机。若采用金属弹性聚四氟乙烯塑料瓦（塑料王），将使碰撞 Δt 增长，从而减小 α 值。

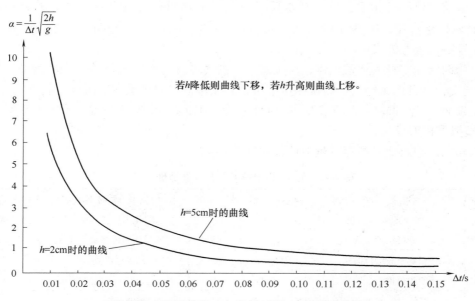

图 6-12　自重倍数 α 与作用时间 Δt 的关系曲线

2. 抬机的治愈思路

（1）国家水电部时代凝结的治抬经验

我国传统治抬措施有：①强迫式真空破坏阀由调速环下斜块速压而动作，进气位置在转轮室四周压力较高区，动作后进气量很小；②自吸式真空破坏阀动作时已形成大真空度，加之水击波在 $t = (2 \times 25 \sim 2 \times 50)/1000\text{s} = 0.05 \sim 0.1\text{s}$ 后返回，入气位置虽佳但进气极少；③两段关闭导水叶法只能减轻但不能消除转轮室-尾水管段水击，对解决小 K_z 值的机组抬机几乎无效，例如葛洲坝大江电厂 14# 机在 1987 年 7 月 4 日甩负荷抬机 25mm；④长湖水电站等采用延时继电器启动向转轮室补气。

这些措施共同构成了国家原水利电力部时代的宝贵的"补气"经验，可惜都是"延时"的，都只重视了以牛顿惯性学说解释的反向水推力以及所谓"水泵升力"，而忽视了转轮室-尾水管段产生的水击波。

（2）原理性变革的治抬思路

既然传统的防抬机措施存在原理性缺陷，那么就应转变思路，以甩负荷后转轮室不发生两管水击为目标。

故机组甩负荷后为防止转速飞逸要求导水叶快速关闭造成转轮室过水流量急剧下降时，为使转轮室-尾水管段不发生水击，应不延时向转轮室中心区域（压力较低区）补入不小于过水流量减小值的压缩空气量，以维持转轮室压强不小于甩负荷前的压强值。

这样，利用 PLC 控制技术是可行的。当然，若时刻维持转轮室压强与甩负荷前稳定流状态下压强一致，还可以通过 PID 运算来实现。

6.2.2 治理水轮机组甩负荷抬机的 S7-200 PLC 控制系统设计

1. 硬件系统

1）为监测监控转轮室压强，在水轮机顶盖过流面直径为 $(D_1 + D_z)/2$ 的分布圆周上（D_1 为转轮标称直径、D_z 为主轴直径）沿 $+X$、$+Y$、$-X$、$-Y$ 方向分别布置 1 号、2 号、3 号、4 号四只压力传感器。

2）为向转轮室补入适量气体，在压缩空气供气总管与水轮机顶盖近中心区域入气口之间的供气支管（开四叉输气、与调相压水结合）上串联一只电动调节阀以控制进气量。

3）设置一台 SIMATIC S7-222 型 PLC（8DI/6DO），并配置一个 EMM 235 型（4AI/1AO）模拟量扩展模块。

4）输入、输出信号内存变量地址分配见表 6-4。

表 6-4　输入、输出信号内存变量地址分配表

序　号	信 号 名 称	内 存 地 址	序　号	信 号 名 称	内 存 地 址
01	DL 辅助触点引出	M0.3	07	3 号压力传感器信号量	AIW4
02	导叶开度位置空载以上	M0.4	08	4 号压力传感器信号量	AIW6
03	机组事故综合信号	M20.0	09	机组甩负荷标识	M5.0
04	机组停机指令信号	M20.1	10	电动调节阀电源投入	Q0.0
05	1 号压力传感器信号量	AIW0	11	电动调节阀立即全开	Q0.1
06	2 号压力传感器信号量	AIW2	12	电动调节阀 PID 调节	AQW0

2. 控制程序

为优化程序结构、减小扫描周期，采用主程序、子程序、中断程序的结构形式，根据以上分析与要求编写的控制程序如图 6-13 ~ 图 6-15 所示。

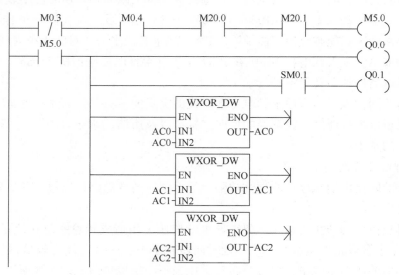

图 6-13　治理甩负荷抬机的 S7-200 控制系统主程序设计

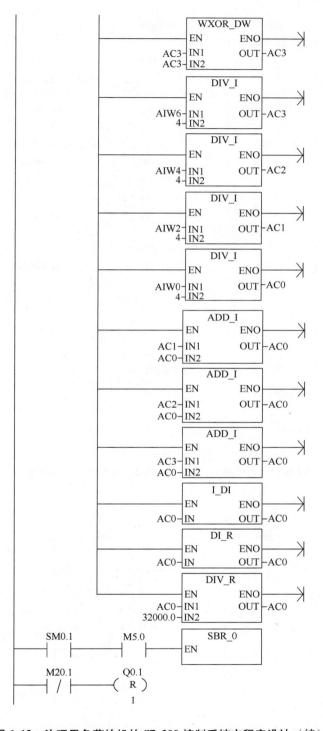

图6-13　治理甩负荷抬机的 S7-200 控制系统主程序设计（续）

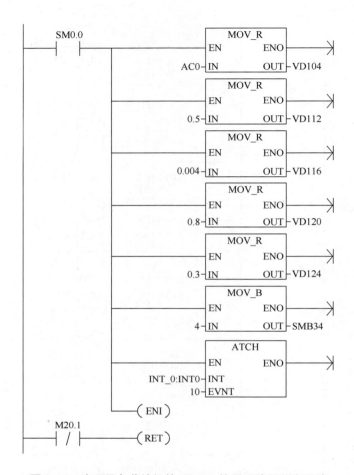

图 6-14 治理甩负荷抬机的 S7-200 控制系统子程序设计

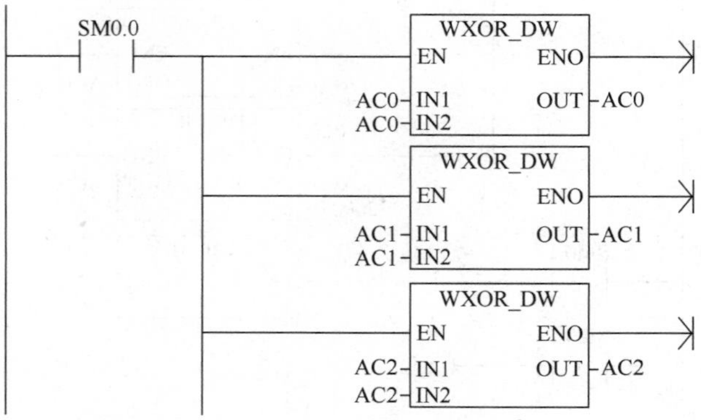

图 6-15 治理甩负荷抬机的 S7-200 控制系统中断程序设计

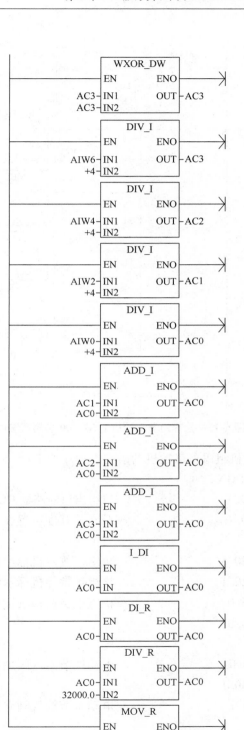

图6-15　治理甩负荷抬机的 S7-200 控制系统中断程序设计（续）

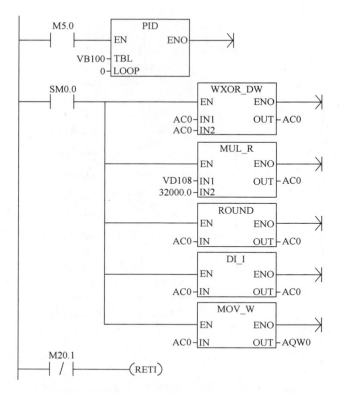

图6-15 治理甩负荷抬机的 S7-200 控制系统中断程序设计（续）

治理水轮发电机组甩负荷抬机的语句表程序如下：

（1）主程序 MAIN

LDN	M0.3	//机组出口断路器 DL 跳开后，其辅助触点状态 M0.3 置0
A	M0.4	//导水叶开度位置在空载以上直至全开的情况下 M0.4 置1
A	M20.5	//机组事故停机标示位 M20.5 置1
A	M20.1	//机组正常停机标示位 M20.1 置1
=	M5.0	//机组甩负荷抬机标示位
LD	M5.0	
LPS		
=	Q0.0	//电动调节给气阀加工作电源
A	SM0.1	
=	Q0.1	//电动调节给气阀立即全开
LRD		
XORD	AC0,AC0	//清空累加器 AC0
LRD		
XORD	AC1,AC1	//清空累加器 AC1
LRD		

XORD	AC2,AC2	//清空累加器 AC2
LRD		
XORD	AC3,AC3	//清空累加器 AC3
LRD		
MOVW	AIW6,AC3	//把 4 号压力传感器模拟量值送入累加器 AC3
/I	4,AC3	//取 AC3 值的 1/4
LRD		
MOVW	AIW4,AC2	//把 3 号压力传感器模拟量值送入累加器 AC2
/I	4,AC2	//取 AC2 值的 1/4
LRD		
MOVW	AIW2,AC1	//把 2 号压力传感器模拟量值送入累加器 AC1
/I	4,AC1	//取 AC1 值的 1/4
LRD		
MOVW	AIW0,AC0	//把 1 号压力传感器模拟量值送入累加器 AC0
/I	4,AC0	//取 AC0 值的 1/4
LRD		
+I	AC1,AC0	
LRD		
+I	AC2,AC0	
LRD		
+I	AC3,AC0	
LRD		
ITD	AC0,AC0	//把 16 位整数转换成 32 位整数
LRD		
DTR	AC0,AC0	//把 32 位整数转换成实数
LPP		
/R	32000.0,AC0	//标准化 AC0 中的值，作为 PID 运算的设定值 SP_n（0.0~1.0）
LD	SM0.1	
A	M5.0	
CALL	SBR_0:SBR0	//调用子程序 SBR_0
LDN	M20.1	//机组停机复归
R	Q0.1,1	//电动调节给气阀立即全关

（2）子程序 SBR_0

LD	SM0.0	
MOVR	AC0,VD104	//装入回路表设定值 SP_n(0.0~1.0)
MOVR	0.5,VD112	//装入回路增益 K_c（比例常数）
MOVR	0.004,VD116	//装入采样时间 0.004s
MOVR	0.8,VD120	//装入积分时间 T_i

MOVR	0.3,VD124	//装入微分时间 T_d
MOVB	4,SMB34	//设定定时中断 0 的时间间隔为 4ms
ATCH	INT_0:INT0,10	//设置定时中断以定时执行 PID 指令
ENI		//允许中断
LDN	M20.1	//机组停机复归
CRET		//返回

（3）中断程序 INT_0

LD	SM0.0	
XORD	AC0,AC0	
XORD	AC1,AC1	
XORD	AC2,AC2	
XORD	AC3,AC3	
MOVW	AIW6,AC3	
/I	+4,AC3	
MOVW	AIW4,AC2	
/I	+4,AC2	
MOVW	AIW2,AC1	
/I	+4,AC1	
MOVW	AIW0,AC0	
/I	+4,AC0	
+I	AC1,AC0	
+I	AC2,AC0	
+I	AC3,AC0	
ITD	AC0,AC0	//把 16 位整数转换成 32 位整数
DTR	AC0,AC0	//把 32 位整数转换成实数
/R	32000.0,AC0	//标准化 AC0 中的值作为 PID 运算过程变量 $PV_n(0.0 \sim 1.0)$
MOVR	AC0,VD100	//将 AC0 中的值存入回路表 VD100
LD	M5.0	
PID	VB100,0	//执行 PID 指令
LD	SM0.0	
XORD	AC0,AC0	//清空累加器 AC0
MOVR	VD108,AC0	//把 PID 运算输出(0.0 ~ 1.0)送到 AC0
*R	32000.0,AC0	//将 AC0 中的值刻度化
ROUND	AC0,AC0	//四舍五入将实数转换成 32 位整数
DTI	AC0,AC0	//将 32 位整数转换成 16 位整数
MOVW	AC0,AQW0	//将 16 位整数值送入模拟量输出寄存器以控制电动调节阀开度
LDN	M20.1	//机组停机过程结束
CRETI		//中断返回

3. 控制程序说明

当机组甩负荷后，出口断路器是跳开的，其辅助动断触点 M0.3 闭合，导叶开度位置仍在空载以上，动合触点 M0.4 闭合，此时机组事故停机继电器 M31.7 以及机组停机继电器 M1.1 均启动使其动合触点闭合，机组甩负荷标示位 M5.0 置位。

甩负荷标示位 M5.0 置位后，Q0.0 置 1 使电动调节阀电源立即投入，第一次扫描程序时，Q0.1 置 1 作用于电动调节阀立即全开度打开。清空累加器 AC0、AC1、AC2、AC3 后，把 1～4 号压力传感器的数值各取 1/4 存入 AC0～AC3，逐一相加在 AC0 中得到转轮室压力 16 位整数的平均值，依次化为 32 位整数、实数，除以 32000 标准化 AC0 中的值，作为 PID 运算设定值 SP_n（0.0～1.0）。甩负荷后第一次扫描程序时调用初始化子程序 SBR_0，在 SBR_0 中装入设定值（AC0 中的标准化值）至 VD104，装入回路增益 0.5 至 VD112，装入采样时间 0.004s 至 VD116，装入积分时间 0.8min 至 VD120，装入微分时间 0.3min 至 VD124，设定定时中断 0 的时间间隔为 4ms 并传至 SMB34，然后设置定时执行 PID 指令的定时中断并允许。在定时中断程序里，先清空 4 个累加器，再把 4 只压力传感器的模拟量瞬时值各取 1/4 相加得到转轮室压力的瞬时平均值，将 16 位整数转化为 32 位整数，再化为实数，标准化后作为 PID 运算的过程变量 PV_n（0.0～1.0）装入回路表 VD100。甩负荷标示位 M5.0 置位后可执行 PID 指令，VD108 中的输出值（0.0～1.0）经刻度化、实数转换 32 位整数再转换 16 位整数，写入模拟量输出寄存器 AQW0。机组停机复归后返回。

6.2.3　治理甩负荷抬机与控制调相压水合成为一个神经元

1. 自动化元器件配置、I/O 统计、PLC 及扩展模块选择、内存地址分配

（1）自动化元器件配置

自动控制要求如下：①转轮室水位由电极式水位信号器 DSX 反映，信号提供给 PLC；②主给气阀为电动调节进气阀，该阀位于压缩空气供气总管与水轮机顶盖近中心区域入气口之间的供气支管上，管径 $d = \max\{30[$贮气罐容积 $m^3/(0.5～2)]^{1/2}mm，33[$水轮机最大过流量 $m^3/s]^{1/2}mm\}$，由 PLC 控制；③辅给气阀为液压阀 YF，由带 ZT 电磁铁的配压阀 DP 控制，DP 又受控于 PLC；④为防治甩负荷抬机需监测监控转轮室压强，在水轮机顶盖过流面直径为 $(D_1 + D_z)/2$ 的分布圆周上（D_1 为转轮标称直径；D_z 为主轴直径）沿 $+X$、$+Y$、$-X$、$-Y$ 方向分别布置 1 号、2 号、3 号、4 号四只压力传感器，信号提供给 PLC。

（2）I/O 统计

这里设计的 PLC 控制系统，由导叶主令开关提供导叶开度全关、导叶开度在空载以上的信号；由断路器辅助触头提供 DL 状态信号；调相时由电极式水位信号器 DSX 提供上、下限两个水位信号；4 只压力传感器提供转轮室甩负荷时不同方位的压力信号，需要 4 个模拟量输入点；进入调相状态后须给电极式水位信号器投入电源，1 个开关量输出点；主给气阀为电动调节进气阀，需 1 个开关量输出点控制其工作电源投入与切除、1 个开关量输出点控制立即开闭、需 1 个模拟量输出点用于 PID 调节进气量；辅助补气阀之 ZT 电磁铁不带电工作，开启与关闭需 PLC 开关量输出点各 1 个（计 2）。总计开关量输入点 5 个、开关量输出点 5 个、模拟量输入点 4 个、模拟量输出点 1 个。

（3）PLC 及扩展模块选择

在微机-PLC-PLC 控制系统中，采用 SIMATIC S7-222 型 PLC（8DI/6DO），带一个 EM

235 型 (4AI/1AO) 模拟量扩展模块控制水轮机组相压水系统, 并与治理抬机相结合成分层分布式计算机监控系统中的一个神经元。

(4) 内存地址分配

表 6-5 给出输入输出地址及内存变量分配。

表 6-5　PLC 输入、输出信号内存变量地址分配

序号	信 号 名 称	内 存 地 址	说　　　明
01	导叶开度位置处于全关	I0.0、M0.0	导叶全关时置1, 打开后置0
02	导叶开度位置处于空载以上	I0.1、M0.1	导叶空载以上置1, 空载以下置0
03	发电机出口断路器通断状态	I0.2、M0.2	断路器合闸状态置1, 跳开置0
04	调相压水时转轮室上限水位	I0.3、M0.3	高于上限水位时置1
05	调相压水时转轮室下限水位	I0.4、M0.4	高于下限时置1, 低于下限时非置1
06	1 号压力传感器模拟量信号输入	AIW0	
07	2 号压力传感器模拟量信号输入	AIW2	
08	3 号压力传感器模拟量信号输入	AIW4	
09	4 号压力传感器模拟量信号输入	AIW6	
10	主给气阀电源投入与切除	Q0.0	Q0.0 置1 则投入, 置0 则切除
11	主给气阀立即全开与关闭	Q0.1	Q0.1 置1 则全开, 置0 则关闭
12	电极式水位信号器的电源投入与切除	Q0.2	Q0.2 置1 则投入, 置0 则切除
13	辅助补气阀 (受控于 DP 的液阀) 开启	Q0.3	
14	辅助补气阀 (受控于 DP 的液阀) 关闭	Q0.4	
15	PID 输出以调节主给气阀	AQW0	
16	机组甩负荷发生标志	M5.0	
17	机组调相运行状态标志	M12.0	
18	机组进入发电状态信号	M12.1	
19	机组停机继电器	M20.1	
20	机组事故停机指令	M20.5	

2. 程序设计

(1) 总体思路

控制程序采用分块结构。设子程序 SBR0 控制机组调相压水系统; 子程序 SBR1 控制机组甩负荷时立即不延时地向转轮室补入恰当量气体。主程序 OB1 分别调用 SBR0、SBR1 子程序块, 对两个不同时事件分别控制。

(2) 主程序中的具体控制流程

采用子程序调用和甩负荷治抬 PID 算法中断程序, 构建分块结构, 在水轮发电机组运行过程中, 系统主程序只要不间断地查询两个子程序的起动条件, 并根据起动条件决定是否调用调相压水子程序或治理甩负荷抬机子程序。

(3) 控制算法

应用算法控制甩负荷后向转轮室的进气量, 从而可以控制转轮室状态空间量水位或者压强。调相压水时用的是乒乓策略，甩负荷治抬机时则是 PID 算法，PID 的输出值用来控制主给气阀（电动调节阀）的开通大小。

（4）控制程序

该控制程序分 5 个部分，包括主程序、3 个子程序和 1 个中断程序。

1）治理甩负荷抬机与调相压水综合控制主程序 MAIN。主程序 MAIN 梯形图程序如图 6-16 所示。

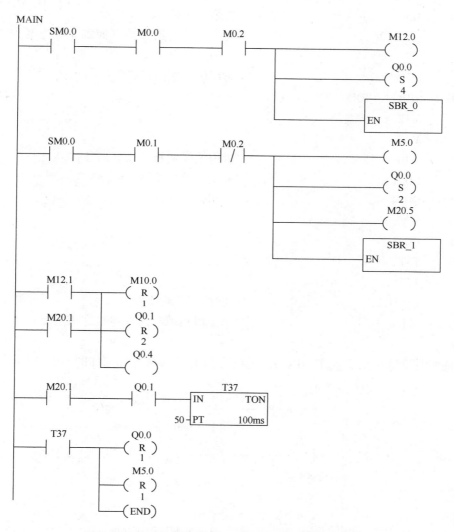

图 6-16　治理甩负荷抬机与调相压水综合控制主程序

主程序 MAIN 语句表程序如下：

```
LD      SM0.0
A       M0.0                //导水叶处于全关位置
A       M0.2                //发电机出口断路器处于合闸状态
=       M12.0               //机组调相运行状态标志置位
```

S	Q0.0,4	//给主给气阀、电极式水位信号器加工作电源;开启主、辅给气阀
CALL	SBR_0:SBR0	
LD	SM0.0	
A	M0.1	//导水叶开度位置在空载以上
AN	M0.2	//断路器已跳闸
=	M5.0	//机组甩负荷标志置位
S	Q0.0,2	//立即不延时给主给气阀加工作电源并开启主给气阀
=	M20.5	//作用机组事故停机
CALL	SBR_1:SBR1	
LD	M12.1	
O	M20.1	
R	M10.0,1	//机组调相运行状态标志复位
R	Q0.1,2	//关闭主给气阀、切除 DSX 电源
=	Q0.4	//关闭辅给气阀
LD	M20.1	
A	Q0.1	
TON	T37,50	//延时 5s
LD	T37	
R	Q0.0,1	//切除主给气阀电源
R	M5.0,1	//机组甩负荷标志在停机完成后复位
END		

2) 调相时供气压水子程序 SBR_0。子程序 SBR_0 梯形图程序如图 6-17 所示。

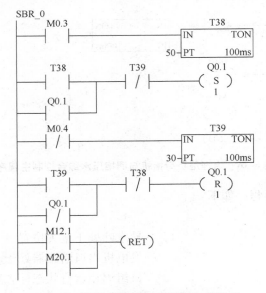

图 6-17 调相时供气压水子程序 SBR_0

子程序 SBR_0 语句表程序如下:

LD	M0.3	//转轮室水位高于上限
TON	T38,50	//计时5s确认水位已高于上限
LD	T38	//水位高于上限已过5s
O	Q0.1	//自保持
AN	T39	//水位下限时解除自保持
S	Q0.1,1	//开启主给气阀
LDN	M0.4	//转轮室水位低于下限值
TON	T39,30	//计时3s确认水位已低于下限
LD	T39	//水位低于下限已过3s
ON	Q0.1	//自保持
AN	T38	//水位上限时解除自保持
R	Q0.1,1	//关闭主给气阀
LD	M12.1	//机组进入发电运行状态
O	M20.1	//机组停机复归
CRET		//供气压水子程序有条件返回

3) 甩负荷时输气治理抬机子程序 SBR_1。甩负荷时输气治理抬机子程序 SBR_1 梯形图程序如图 6-18 所示。

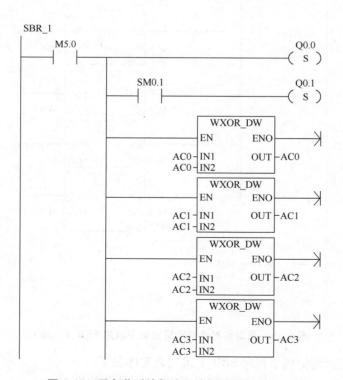

图6-18 甩负荷时输气治理抬机子程序 SBR_1

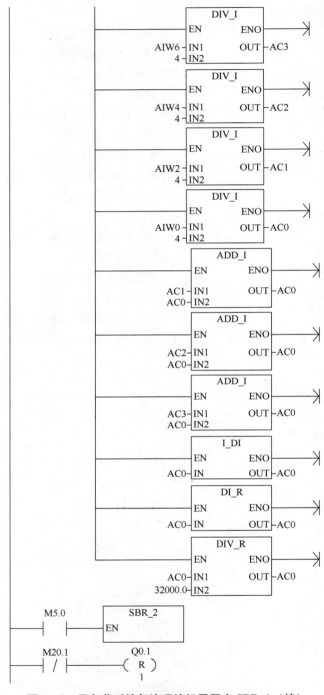

图 6-18　甩负荷时输气治理抬机子程序 SBR_1（续）

甩负荷时输气治理抬机子程序 SBR_1 语句表程序如下：

LD	M5.0	//发生甩负荷抬机
LPS		
S	Q0.0,1	//给电动调节给气阀加上工作电源

A	SM0.1	//首次扫描置1
S	Q0.1,1	//主给气阀立即开至全开
LRD		
XORD	AC0,AC0	//清空累加器 AC0
LRD		
XORD	AC1,AC1	//清空累加器 AC1
LRD		
XORD	AC2,AC2	//清空累加器 AC2
LRD		
XORD	AC3,AC3	//清空累加器 AC3
LRD		
MOVW	AIW6,AC3	//把4号压力传感器模拟量存入累加器 AC3
/I	4,AC3	//取4号压力传感器模拟量的1/4
LRD		
MOVW	AIW4,AC2	//把3号压力传感器模拟量存入累加器 AC2
/I	4,AC2	//取3号压力传感器模拟量的1/4
LRD		
MOVW	AIW2,AC1	//把2号压力传感器模拟量存入累加器 AC1
/I	4,AC1	//取2号压力传感器模拟量的1/4
LRD		
MOVW	AIW0,AC0	//把1号压力传感器模拟量存入累加器 AC0
/I	4,AC0	//取0号压力传感器模拟量的1/4
LRD		
+I	AC1,AC0	
LRD		
+I	AC2,AC0	
LRD		
+I	AC3,AC0	
LRD		
ITD	AC0,AC0	//16位整数转换成32位整数
LRD		
DTR	AC0,AC0	//32位整数转换成实数
LPP		
/R	32000.0,AC0	//标准化 AC0 中的值作为 PID 运算设定值 SP_n (0.0~1.0)
LD	M5.0	
CALL	SBR_2:SBR2	//调用 PID 初始化(回路表赋值)子程序
LDN	M20.1	//机组停机复归
R	Q0.1,1	//主给气阀立即全关

4）初始化/回路表赋值子程序 SBR_2。PID 初始化/回路表赋值子程序 SBR_2 梯形图程序如图 6-19 所示。

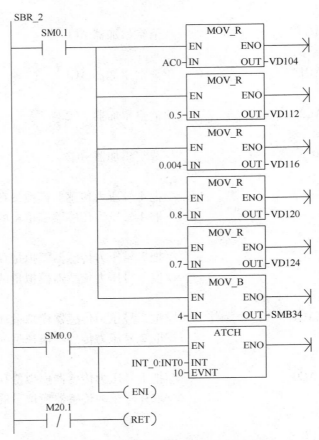

图 6-19　初始化/回路表赋值子程序 SBR_2

初始化/回路表赋值子程序 SBR_2 语句表程序如下：

LD	SM0.1	//仅初始化时
MOVR	AC0,VD104	//装入回路表设定值 SP_n（0.0～1.0 之间）/甩前压强大小值
MOVR	0.5,VD112	//装入回路增益 K_c（常数）
MOVR	0.004,VD116	//装入采样时间 0.004s
MOVR	0.8,VD120	//装入积分时间 0.8min
MOVR	0.7,VD124	//装入微分时间 0.7min
MOVB	4,SMB34	//设定定时中断 0 的时间间隔为 4ms
LD	SM0.0	
ATCH	INT_0:INT0,10	//设置执行 PID 指令的定时中断
ENI		//允许中断
LDN	M20.1	//机组停机复归
CRET		

5）顶盖下动水压强 PID 控制中断程序 INT_0。顶盖下动水压强 PID 控制中断程序 INT_0 梯形图如图 6-20 所示。

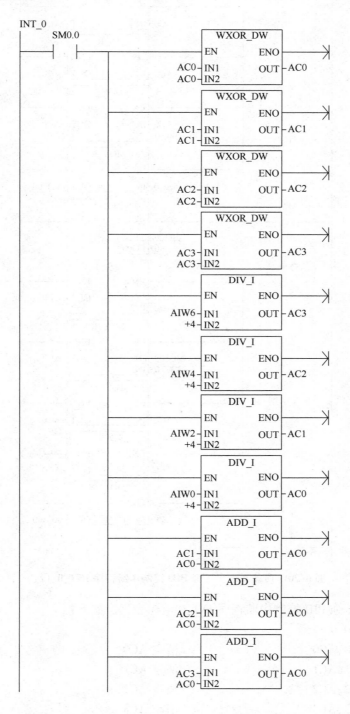

图 6-20 顶盖下动水压强 PID 控制中断程序 INT_0

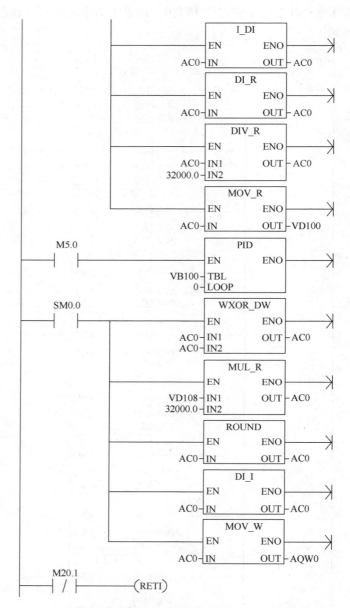

图 6-20 顶盖下动水压强 **PID** 控制中断程序 INT_0（续）

顶盖下动水压强 PID 控制中断程序 INT_0 语句表程序如下：

LD	SM0.0	
XORD	AC0,AC0	//清空 AC0
XORD	AC1,AC1	//清空 AC1
XORD	AC2,AC2	//清空 AC2
XORD	AC3,AC3	//清空 AC3
MOVW	AIW6,AC3	//4 号压力传感器模拟量送入 AC3
/I	+4,AC3	//取 4 号压力传感器模拟量的 1/4

MOVW	AIW4,AC2	//3 号压力传感器模拟量送入 AC2
/I	+4,AC2	//取 3 号压力传感器模拟量的 1/4
MOVW	AIW2,AC1	//2 号压力传感器模拟量送入 AC1
/I	+4,AC1	//取 2 号压力传感器模拟量的 1/4
MOVW	AIW0,AC0	//1 号压力传感器模拟量送入 AC0
/I	+4,AC0	//取 1 号压力传感器模拟量的 1/4
+I	AC1,AC0	
+I	AC2,AC0	
+I	AC3,AC0	//求出转轮室顶盖下压强之平均值
ITD	AC0,AC0	//16 位整数转换成 32 位整数
DTR	AC0,AC0	//32 位整数转换成实数
/R	32000.0,AC0	//标准化 AC0 中的值作为 PID 运算过程变量 PV_n (0.0～1.0)
MOVR	AC0,VD100	//将 AC0 中的值存入回路表 VD100
LD	M5.0	
PID	VB100,0	//执行 PID 指令
LD	SM0.0	
XORD	AC0,AC0	//清空累加器 AC0
MOVR	VD108,AC0	//把 PID 运算输出(0.0～1.0)送到 AC0
*R	32000.0,AC0	//将 AC0 中的值刻度化
ROUND	AC0,AC0	//四舍五入将实数转换成 32 位整数
DTI	AC0,AC0	//将 32 位整数转换成 16 位整数
MOVW	AC0,AQW0	//将 16 位整数值写到模拟量输出寄存器以控制给气阀开度
LDN	M20.1	//机组停机复归
CRETI		//中断返回

3. 程序编制说明

采用主程序、子程序、中断程序的程序结构形式，起到了优化程序结构、减小扫描周期时间的效果。主程序 OB1 的功能是完成本合成神经元小系统控制，一级子程序 SBR0、SBR1 的功能是分别完成调相压水控制和甩负荷防治抬机控制；SBR2 是一级子程序 SBR1 下嵌套的二级子程序，其功能是初始化给 PID 回路表赋值；INT0 则是一级子程序 SBR1 下对甩负荷后向转轮室的进气量进行 PID 控制。

辅助补气阀由不带电工作的 ZT 电磁铁驱动，由 Q0.3、Q0.4 分别控制开启、关闭；为防止主给气阀（电动调节阀）关闭进程中未到全关位置失电，应在关阀启动后延时 5s 再切除电源；为防止非调相期间向转轮室"乱"给气，程序中在调相结束时切除电极式水位信号器 DSX 电源；主给气阀在甩负荷治抬机时初始化即开启至全开，以后各扫描周期由 PID 输出控制其开度；使用 AC0、AC1、AC2、AC3 时先清零，读入采样数值后取其 1/4 再累加得到平均值，是为了防止数值溢出；SBR1 中使用 LPS、LRD、LPP 是为了减小扫描时间。

4. 治理甩负荷抬机与控制调相压水合成神经元的数理分析

我们把神经元 U 看作一个信息处理单元，神经元 U 可剖解为输入、处理、输出三块区域。其输入如同树突接受来自其他神经元的信号；其输出好比由轴突送往其他神经元的信号。信号可以是连续或离散量，可以是确定性量、随机或模糊量。在神经网络拓扑结构中，我们把与输入列（输入端）连接的元叫作第一层，显然治理甩负荷抬机与控制调相压水合成的神经元在分层分布式计算机监控系统中属于第一层。

（1）调相压水时

此时转轮室水位 b 为输入，而给气阀、补气阀开度 r_1、r_2 为输出，它们间的关系如图 6-21 所示。

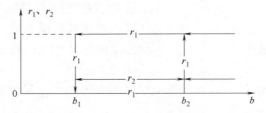

图 6-21 给气阀、补气阀开度 r_1、r_2 分别与转轮室水位 b 的关系

用 a 来表示给气阀与补气阀开度当量的比值，则有

$r_1 = 1$（when $b \geqslant b_2 \cup b_2 \rightarrow b_1$）& 0（when $b = b_1 \cup b_1 \rightarrow b_2$）；

$r_2 \equiv 1/a$ 。

（2）治理甩负荷抬机时

此时进程中转轮室实时压强即过程变量 PV 是输入，甩负荷发生瞬间之转轮室压强作给定值 SP，偏差 $e = SP\text{-}PV$，PID 控制器管理输出数值，以便使 e 为零，PID 运算输出 $r(t)$ 是时间的函数，其当前活化值不仅与当前整合输入有关，而且与以前时刻的活化态有关。

$$r(t) = K_p e + K_i \int_0^t e \mathrm{d}t + K_d \frac{\mathrm{d}e}{\mathrm{d}t} + r_{\text{initial}}$$

式中，K_p、K_i、K_d 分别为比例、积分、微分系数；r_{initial} 为输出初始值，这里可设定为 1。

其离散化 PID 运算模式为

$$r_n = K_p e_n + K_i \sum e_1 + K_d (e_n - e_{n-1}) + r_{\text{initial}}$$

式中，r_n 为采样时刻 n 的 PID 运算输出值；e_n、e_{n-1}、e_1 分别为采样时刻 n、$n-1$、1 的实际值与给定值的偏差。

比例项是当前采样的函数，积分项是从第一采样至当前采样的函数，微分项是当前采样及前一采样的函数，CPU 处理时储存前一次偏差及前一次积分项，上式简化为

$$r_n = K_p e_n + (K_i e_n + rX) + K_d (e_n - e_{n-1})$$

即输出为比例项、积分项、微分项之和，K_p、K_i、K_d 可自整定，rX 为积分项前值。

6.3 S7-200 PLC 控制水轮发电机组

水轮发电机组控制系统的自动化，包括起动、停机、调相等操作的自动化，以及事故保

护和故障信号处理的自动化。它属于水电站基础自动化的范围，同时又是实现综合自动化的基础。

6.3.1 水轮发电机组自动控制程序的拟定

机组自动控制程序的设计与机组及调速器的型式，机组润滑、冷却和制动系统，机组同期并列方式和运行方式（是否作调相运行），以及水力机械保护系统的要求有关，可能有许多差别，但其控制程序大体上是相同的。

水轮机调速器是水轮发电机组重要的调节与控制设备，通过它可对机组的起动、停机进行操作，并对机组的转速与出力进行调整。现代水轮机调速器种类繁多，但从机组自动控制设计的观点出发，可按开停机过程和调相运行要求的不同，将其归纳成3种：①以开度限制机构控制机组的起停和调相运行（如BDT）；②控制导水叶以实现机组的起停操作和调相运行（如JST-100）；③控制导水叶实现机组的起停操作和调相运行，并用开度限制机构防止机组过速（如T、ST）。

在机组自动控制程序的设计中，应视调速器的具体型式和技术要求而定。此外，对机组是否需要遥控、集控或选控，机组是否调相，机组起、停及发电、停机、调相三种运行状态相互转换的程序，全厂操作电源的设置情况，也应作全面的了解。

1. 控制程序梯形图

如图6-22所示为以混流式机组，采用T-100型调速器，发电机为"三导"悬式结构并采用空气冷却器，推力轴承为刚性支柱式结构，水导轴承为稀油润滑，设有过速限制器，装有蝴蝶阀（或进水口快速闸门）、可动水关闭（防飞逸的保护）的情况来设计停机转发电、发电转停机的操作程序。这种典型的机组控制程序方案，考虑了以下因素：

（1）扩大机组的控制功能，以利于水电站实现综合自动化

在控制程序中，用一个操作指令可自动完成6种常见运行操作中的任何一种，即停机→发电、发电→停机、发电→调相、调相→发电、停机→调相和调相→停机。这有利于实现与水电站远动装置、系统自动装置、控制机等的接口，有利于发挥机组自动控制作为水电站综合自动化基础的作用。

（2）完善控制程序，有利于运行及事故处理

1）在开机过程中，如发现起动机组出现异常，或在停机过程中电力系统出现事故（制动闸还未投入），可由运行人员或自动装置进行相反的操作。

2）开度限制机构中增设了远方手动控制开关，当电力系统出现振荡时，运行人员可及时操作此开关压负荷，以消除电力系统的振荡，但应研究水轮机的动力特性。

3）在停机过程中，如导水叶剪断销被剪断，则制动闸不解除，以避免水轮机组蠕动而使推力轴承润滑条件恶化。

4）若采用负曲率导叶、结构上可以实现无油自动关机，可以在事故低油压时只发信号，或将机组由发电运行改为调相运行。

5）单回路连接电力系统的水电站，当机组调相运行又与电力系统解列时，可将调相机转为发电运行，以保自用电及近区负荷的连续供电。

（3）尽可能在满足控制要求的前提下简化控制程序与操作

输入、输出信号内存变量地址分配见表6-6。

表 6-6　输入、输出信号内存变量地址分配表

序号	信号名称	内存地址	序号	信号名称	内存地址
01	机组开机操作按钮或开关	I0.0	33	导叶开度位置-空载稍上	M0.7
02	机组停机操作按钮或开关	I0.1	34	导叶开度位置-全开	M1.0
03	开度限制增加开关	I0.2	35	调速器锁定	M1.2
04	开度限制减小开关	I0.3	36	开度限制全开状态	M2.1
05	ZT 机构加负荷开关	I0.4	37	开度限制全关状态	M2.3
06	ZT 机构减负荷开关	I0.5	38	开度限制-空载稍上	M2.4
07	调相启动按钮	I0.6	39	负荷调整-空载稍上	M2.6
08	事故配压阀手动复归	I0.7	40	负荷调整-全开	M2.7
09	主配压阀-接点	I1.0	41	同期装置发出加速命令	M3.0
10	总冷却水电磁阀开启线圈	Q0.0	42	同期装置发出减速命令	M3.1
11	总冷却水电磁阀关闭线圈	Q0.1	43	负荷调整-空载	M3.2
12	T 开停机电磁阀开启线圈	Q0.2	44	导叶开度位置-空载稍下	M3.3
13	T 开停机电磁阀关闭线圈	Q0.3	45	调相水位上限	M3.4
14	制动电磁空气阀开启线圈	Q0.4	46	调相水位下限	M3.5
15	制动电磁空气阀关闭线圈	Q0.5	47	调相给气阀状态	M3.6
16	开度限制机构正传	Q0.6	48	调相补气阀状态	M3.7
17	开度限制机构反传	Q0.7	49	同期装置投入开关	M4.0
18	负荷调整正转线圈	Q1.0	50	导叶剪断销剪断信号	M4.1
19	负荷调整反转线圈	Q1.1	51	调速器事故配压阀状态	M4.2
20	调相给气阀开启线圈	Q1.2	52	机组转速信号-110%	M4.3
21	调相给气阀关闭线圈	Q1.3	53	主配压阀动作示示	M4.4
22	调相补气阀开启线圈	Q1.4	54	机组起动准备继电器	M30.0
23	调相补气阀关闭线圈	Q1.5	55	机组起动继电器	M30.1
24	开停机过程监视灯	Q1.6	56	机组发电状态继电器	M30.2
25	调速器事故配压阀开启	Q2.0	57	机组停机继电器	M30.3
26	调速器事故配压阀关闭	Q2.1	58	机组调相启动继电器	M30.4
27	总冷水示流信号器	M0.1	59	机组调相运行继电器	M30.5
28	机组制动压力监视	M0.2	60	T 开停机电磁阀状态	M30.6
29	出口断路器状态监视	M0.3	61	机组制动电磁阀状态	M30.7
30	导叶开度位置-全关	M0.4	62	总冷却水电磁阀状态	M31.0
31	机组转速信号-35%	M0.5	63	蝴蝶阀状态	M31.1
32	导叶开度位置-空载	M0.6	64	机组事故继电器	M31.7

2. 控制程序语句表

对应于图 6-22 梯形图的语句表程序如下：

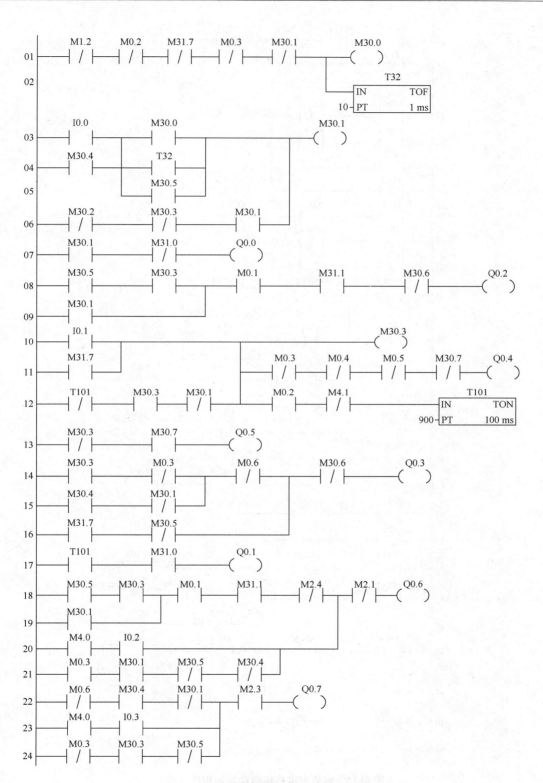

图 6-22 水轮发电机组自动控制程序

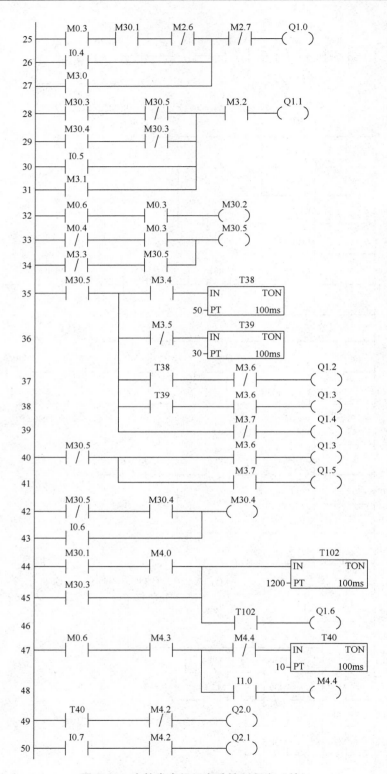

图 6-22　水轮发电机组自动控制程序（续）

LDN	M1.2	//调速器锁定拔出
AN	M0.2	//制动闸无压力
AN	M31.7	//机组无事故
AN	M0.3	//断路器未投入
AN	M30.1	//机组无起动指令
=	M30.0	//机组起动准备继电器(存储位)置位
TOF	T32,10	//断电延时10ms复归
LD	I0.0	//机组开机操作
O	M30.4	//调相开机
LD	M30.0	//开机条件满足
O	T32	//延时10ms复归
O	M30.5	//调相运行
ALD		
LDN	M30.2	//未进入发电状态
AN	M30.3	//不是停机过程
A	M30.1	//机组开机继电器自保持
OLD		
=	M30.1	//机组开机继电器置位
LD	M30.1	
AN	M31.0	
=	Q0.0	//开启总冷却水电磁阀
LD	M30.5	//调相运行
A	M30.3	//不是停机过程
O	M30.1	
A	M0.1	//总冷却水示流信号
A	M31.1	//蝴蝶阀已开启
AN	M30.6	//开停机电磁阀状态
=	Q0.2	//开停机电磁阀开启线圈励磁
LD	I0.1	//机组停机操作
O	M31.7	//事故停机
LDN	T101	//制动时间到解除自保持
A	M30.3	//机组停机继电器自保持
AN	M30.1	//开机反操作解除自保持
OLD		
LPS		

=	M30.3	//机组停机继电器
AN	M0.3	//出口断路器跳闸
AN	M0.4	//导水叶全关
AN	M0.5	//机组转速下降至35%额定值以下
AN	M30.7	//制动电磁阀状态
=	Q0.4	//制动电磁空气阀开启线圈励磁
LPP		
A	M0.2	//制动闸有气压
AN	M4.1	//剪断销未剪断
TON	T101,900	//启动制动时间计时器
LDN	M30.3	//机组停机继电器复归
A	M30.7	
=	Q0.5	//制动电磁空气阀关闭线圈励磁
LD	M30.3	//停机过程
AN	M0.3	//断路器已跳开
LD	M30.4	//调相开机
AN	M30.1	//机组无发电开机操作
OLD		
AN	M0.6	//导水叶空载以下
LD	M31.7	//机组事故停机
AN	M30.5	//非调相运行
OLD		
A	M30.6	
=	Q0.3	//开停机电磁阀关闭线圈励磁
LD	T101	//制动监视时间到
A	M31.0	//总冷却水电磁阀状态
=	Q0.1	//总冷却水电磁阀关闭
LD	M30.5	//调相运行
A	M30.3	//调相停机
O	M30.1	//机组发电开机
A	M0.1	//总冷却水示流信号
A	M31.1	//蝴蝶阀已开启
AN	M2.4	//开限启动开度
LD	M4.0	//同期装置投入开关
A	I0.2	//开度限制增加

LD	M0.3	//断路器已合闸
A	M30.1	
AN	M30.5	//非调相运行
AN	M30.4	//非调相起动
OLD		
OLD		
AN	M2.1	//开限全开以下闭合
=	Q0.6	//开度限制机构正转
LDN	M0.6	//导叶开度空载以下
A	M30.4	//调相起动
AN	M30.1	//非发电开机
LD	M4.0	//同期装置投入开关
A	I0.3	//手动减小开度限制
OLD		
LDN	M0.3	//断路器已跳开
A	M30.3	//机组停机过程
AN	M30.5	
OLD		
A	M2.3	//开限全关以上均闭合
=	Q0.7	//开度限制机构反转
LD	M0.3	//断路器合
A	M30.1	//机组发电开机
AN	M2.6	//ZT空载稍上
O	I0.4	//手动加负荷
O	M3.0	//同期装置加负荷
AN	M2.7	//ZT全开以下闭合
=	Q1.0	//ZT正转
LD	M30.3	//机组停机继电器
AN	M30.5	//非调相运行
LD	M30.4	//调相起动
AN	M30.3	//非停机操作
OLD		
O	I0.5	//手动减负荷
O	M3.1	//同期装置减负荷
A	M3.2	//ZT空载以上闭合
=	Q1.1	//ZT反转

LD	M0.6	//导水叶空载以上闭合
A	M0.3	//断路器合闸
=	M30.2	//机组进入发电状态
LDN	M0.4	//导水叶全关
A	M0.3	//断路器合闸
LDN	M3.3	//导水叶空载稍下闭合
A	M30.5	//机组调相运行自保持
OLD		
=	M30.5	//机组调相运行置位
LD	M30.5	
LPS		
A	M3.4	//调相上限水位
TON	T38,50	
LRD		
AN	M3.5	//调相下限水位
TON	T39,30	
LRD		
A	T38	//上限水位持续时间超过 5s
AN	M3.6	
=	Q1.2	//调相给气阀开启
LRD		
A	T39	//下限水位持续时间超过 3s
A	M3.6	
=	Q1.3	//调相给气阀关闭
LPP		
AN	M3.7	
=	Q1.4	//调相补气阀开启
LDN	M30.5	//非调相运行
LPS		
A	M3.6	
=	Q1.3	//调相给气阀关闭
LPP		
A	M3.7	
=	Q1.5	//调相补气阀关闭

```
LDN     M30.5              //自保持
A       M30.4
O       I0.6               //调相启动手动按钮
=       M30.4              //调相启动


LD      M30.1              //机组启动继电器
A       M4.0               //同期装置投入开关
O       M30.3              //机组停机继电器
TON     T102,1200          //定时 120s
A       T102
=       Q1.6               //开停机过程监视


LD      M0.6               //导水叶空载以上
A       M4.3               //机组转速110%以上
LPS
AN      M4.4               //主配压阀未动作
TON     T40,10             //未动作时间设置为1s
LPP
A       I1.0               //主配压阀接点
=       M4.4               //主配动作标示


LD      T40                //主配未动时间达到1s
AN      M4.2               //事故配压阀状态
=       Q2.0               //事故配压阀开启


LD      I0.7               //手动复归事故配压阀
A       M4.2
=       Q2.1               //事故配压阀关闭
```

6.3.2　机组自动控制程序解析

1. 机组起动操作

机组处于起动准备状态时，应具备下列条件：

1）蝴蝶阀（或进水口快速闸门）全开，其位置状态存储位 M31.1（HDF）置位（回路08），动合触点闭合。

2）机组无事故，其事故状态存储位 M31.7 未置位（回路01），动断触点闭合。

3）机组制动系统无压力，监视制动系统压力的传感器状态存储位 M0.2 未置位（回路01），动断触点闭合。

4）导水叶操作接力器锁定在拔出位置，其位置状态存储位 M1.2 未置位（回路01），动断触点闭合。

5）发电机断路器在跳闸位置，其位置状态存储位 M0.3 未置位（回路 01），动断触点闭合。

上述条件具备时，机组起动准备状态存储位 M30.0 置位（回路 01），接通中控室开机准备灯（黄）。此时操作开、停机控制开关 41KK-KJ 发出开机命令（I0.0 置位、回路 03），机组起动状态存储位 M30.1（开机继电器）置位并自保持（回路 06），同时作用于以下各处：

1）由 Q0.0 置位接通开启线圈（回路 07），开启冷却水电磁配压阀，向各轴承冷却器和发电机空气冷却器供水。

2）投入发电机励磁系统。

3）接入准同期装置的调整回路，为投入自动准同期装置做好准备。

4）接通开度限制机构 KX 的开启回路（回路 21），为机组同期并列后自动打开开度限制机构做好准备。

5）接通转速调整机构 ZT 增速回路（25），为机组同期并列后带上预定负荷做好准备。

6）起动开停机过程监视计时器（回路 44），当机组在整定时间内未完成开机过程时，发出开机未完成的故障信号。

冷却水投入后，示流信号器状态存储位 M0.1 置位，其动合触点闭合，通过 Q0.6 将开度限制机构打开至起动开度位置（回路 19、18）；同时通过 Q0.2 置位接通调速器开停机 DCF 开启线圈（回路 08），机组随即按 T 型调速器起动装置的快-慢-快控制特性起动。

当机组转速达到额定转速的 90%时，自动投入同期装置，发电机以准同期的方式并入系统。并列后，通过断路器位置状态存储位 M0.3 的动合触点作用以下各处：

1）开度限制机构 KX 自动转至全开（回路 21），为机组带负荷运行创造条件。

2）转速调整机构 ZT 正转带上一定负荷（回路 25），使机组并入系统后较快稳定下来。

3）发电运行状态存储位 M30.2 置位（回路 32），使中控室发电运行指示灯亮。

由于 M30.2 的动断触点断开，使机组起动状态存储位 M30.1 复位（回路 06），为下次开机创造条件。M30.1 复位后，其动合触点断开，使监视开、停机过程的计时器复位（回路 44），机组起动过程至此结束。

有功功率的调节，可借助远方控制开关 42KK（回路 26 和 30 的 I0.4、I0.5 置位）进行操作，亦可利用有功功率自动调节器进行控制，以驱动转速调整机构 ZT，使机组带上给定的负荷。

机组起动操作程序流程图如图 6-23 所示。

2. 机组停机操作

机组停机包括正常停机和事故停机。

正常停机时，操作开、停机控制开关 41KK-TJ（I0.1 置位）发出停机命令，机组停机状态存储位 M30.3 置位（回路 10）且动合触点闭合而自保持（回路 12），使 M30.3 的置位状态不会因 41KK-TJ 的复归而复位，然后按以下步骤完成全部停机操作。

1）起动开、停机过程监视计时器（回路 45），监视停机过程。

2）使转速调整机构 ZT 反转（回路 28），卸负荷至空载。

3）当导水叶关至空载位置时，由于 M30.3 的动合触点和导叶空载位置 M0.6 的动断触点都闭合，使发电机 DL 跳闸，机组与系统解列。

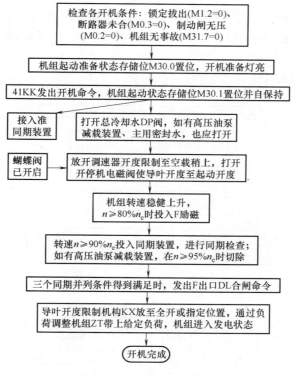

图6-23 机组起动操作程序流程图

4）导水叶关至空载位置以及机组与系统解列后，由于 M30.3 的动合触点、M0.3 的动断触点和 M0.6 的动断触点都闭合（回路 14），使调速器开停机 DCF 关闭线圈通过 Q0.3 接通而励磁，导水叶关至全关位置；同时由于 M0.3（DL）的动断触点和 M30.3 的动合触点都闭合（回路 24），通过 Q0.7 置位使 KX 反转、导水叶自动全关。

5）机组转速下降至额定转速的 35% 时，M0.5 的动断触点闭合，Q0.4 置位使制动系统电磁空气阀开启线圈励磁（回路 11），电空阀开启后压缩空气进入制动闸对机组进行制动；同时制动压力信号存储位 M0.2 的动合触点闭合，若无导叶剪断销被剪断，其存储位 M4.1 动断触点就是闭合的，从而启动计时器 T101（回路 12 右侧），监视制动时间。

6）计时器预置值 90s 达到后，T101 的动断触点断开（回路 12 左侧），使 M30.3 的自保持解除而复归，制动电磁空气阀关闭线圈因 Q0.5 置位而励磁、关闭（回路 13），压缩空气自风闸排出而解除制动，监视制动时间和停机过程的计时器 T101（回路 12）和 T102（回路 45、44）复位，机组停机过程结束。此时机组重新处于准备开机状态，起动准备状态存储位 M30.0 置位，中控室开机准备灯点亮，为下一次起动创造了必要条件。

在机组运行过程中，如果调速器系统和控制系统中的机械设备或电气元件发生事故，则机组事故状态存储位 M30.7 将置位，从而迫使机组事故停机。

事故停机与正常停机的不同之处在于，前者不仅使 M30.3 置位（回路 11、10），而且通过 Q0.3 置位（回路 16），不等到卸负荷至空载并跳开断路器就立即使调速器打开停机电磁阀关闭线圈励磁，从而大大缩短了停机时间。但应注意不能因导叶关闭过快而引起引水管和尾水管的联合水击。

如果发电机内部短路使差动保护动作，保护出口既使得机组事故状态存储位 M31.7 置位，又使得发电机 DL 及 FMK 跳开，达到了水轮机和发电机都得到保护及避免发生重大事故的目的。

机组正常停机操作程序流程图如图 6-24 所示。

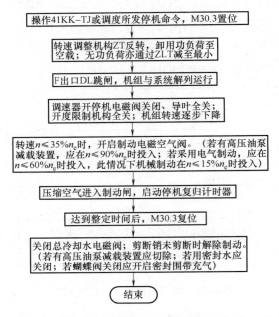

图 6-24　机组正常停机操作程序流程图

3. 发电转调相操作

操作按钮 41QA 使 I0.6 置位发出调相命令，调相启动状态存储位 M30.4 置位（回路43、42）并自保持（回路42），使 M30.4 不因 I0.6 复位而复位，通过触点的切换，作用以下各处：

（1）使转速调整机构 ZT 反转（回路29、28），卸去全部负荷至空载（回路28之 M3.2 断开）。

（2）当导水叶关至空载位置时，由于 M30.4 的动合触点（回路15）和 M0.6（导叶空载）的动断触点（回路14）均闭合，通过 Q0.3 使开停机 DCF 关闭线圈励磁（回路14），全关导水叶；同时由于回路22中的 M0.6 的动断触点和 M30.4 的动合触点均闭合，通过 Q0.7 置位使开限机构 KX 反转、自动全关。

由于机组停机状态存储位 M30.3 未置位，故机组仍然与电力系统并列，且冷却水照常供给，机组调相运行，从电力系统中吸收有功功率，而通过调节励磁的方法即可发出所需的无功功率。此时，调相运行状态存储位 M30.5 置位（回路33）并自保持（回路34），同时复位调相启动状态存储位 M30.4（回路42），M30.5 点亮调相运行灯。

在调相运行过程中，当转轮室水位在考虑"风扇效应"的上限值时，上限水位状态存储位 M3.4 置位（回路35），启动计时器 T38，若时间超过 5s 则确认转轮室水位确实高于上限，T38 的动合触点闭合使 Q1.2 置位（回路37），从而接通调相给气阀的开启线圈而开启调相给气阀，使压缩空气进入转轮室，将水位压低；当转轮室水位下降至考虑"封水效应"的下限值时，下限水位状态存储位 M3.5 复位（回路 36），启动计时器 T39，若时间超过 3s 则确认转轮室水位确实低于下限，T39 的动合触点闭合使 Q1.3 置位（回路 38），从而接通调相给气阀的关闭线圈而关闭调相给气阀，压缩空气停止进入转轮室。此后，由于压缩空气的漏损、"溶解"而逸出，使转轮室水位又回复到上限值，则又重复上述操作过程。

转轮室非密闭容器，为了避免调相给气阀频繁开启，与给气阀并联一只小补气阀，补气量接近但略小于漏失量。调相运行期间，Q1.4 使补气阀始终开启（回路 39），以弥补漏损、逸失；调相结束后，M30.5 复归（回路 40），Q1.5 使补气阀关闭（回路 41）。

机组由发电运行切换到调相运行的操作程序流程如图 6-25 所示。

图 6-25　机组发电转调相操作程序的流程图

4. 调相转发电操作

调相转发电操作分解为：①KX 机构开至空载稍上同时导水叶开至起动开度，为"充水"过程，之后实质已进入发电状态；②关闭调相给气阀和补气阀并切除转轮室水位传感器电源；③调速器 KX 开至全开或指定开度，带上 AGC 分配的负荷。这三个过程用时应控制在 15s 左右，利用事故备用机组闲时进行调相运行，可补充电力系统无功率。系统事故时进行"热起动"（借用火力发电术语，这里指水轮机组由调相转发电）相比"冷起动"（借用火力发电术语，这里指水轮机组由停机转发电）能更快进入发电状态，电力系统安全得到了保证，因为这里省掉了同期并网检测时间和断路器合闸时间。

由于机组已处于调相运行状态，调相运行状态存储位 M30.5 已置位，故此时可操作开、停机控制开关 41KK-KJ（I0.0 置位）发出重新开机命令，使机组起动状态存储位 M30.1 置位并自保持（回路 03、06），同时作用以下各处：

1）使开度限制机构 KX 正转，开至起动开度（回路 19、18）。之后，导叶稍稍开启使 M0.4（全关以下闭合）断开（回路 33），导叶开度接近空载时，M3.3（空载以下闭合）也断开（回路 34），结果使 M30.5（调相运行继电器）解除自保持而复位（回路 33、34），M0.3（断路器）、M30.1（机组启动继电器）、M30.5（机组调相运行继电器）、M30.4（机组调相启动继电器)、M2.1（开限全开以下闭）均闭合使 Q0.6 置位（回路 21、18），从而使开度限制机构 KX 自动全开。

调相运行状态存储位 M30.5 复位后，还将使调相给气阀、补气阀关闭（回路 40、41）。

2）通过 M30.1 使 Q0.2 置位（回路 09、08），使开停机电磁阀开启线圈励磁，重新打开导水叶。

3）通过 M0.3（断路器）、M30.1（机组启动继电器）、M2.6（ZT 空载稍上）使 Q1.0 置位（回路 25），从而驱动转速调整机构 ZT 正转至空载稍上，机组自动带上一定的负荷。

这样，机组即转为发电方式运行，此时发电运行状态存储位 M30.2（发电状态继电器）因 M0.6（导叶空载）的动合触点闭合而置位（回路 32），动断触点断开（回路 06）又使 M30.1（机组启动继电器）解除自保持而复位（回路 06、03），同时点亮中控室发电运行指示灯。

机组调相转发电操作程序的流程图如图 6-26 所示。

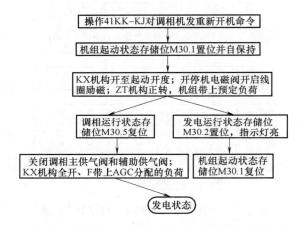

图 6-26　机组调相转发电操作程序的流程图

5. 停机转调相操作

停机转调相操作是停机转发电和发电转调相的连续过程，即有 $(T_J \rightarrow T_X) = (T_J \rightarrow F_D) + (F_D \rightarrow T_X)$ 存在。执行情况是首先打开导叶至空载，同期并网进入零负荷发电状态运行，即全关 KX 机构及导水叶进入压水调相状态，此过程用时一般在 2min 左右。

当机组处于开机准备状态时，操作调相启动按钮 I0.6（回路 43）发出调相命令，调相启动状态存储位 M30.4 置位并自保持（回路 42），同时使机组起动状态存储位 M30.1 置位（回路 04）并自保持（回路 06）。此后机组的起动和同期并列这一段自动操作过程与前述停机→发电自动操作过程相同，机组并列和机组起动状态存储位 M30.1 复位后，通过调相启动状态存储位 M30.4（其复归时间较 M30.1 稍晚）的动合触点和机组起动状态存储位 M30.1 的动断触点使开停机电磁阀关闭线圈 Q0.3 励磁（回路 15），并将开度限制机构 KX 全关（回路 22），将导水叶重新关闭，使机组转入调相运行。调相运行状态存储位 M30.5 置位（回路 33）并自保持（回路 34），点亮中控室调相运行灯；M30.5 动断接点断开（回路 42）而使调相启动状态存储位 M30.4 复位。

调相压水给气的自动控制过程与发电转调相的控制过程相同，此不赘述。

6. 调相转停机操作

调相转停机操作是调相转发电和发电转停机的连续过程，即有 $(T_X \to T_J) = (T_X \to F_D) + (F_D \to T_J)$ 存在。执行情况是首先打开导叶至空载进入零负荷发电状态运行，即断路器分闸解列、KX 机构驱使导叶至全关，按发电转停机方式实现停机，即所谓"先充水、后停机"，目的是加速调相机正常停机与事故停机过程，缩短低速惰转时间，减少推力瓦磨损。此过程用时一般在 2min 左右。

操作开、停机控制开关 41KK-TJ 发出停机命令，使机组停机状态存储位 M30.3 置位（回路 10）并自保持（回路 12），接着将开度限制机构 KX 打开至起动开度（回路 18），使机组转为发电运行。当导水叶开至空载开度时，调相运行状态存储位 M30.5 复位（回路 34 的 M3.3 断开），发电机 DL 跳闸，M0.3 动断触点、M30.3 动合触点、M30.5 动断触点均闭合，开度限制机构 KX 立即全关（回路 24），同时开停机电磁阀关闭线圈 Q0.3 励磁（回路 14），将导水叶全关，机组转速随即下降，以下过程与发电→停机过程相同。

6.3.3 机组事故保护及故障信号系统

机组的事故保护及故障信号系统一般包括：水力机械事故保护、紧急事故保护、水力机械故障信号。

图 6-27 中所用内存变量地址见表 6-7。

表6-7　机组事故保护及信号系统内存变量地址说明

序　号	信 号 名 称	内存地址	序　号	信 号 名 称	内存地址
01	机组紧急停机按钮	I1.2	09	上导轴承过热（70℃）	M6.0
02	机组事故修复后手动复归	I1.3	10	推力轴承过热（70℃）	M6.1
03	紧急事故停机按钮	I1.4	11	下导轴承过热（70℃）	M6.2
04	油压事故低	M1.3	12	水导轴承过热（70℃）	M6.3
05	过速限制器状态	M2.5	13	调相解列	M31.3
06	机组转速信号 – 80%	M4.5	14	油压事故低报警信号	M31.4
07	机组转速信号 – 140%	M4.6	15	过速限制器动作报警	M31.5
08	发电机差动保护	M4.7	16	机组紧急事故继电器	M31.6

图 6-27 中梯形图程序对应的语句表如下：

LD	M6.0	//上导轴承过热
O	M6.1	//推力轴承过热
O	M6.2	//下导轴承过热
O	M6.3	//水导轴承过热
LD	M30.5	//机组调相
AN	M4.5	//机组转速低于额定转速的80%
OLD		
ON	M1.3	//事故修复后手动复归按钮

```
LD      M4.3            //机组转速高于额定转速的110%
A       M4.2            //事故配压阀状态
OLD
O       M4.7            //发电机差动保护动作
LD      M31.7           //事故继电器自保持
AN      I1.3            //事故修复后解除自保持
OLD
O       I1.2            //机组紧急停机按钮
O       M31.6           //紧急事故
=       M31.7           //机组事故停机

LD      M31.7           //机组一般事故
A       M4.1            //导水叶剪断销剪断
O       M4.6            //机组转速高于140%额定值
O       I1.4            //紧急事故停机手动按钮
=       M31.6           //紧急事故标志位置位
```

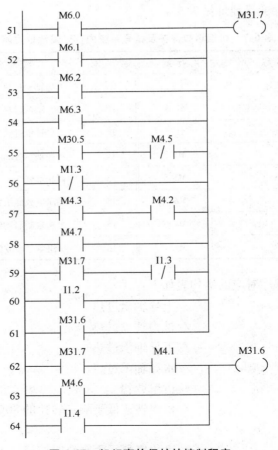

图 6-27 机组事故保护的控制程序

1. 水力机械事故保护

机组遇有下列情况之一时，即进行事故停机：

1）上导、推力、下导和水导等轴承过热（回路51、52、53、54），机组事故状态存储位 M31.7 置位。

2）调相运行时若发生解列，为了防由于系统电源消失而造成调相机组长时间低转速惰转，使轴承损坏，故需装设调相解列保护。调相运行时，如转速低于额定转速的80%，则 M4.5（ZSX-80%）的动断触点闭合（回路55），使机组事故状态存储位 M31.7 置位。

3）油压装置油压事故下降：油压装置油压事故低时 M1.3 的动断触点闭合（回路56），使机组事故状态存储位 M31.7 置位。

4）过速限制器动作：M4.3（ZSX-110%）、M4.2（事故配压阀状态）动合触点闭合（回路57），使机组事故状态存储位 M31.7 置位。

5）电气事故：差动保护动作时，保护出口 M4.7（差动保护）动合触点闭合（回路58），使机组事故状态存储位 M31.7 置位。

机组发电运行时，事故停机的引出，除直接作用于开停机 DCF（回路16）加速停机外，还同时作用于正常停机回路，使机组停机状态存储位 M30.3 置位（回路11），进行正常停机操作。还可发出相应事故音响和灯光信号，以通知运行人员并指出事故性质。

机组调相运行时出现事故停机命令，则按调相→停机操作过程进行，首先打开导水叶至空载使机组转为发电运行，使机组调相运行状态存储位 M30.5 复位，然后再作用于开停机电磁阀和开度限制机构，按发电→停机操作方式停机。

2. 紧急事故停机

机组遇有下列情况之一时，应进行紧急事故停机：

1）机组事故停机过程中剪断销剪断时，由 M31.7 与 M4.1 使 M31.6 置位（回路62），发出紧急事故停机信号。

2）机组过速达到额定转速的140%时，M4.6（ZSX-140%）动合触点闭合使 M31.6 置位（回路63），发出过速紧急事故停机信号。

紧急事故停机在以上条件下动作，然后作用于关闭蝴蝶阀（或进水口快速闸门），并同时作用于一般事故状态存储位 M31.7（回路61），按前述事故停机过程停机。此外，可通过紧急停机按钮 I1.2（回路60）进行手动紧急停机；还可通过紧急事故停机按钮 I1.4（回路64）进行手动紧急事故停机。

在机组事故状态存储位 M31.7 置位并自保持（回路59）后，直到事故消除并通过复归按钮 I1.3 手动解除自保持以前，不允许进行开机，即维持停机状态，以防止事故扩大。

3. 水力机械事故障

机组在运行过程中遇有下列情况之一时，即发出故障音响及灯光信号，通知运行人员。①上导、推力、下导、下导轴承及发电机热风温度过高；②上导、推力、下导、水导油槽油位过高或过低，回油箱油位过高或过低；③漏油箱油位过高；④上导、推力、下导、水导轴承冷却水中断；⑤导叶剪断销剪断；⑥起、停机未完成。故障消除后，手动解除故障信号。

参 考 文 献

[1] 王定一. 水电站自动化 [M]. 北京：电力工业出版社，1982.

[2] 水电站机电设计手册编写组. 水电站机电设计手册：电气二次 [M]. 北京：水利电力出版社，1984.

[3] 刘忠源，徐睦书. 水电站自动化 [M]. 北京：中国水利电力出版社，1985.

[4] 楼永仁，黄声先，李植鑫. 水电站自动化 [M]. 北京：中国水利水电出版社，1995.

[5] 王定一，等. 水电厂计算机监视与控制 [M]. 中国电力出版社，2001.

[6] 吴中俊，黄永红. 可编程序控制器原理与应用 [M]. 北京：机械工业出版社，2003.

[7] 殷洪义. 可编程序控制器选择设计与维护 [M]. 北京：机械工业出版社，2003.

[8] 魏守平. 水轮机控制工程 [M]. 武汉：华中科技大学出版社，2005.

[9] 张春. 深入浅出西门子 S7-1200 PLC [M]. 北京：北京航空航天大学出版社. 2009.

[10] 廖常初. S7-1200 PLC 编程及应用 [M]. 北京：机械工业出版社，2009.

[11] 朱文杰. S7-200 PLC 编程设计与案例分析 [M]. 北京：机械工业出版社，2010.

[12] 朱文杰. S7-1200 PLC 编程设计与案例分析 [M]. 北京：机械工业出版社，2011.

[13] 朱文杰. S7-200 PLC 编程及应用 [M]. 北京：中国电力出版社，2012.

[14] 朱文杰. 三菱 FX 系列 PLC 编程与应用 [M]. 北京：中国电力出版社，2013.

[15] 朱文杰. S7-1200 PLC 编程与应用 [M]. 北京：中国电力出版社，2015.

[16] 刘庚辛. 水轮发电机组抬机事故的原因 [J]. 水电站机电技术，1989（02）.

[17] 朱文杰. 水轮机防抬措施探讨 [J]. 水利水电技术，1994（09）.

[18] 朱文杰. S7-200 PLC 移位寄存器指令用于水力机组技术供水系统 [J]. 中国水利水电市场，2005（2/3）：20-21.

[19] 朱文杰. S7-200 PLC 控制水电厂压缩空气系统 [J]. 中国水利水电市场，2005（06）：26-27.

[20] 朱文杰. S7-200 PLC 控制水力机组油压装置 [J]. 中国水利水电市场，2005（08）：30-33.

[21] 朱文杰. 用 PLC 根治水力机组甩负荷抬机 [J]. 中国水利水电市场，2005（10）：27-30.

[22] 朱文杰. S7-200 PLC 控制水力机组润滑和冷却系统 [J]. 中国水利水电市场，2006（05）：62-65.

[23] 朱文杰. S7-PLC 控制调相压水系统并与治理甩负荷抬机合成一个神经元 [C] //第一届水力发电技术国际会议论文集. 北京：中国电力出版社，2006.

[24] 朱文杰. FX 控制润滑、冷却、制动及调相压水系统的设计 [J]. 中国水利水电市场，2013（02）.

[25] 朱文杰. FX 控制水电站进水口快速闸门的设计 [J]. 中国水利水电市场，2013（03）.

[26] 朱文杰. FX 控制水电站油压装置的设计 [J]. 中国水利水电市场，2013（04）.

[27] 朱文杰. FX-PLC 治理抬机并与调相合成一个神经元 [J]. 中国水利水电市场，2013（05）.

[28] 朱文杰. FX3U-PLC 控制水轮发电机组 [J]. 中国水利水电市场，2013（06）.

[29] 朱文杰. S7-1200 控制水电站空气压缩装置的设计 [J]. 中国水利水电市场. 2013（12）.

[30] 朱文杰. S7-1200 控制水电站技术供水系统的设计 [J]. 中国水利水电市场. 2014（02）.

[31] 朱文杰. S7-1200 控制水电站油压装置的设计 [J]. 中国水利水电市场. 2014（03）.

[32] 朱文杰. S7-1200 控制水电站进水口快速闸门的设计 [J]. 中国水利水电市场. 2014（04）.

[33] 朱文杰. S7-1200 治理甩负荷抬机并与控制调相压水合整 [J]. 中国水利水电市场，2014（05）.

[34] 朱文杰. S7-1200 控制润滑、冷却、制动及调相压水系统的设计 [J]. 中国水利水电市场，2014（06）.

[35] 朱文杰. S7-1200 型 PLC 控制水轮发电机组 [J]. 中国水利水电市场. 2014（08、09）.

［36］朱文杰. OMRON CP1H 控制水力发电站空气压缩系统的设计［J］. 中国水利水电市场，2015（10）：61-64.

［37］朱文杰. OMRON CP1H 控制水力发电站集水井的设计［J］. 中国水利水电市场，2016（01）.

［38］朱文杰. OMRON CP1H 控制润滑、冷却、制动及调相压水系统的设计［J］. 中国水利水电市场，2016（02）.